작업형 / 필답형

전기기능장
실기

Master
Craftsman
Electricity

🐦 일진사

 # 머리말

이 책은 제가 전기기능장 공부를 하면서 얻은 경험을 토대로 만든 교재입니다. 시험에 떨어질 때마다 제 나름의 지식을 조금씩 정리하다 보니 한 권의 책으로 만들어지게 되었습니다.

전기기능장 실기시험을 위한 종합(작업형, PLC, 필답형) 교재이며, 한국산업인력공단의 출제기준과 2021년 개정된 KEC 규정을 반영했습니다. 부문별로 공부하는 방법도 기술하고 있습니다.

또한 인터넷 카페(네이버: cafe.naver.com/electric09)를 개설 및 관리하여 온라인상에서 질문 및 답변과 함께 시험정보를 공유할 수 있는 공간을 마련했습니다.

이 책은 여러분들을 전기기능장 합격의 지름길로 인도할 것입니다.

저를 멘토링 해 주신 홍학희 기능장님의 정성이 없었다면 아직도 저는 합격의 문턱을 넘지 못했을지도 모릅니다.
그 이외에도 전기기능장 합격의 길로 이끌어 주신 많은 분께 이 글을 빌어 감사의 인사를 전합니다.

마지막으로, 이 책을 내는 데 도움을 주신 도서출판 **일진사** 임직원 여러분과 원용규 교수님께 깊은 감사의 말씀을 드립니다.

유영규 드림

차 례

PART 2　　PLC

차 례

PART 3 　필답형

부 록   기출 복원문제, 전기 심벌 및 한국전기설비규정

출제기준(실기)

직무 분야	전기 · 전자	중직무 분야	전기	자격 종목	전기기능장	적용 기간	2021.1.1.~2023.12.31.

○ 직무내용 : 전기에 관한 최상급 숙련기능을 가지고 산업현장에서 작업관리와 소속 기능자의 지도 및 감독, 현장훈련, 경영계층과 생산계층을 유기적으로 결합시켜주는 현장의 중간 관리 등의 업무를 수행하는 직무이다.
○ 수행준거
  1. 전기설비의 시공도면을 해독하고 설치, 제작, 시운전 및 유지보수 할 수 있다.
  2. 자동제어 시스템 종류와 특성을 이해하고 시스템 분석, 제어판 제작, 설치 및 시운전 할 수 있다.
  3. 전기설비에 관한 최상급의 숙련기능을 가지고 현장의 중간 관리 등의 직무를 수행할 수 있다.

실기검정방법	복합형	시험시간	6시간 30분 정도 (필답형 : 1시간 30분, 작업형 : 5시간 정도)

실기 과목명	주요항목	세부항목
전기에 관한 실무	1. 자동제어 시스템	1. 자동제어 시스템 설계 및 유지관리하기
	2. 수변전 설비 공사	1. 수변전 설비 공사하기
		2. 수변전 설비 안전 및 유지관리하기
	3. 동력설비 공사	1. 동력설비 및 제어반 공사하기
		2. 전력간선 동력설비 공사하기
		3. 동력설비 안전 및 유지관리하기
	4. 전력변환 설비 공사	1. 무정전전원(UPS) 설비 공사하기
		2. 전기저장장치 설비 공사하기
	5. 피뢰 및 접지 공사	1. 피뢰설비 검사 및 공사하기
		2. 접지설비 검사 및 공사하기
	6. 배선 · 배관 및 기타 전기 공사	1. 배선 · 배관 공사하기
		2. 외선 공사하기
		3. 조명 및 전열 공사하기
		4. 기타 전기설비 공사하기

수험자 유의사항(작업형)

1. 시험 시작 전 지급된 재료의 이상 유무를 확인하고 이상이 있을 때에는 감독위원의 승인을 얻어 교환할 수 있습니다(단, 시험 시작 후 파손된 재료는 수험자 부주의로 파손된 것으로 간주되어 추가로 지급받지 못합니다).

2. 제어함(판)을 포함한 작업대(판)에서의 제반 치수는 mm이며 치수 허용 오차는 외관(전선관, 박스, 전원 및 부하 측 단자대 등)은 ±30 mm, 제어판 내부는 ±5 mm입니다.

3. 전선관의 수직과 수평을 맞추어 작업하고, 전선관의 곡률 반지름은 전선관 안지름의 6배 이상에서 8배 이하로 합니다.

4. 전선관이 작업판에서 뜨지 않도록 새들을 사용하여 튼튼하게 고정합니다.

5. 제어함 내의 기구 배치는 도면에 따르되 소켓에 채점용 기기 등이 들어갈 수 있게 합니다.

6. 제어함 배선은 미관을 고려하여 배선(수평, 수직)하고 전선의 흐트러짐 등이 없도록 케이블 타이를 사용하여 균형 있게 배선합니다(제어함 배선 시 기구와 기구 사이 배선 금지).

7. 주회로, 보조회로, 접지회로 전선의 색상과 굵기는 지시된 것을 사용합니다.

8. 제어함과 전선관이 접속되는 부분에는 전선관용 커넥터를 사용하며, 제어함에 5 mm 정도 올리고 새들로 고정하여야 합니다.

9. 전원 및 부하(전동기) 단자대는 제어회로도 순으로 결선합니다.

10. 전원 측 및 부하 측 단자대는 동작시험을 할 수 있도록 전원선의 색상에 맞추어 100 mm 정도 인입선을 인출하고, 피복은 전선 끝에서 10 mm 정도 벗겨둡니다.

11. 단자에 전선을 접속하는 경우 나사를 견고하게 조입니다. 단자 조임 불량이란 전선 피복 제거가 2 mm 이상 보이거나, 피복이 단자에 물린 경우를 말합니다(한 단자에 전선 3가닥 이상 접속 금지).

12. 동작시험은 회로 시험기 또는 벨 시험기를 가지고 확인을 할 수 있으나, 전원을 투입하여 동작시험은 할 수 없습니다(기타 시험기구 사용 불가).

13. 퓨즈홀더에는 퓨즈를 끼워놓아야 합니다.

14. 각종 계전기의 소켓(베이스)은 홈이 아래로 향하도록 배치합니다.

계전기 소켓의 홈 방향

1

작업형

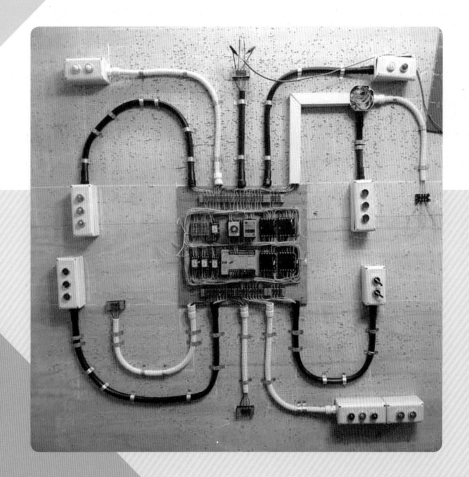

최상의 멘토가 있으면 더욱 빠르게 합격할 수 있겠죠?
이 책은 그것을 목표로 하고 있습니다.

작업형을 공부하는 방법을 설명하겠습니다.

1. 항상 스톱워치로 시간을 체크해야 합니다.

2. 처음에는 번호연습부터하세요. 이 책에 수록된 번호연습 도면과 실 도면으로 연습하면 됩니다.

3. 번호연습이 어느 정도 숙달되면 제어판 작업을 합니다. 2시간 이내에 완성할 수 있을 때까지 연습합니다. PLC는 따로 공부합니다. 참고로, 여기서 PLC는 이미 저장해 둔 프로그램을 이용합니다.

4. 제어판 작업이 숙달되면 번호연습, 제어판 작업, 공사판 작업까지 모두 마무리합니다.

5. 한 가지 작업이 어느 정도 숙달된 이후에 다음 작업으로 진행하는 것이 좋습니다.

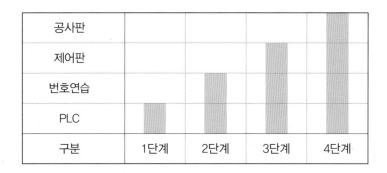

구분	1단계	2단계	3단계	4단계
공사판				■
제어판			■	
번호연습		■		
PLC	■			

작업 중에는 항상 안전에 유의하며 건강관리도 잘 해야 합니다.
'하늘은 스스로 돕는 자를 돕는다.'라는 말이 있습니다. 열심히 준비하면 반드시 여러분에게 좋은 결과가 있을 것입니다.

이 책의 활용법(작업형)

작업형을 준비하기 위해서는 기본 공구부터 작업장, 작업도면, 연습 방법 등 갖춰야 할 것이 많습니다.

학원에 간다고 해서 모든 것이 해결되는 것은 아닙니다. 학원에 다니든지 다니지 않든지 간에 이 책은 그것을 해결합니다. 이 책은

1. 적합한 작업 공구를 선택하게 합니다.

공구 선택을 잘하지 못하면 작업시간이 길어지고, 이미 샀던 공구를 또 사게 되는 많은 시행착오를 겪게 합니다.

2. 시중에 없는 작업 공구 만드는 방법을 제시합니다.

한 가지 예를 들면, 전선을 자르고 한번에 3가닥씩 피복을 벗기는 와이어스트리퍼 만드는 방법을 제시합니다.

3. 모든 작업에 순서를 제시합니다.

작업시간을 줄이려고 하기보다는 작업순서를 익히는 데 더 많은 시간을 투자했습니다. 순서를 익히고 나면 작업시간은 자연히 줄어듭니다.

4. 빠르면서 모양이 예쁜 작업 방법을 제시합니다.

제어선 배선 방법부터 배관 작업 방법 등 다양합니다. 너무 예쁘지는 않으니까 거기까지는 기대하지 않으셔도 됩니다.

5. Q넷의 공개 문제를 수록하고 있습니다.

2차 작업형 실기시험에서 PLC 문제를 제외한 나머지는 공단에서 문제를 공개했는데요, 그 10개 유형의 문제를 모두 수록했습니다.

사전 준비사항

1-1 필요한 공구

1 공구

종 류	크기 및 용도	개 수
노트북	PLC 프로그래밍	1
PLC	LS산전 XGB시리즈, 프로그램 동작	1
공구박스	30×70 [cm], 공구 보관	1
(+) 드라이버	中, 0.2×15 [cm], 손잡이에 베어링 부착	1
	大, 커넥트 마개 제거	1
(+) 드라이버 비트	0.2×5 [cm], 둥근 것, 전동드라이버 장착	1
나사못	1.0 [cm], 박스 및 새들 부착	100
	1.5 [cm], 단자대, 퓨즈박스, PLC 부착	20
	2.0 [cm], MC, EOCR 부착	20
	2.8 [cm], 타이머단자, 릴레이단자, 제어판 부착	30
전동드라이버	中, 나사못 이완 및 고정	1
배터리	전동드라이버용	2
PE 커팅가위	PE관 및 CD관 커팅	1
송곳	도면을 붙이거나 작업 전선을 걸어둠	4
스프링	150 [cm], PE관 굽힘	1
모눈자	50 [cm], 제어판 작업 시 제도	1
L형자	大, 75×51×9 [cm], 작업면 제도	1
와이어스트리퍼	전선 피복 제거	1
벨 시험기	전기 회로 결선	1
분필	작업면 제도	1
쇠톱	톱대가 있는 것, PVC 덕트 자름	1

종 류	크기 및 용도	개 수
마스킹 테이프	폭 1 [cm], 제어판 기구명 및 단자번호 표시	1
펜	사인펜 (주황색 : 치수, 녹색 : 선 번호)	2
	구리스펜 (분홍색 : 배선작업 완료)	1
	형광펜 (청색, 분홍색)	2
덕트 특수자	PVC 덕트로 만든 것, 덕트 자름선 표시	1
바구니	50×30 [cm], 부품을 담아 두는 곳	3
새들박스	새들을 모아 두는 곳	1
더블클립	中, 넓이 2.5 [cm^2], 박스 덮개 고정용	10
제어판 특수자	50×43 [cm], 제어판 기구 배치 및 배관 위치 표시	1
장갑	3M-super 2000	1
자석봉	적색 (5), 백색 (5), 녹색 (5), 공통접점 표시	15
철판	자석봉을 붙여둠, PLC 위에 올려놓고 사용	1
환형 자석	전동드라이버 비트에 꽂아서 사용	1
둥근 자석	4×0.5 [cm], 배터리 밑에 붙임	2
간이접이식 의자	낮은 곳에 작업할 때 사용	1
1회용 커피 빈 봉지	덕트 전선 및 5가닥 이상의 전선 입선	4
나사못박스	나사못을 4~6종류 정도 담을 수 있는 것	1
스톱워치	작업시간 측정, 전자시계도 유용함	1
전선거치대	전선의 꼬임 방지	1
(−) 드라이버	小, 나사못이나 단자 불량 발생 시 처리	1
전지가위	한번에 많은 전선을 자르기에 편리함	1

2 기타

종 류	용 도	개 수
물	갈증 해소	1
초콜릿	빠른 시간 내에 원기 회복에 좋음	3
점심 도시락	과일이나 샌드위치 또는 김밥 등	1
우유	영양 보충	1

PART
1
작업형

물 때문에 떨어진 사연

물을 많이 마시면 시험 중간에 화장실을 가야 합니다. 안 그래도 바쁜데 화장실까지 갔다 오면 불안해서 견딜 수가 없어요.

처음 실기 작업형 시험을 볼 때의 이야기입니다. 어떤 시험이든 시험은 긴장됩니다. 그날도 긴장을 풀기 위해 아침부터 시험 전까지 계속 물을 마셨지요.

그랬더니 긴장은 풀렸지만 웬걸? 시험 보는 중간에 화장실에 갔다 왔어요. 조금만 있으면 점심시간이라 참아보려고도 했지만 도저히 참을 수 없었습니다.

감독위원에게 이야기하고 화장실에 갔습니다. 시험장은 2층이었는데 화장실은 2층이 아니라 3층에 있었어요. 그래서 계단 위쪽으로 뛰었지요.

보조위원이 학생이었는데 그 학생도 뒤따라 뛰어 오더라고요. 화장실에 들어가서 볼일을 보긴 했지만 그 시간이 1시간은 된 것 같아요.

그날 시험은 어떻게 됐냐고요? 당연히 떨어졌지요.
실기 작업형 시험을 보는 아침에 물은 꼭!! 목을 축일 정도만 드세요.

1-2 공구의 준비(변형 또는 제작)

■ 드라이버

① 손잡이 끝부분에 베어링을 부착하면 편리합니다.

② 손잡이 부분을 깎아서 베어링을 부착하고, 절연테이프를 감아서 그 위에 수축튜브로 씌웠습니다.

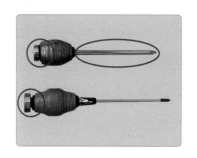

■ 전동드라이버

① 몸체에 자석을 붙이고 거기에 새들을 붙여서 작업합니다.

② 드라이버 비트에 둥근 자석을 끼우고, 날에 나사못을 끼워서 작업합니다.

③ 배터리 바닥에 둥근 자석을 붙이고 나사못을 붙여 작업합니다.

④ 드라이버 비트는 각진 것보다는 둥근 것이 좋습니다.

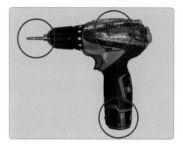

■ 와이어스트리퍼

① 홀의 구멍을 둥글게 만들거나 조금 넓힙니다.

② $1.5\,[\text{mm}^2]$ 전선을 3가닥씩 쉽게 자를 수 있어요.

③ 손잡이 끝에는 구멍을 뚫고 고무줄을 달아서 작업 시 목에 걸고 작업을 하면 편리합니다.

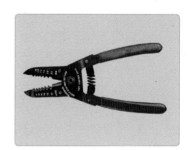

■ 벨 시험기

① 몸체에는 전선 피복을 벗기고 고리를 만들어 테이핑해서 부착합니다(작업 중 새들에 바로 걸어서 작업해요).

② 리드선은 선의 길이를 다르게 합니다.

③ 짧은 쪽($65\,[\text{cm}]$) 리드선 끝에는 봉자석을, 긴 쪽($150\,[\text{cm}]$) 리드선 끝에는 전선을 납땜해서 부착합니다.

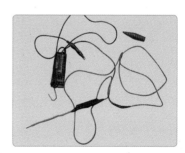

■ L형자

① 얇은 합판(가로 $51\,[\text{cm}]$, 세로 $75\,[\text{cm}]$, 폭 $9\,[\text{cm}]$, 두께 $0.5\,[\text{cm}]$)으로 만들어 사용하는 것을 권장합니다.

② 눈금은 $5\,[\text{cm}]$ 단위로 표시하세요.

③ 폭을 $9\,[\text{cm}]$로 만든 이유는 제어판 바로 위나 아래의 선은 한번에 두 선을 그을 수 있어서예요(분필의 두께 : $1\,[\text{cm}]$).

■ PVC 덕트 특수자

① PVC 덕트를 재활용했습니다.

② 사용할 PVC 덕트를 공사판에 붙이고, 특수자를 자르려고 하는 곳에 올립니다. 표시된 곳을 제도선과 일치시키고 네임 펜으로 덕트에 선을 긋습니다. 그리고 쇠톱으로 자르면 됩니다.

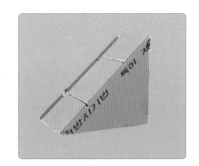

■ PLC선

① 드라이버 비트, 전원선, USB선을 함께 묶었습니다.

② 드라이버 비트는 홈 있는 부분에서 강철(옷핀)로 묶었어요.

③ 고무줄로 3개를 묶었기 때문에 언제나 함께 세트로 있어서 분실 염려도 없고 공구 찾을 일도 없습니다.

④ 전원선 끝은 말굽 단자로 마무리했습니다.

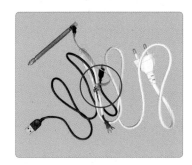

■ 자석봉 및 철판

① 둥근 자석과 둥근 막대를 수축튜브로 결합했습니다.

② 전선과 자석봉의 구별이 쉽지 않아서 상부에 매니큐어를 칠하여 전선의 색상과 구분이 잘되도록 했습니다.

③ 철판은 자석봉을 올려놓는 곳으로, 작업 시 PLC 위에 올려 놓아 다른 작업에 방해가 되지 않습니다.

■ 제어판 특수자

① 얇은 합판(가로 50 [cm], 세로 43 [cm], 두께 0.5 [cm])으로 만들었습니다.

② 상부와 하부에 길이를 조금 짧게 만들고 5 [cm] 단위로 표시를 해 두었는데, 이는 배관될 자리를 제어판에 미리 표시하기 위한 용도입니다.

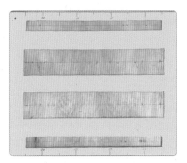

■ 전선거치대

① 시중에 판매하는 것도 있지만 저는 주위에 돌아다니는 것을 재활용했어요.

② 제어선을 둥글게 잘 펴서 거치대에 올려놓고, 안쪽에서부터 전선 타래를 풀어서 사용합니다.

작업 전 준비

2-1 공단 관계자의 설명

공단 관계자가 시험에 대한 전반적인 설명과 함께 노트북 프로그램을 검사합니다.

노트북 준비

전기기능장 실기 작업형 시험의 준비물에는 노트북이 필수입니다. PLC 문제가 그렇게 복잡한 프로그램을 실행하는 것은 아니므로 노트북 CPU 성능이 최고 사양일 필요는 없습니다. 하지만 LCD 해상도가 높으면 프로그램을 최종 수정 보완할 때 넓은 면적을 한눈에 볼 수 있으므로 점검하기 편리합니다.

저는 LCD 해상도가 '3200×1800'인 노트북을 중고로 구입해서 사용했는데 좋았습니다. 노트북 성능보다는 자신의 뇌 기능을 향상시키는 것이 급선무이기는 하지만 둘 다 향상시키면 더욱 좋겠죠?

시험이 시작되기 전 공단 관계자가 노트북에 불필요한 프로그램이 있는지 확인합니다. 진단 프로그램을 USB에 저장해 와서 노트북에 연결하고 프로그램을 실행시켜봅니다. 걸리면 무조건 실격입니다. 여기서 탈락하는 분들을 직접 눈으로 보았습니다.

시험을 보지도 못하고 집으로 돌아가야 하는 사람의 심정은 이루 말할 수 없을 것입니다. 시험 준비하느라 고생했고, 접수하느라 고생했고, 시험장까지 먼 길 오느라 고생을 했습니다. 그런 수고들이 시험도 보지 못하고 한꺼번에 물거품이 됩니다.

시험장에 갈 때 노트북은 꼭 포맷을 한 후 프로그램을 재설치해서 가져가세요. 한글, 오피스 등 불필요한 프로그램은 싸아악~ 지우시고요~~.

2-2 감독위원의 설명

감독위원이 설명할 때 설명을 들으면서 시험지 인쇄 상태를 확인하고 다음을 준비합니다.

① 시험지를 낱장으로 절단합니다 (시퀀스 프로그램 도면은 제외).

② 필요한 부분과 불필요한 부분을 서로 분류합니다.

③ 시험지를 작업 순서에 맞춰 정리합니다.

   (공사판 → 제어판 배치도 → 시퀀스 → PLC 순서로 정리)

감독위원이 설명할 때

시험지 인쇄 상태를 확인할 때 PLC 도면을 빠르게 읽습니다. 그리고 감독위원이 설명할 때 설명을 들으면서 PLC 프로그램을 어떻게 짤 것인지 생각합니다.

지면의 내용은 수험생들이 대부분 알고 있는 내용입니다. 하지만 지면 이외의 특이한 부분을 설명할 때는 귀를 쫑긋 세우고 들어야 합니다. 지면에서 제시하지 않은 내용을 감독위원이 구체적으로 설명할 수도 있습니다.

예를 들어, "전원선(TB1 상단)은 4선을 뽑아 놓으세요."라고 말을 할 수 있어요. 4선을 배놓으라고 했는데 2선만 빼놓는다거나 아예 배선이 없다면 점수가 깎일 수도 있지요.

귀는 감독위원의 소리에 기울이고, 머리는 PLC 프로그램을 설계해야 합니다. 감독위원의 설명이 길기 때문에 차분히 생각할 수 있는 시간입니다. 어떤 명령어를 이용해서 프로그램을 설계해야겠다고 감만 잡아도 PLC 프로그램 절반(?)은 한 것이나 다름없습니다.

감독위원이 설명할 때, 몰래 눈치 보며 쓸데 없이 번호 표시한다고 서두르지 마세요.^^ 다시 말씀드리지만 이 시간은 PLC 프로그램을 어떻게 짤 것인지 생각할 수 있는 가장 좋은 시간입니다.

2-3 부품 확인

① 부품을 종류별로 바구니에 담고, 없는 부품은 감독위원께 말씀드려 미리 챙겨놓습니다. 부품은 따로따로 담아야 작업이 편리하며, 새들은 따로 준비한 작은 통에 담습니다.

② 단자대, 퓨즈홀더의 커버를 벗깁니다(송곳 사용). 벗긴 커버는 그 바구니에 담습니다.

③ 작업 책상을 적당한 위치로 옮깁니다.

④ PVC 덕트 덮개를 덮습니다.

⑤ 제어선은 둥글게 펴서 전선 거치대에 담습니다.

⑥ 전원선은 옆으로 길게 늘어뜨립니다. 전선 끝이 4선 모두 끝나지 않은 부분을 먼저 작업할 수 있도록 작업대 쪽에 둡니다.

⑦ 노트북과 PLC를 설치합니다.

 아직 작업은 시작되지 않았지만 부품 확인에서부터 얼마나 빨리 서두르느냐에 따라 전체 작업시간에 영향을 미치게 됩니다. 실제로 작업은 하지 않고 작업을 잘할 수 있도록 완벽하게 준비하는 것입니다.

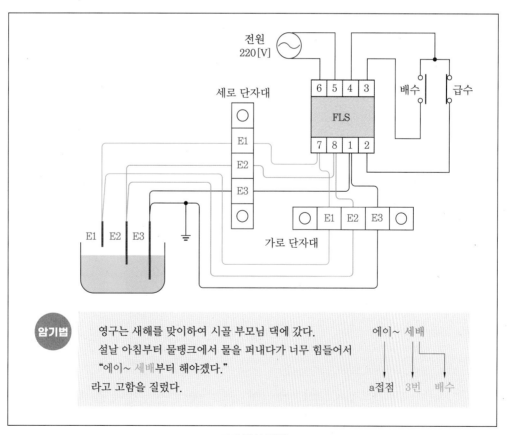

FLS 결선 방법

작업 공정

■ 전체 작업 공정시간

자기에게 적합한 시간 목표를 정하고 조금씩 줄여가면서 최종적으로는 목표 시간인 5시간 이내에 모두 마무리하도록 연습합니다.

작업시간 : 5시간 (300분)

항 목	작업 분류	소요시간	
준비	• PLC 프로그래밍	50분 → 00:50	02:30
	• 번호 표기	10분 → 01:00	
제어판 작업	• 기구 부착 및 제어 전원회로	40분 → 01:40	
	• 제어 보조회로	50분 → 02:30	
공사판 작업	• 박스, 새들, 배관	45분 → 03:15	02:30
	• 입선, 커버 임시 부착	40분 → 03:55	
	• 결선	45분 → 04:40	
마무리	• 마무리	20분 → 05:00	

야담

작업시간 줄이기

기능장 시험은 시간과의 싸움입니다. 그러기 위해 열심히 하는 것도 좋지만 체계적으로 열심히 하는 것이 더 현명한 것입니다.

1. 연습 때에는 항상 세부 작업시간을 체크합니다. 그러면 단점이 파악됩니다. 원인을 분석하고 계획을 세워서 부족한 부분은 연습량을 늘려야 합니다.

2. 평소에 규칙적인 운동으로 건강한 체력을 기릅니다. 건강한 체력은 작업시간을 줄이고, 5시간 동안 작업에 집중할 수 있게 합니다.

3. 좋은 습관이 필요합니다. 작업 순서가 습관이 되어야 합니다. 나에게 맞는 순서를 정하고, 그 순서에 몸이 자연스러워야 합니다.

3–1　PLC 프로그래밍

■ PLC 프로그래밍 문제 유형
  • 타임차트　　　• 순서도　　　• 진리표　　　• 논리회로　　　• 시퀀스

1 프로그래밍

50분 이내에 프로그래밍을 완성하도록 준비합니다.

① 프로그램 준비 : 1분

② 프로그램 이해 및 전략 수립 : 3분

③ 프로그램 작성 : 30분

④ 프로그램 실행 및 수정 : 15분

⑤ 프로그램 쓰기 : 1분

2 PLC 종료

컴퓨터에서 PLC 프로그램 전송이 끝났으면 PLC 스위치를 RUN으로 조작하여 마무리합니다.

■ PLC 작업 시 주의사항

① PLC 동작은 정상이지만 PLC 결선에서 누락되면 실격입니다.

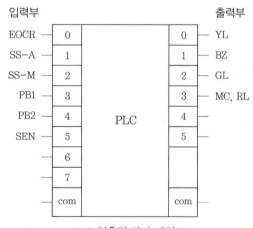

PLC 입출력 단자 배치도

② PLC 동작 설명에 없더라도 PLC 입출력 단자 배치도에 표기되어 있으면 단자대까지 모두 결선합니다.

3-2   도면에 번호 표기

(1) 주황색 사인펜 – 배관도에 표시

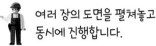

여러 장의 도면을 펼쳐놓고 동시에 진행합니다.

① 치수에 맞게 가로선 및 세로선 긋기

② 치수 기입

(2) 청색 형광펜 – 3가지

① PE 전선관 표시 : 배관도, 나머지는 표시하지 않아요.

② 램프, PB 스위치 색상 표시 : 배관도, 품셈표 참고

적색(ㅈ), 청색(ㅊ), 녹색(ㄴ), 백색(ㅂ)

③ 제어판 상단 위치 표시(△) : 배관도를 참고하여 PLC 입출력부 도면, 시퀀스 회로도에 표시합니다.

(3) 분홍색 형광펜

① 하단 위치 표시(▽)

② 배관도를 참조하여 PLC 입출력부 도면, 시퀀스 도면에 표시합니다.

(4) 녹색 사인펜 – 외부 단자에만 표시

① 기기 배치 순서로 번호 부여 : 좌→우, 상→하. 배관도, PLC 입출력부 도면, 시퀀스 도면

② 제어판 박스 내에 전선의 가닥 수 표기 : 배관도, 필요시 전선관에도 표기합니다.

야담

펜

여러 가지 색상의 펜을 사용하는 이유는 시감도가 증가하여 실수가 방지되며 작업 속도가 빨라지기 때문입니다.

번호를 표기할 때는 좌측 4개를 사용했고요, 우측 2개는 공구박스에 늘 넣고 다니는 것입니다.

제일 우측 펜은 뚜껑을 계속 열어놓고 사용할 수 있고, 형광펜처럼 밑에 글이 가려지지 않아서 배선을 마무리한 회로에 표시했어요.

1 도면에 번호 표기의 예 1

■ 배관 및 기구 배치도

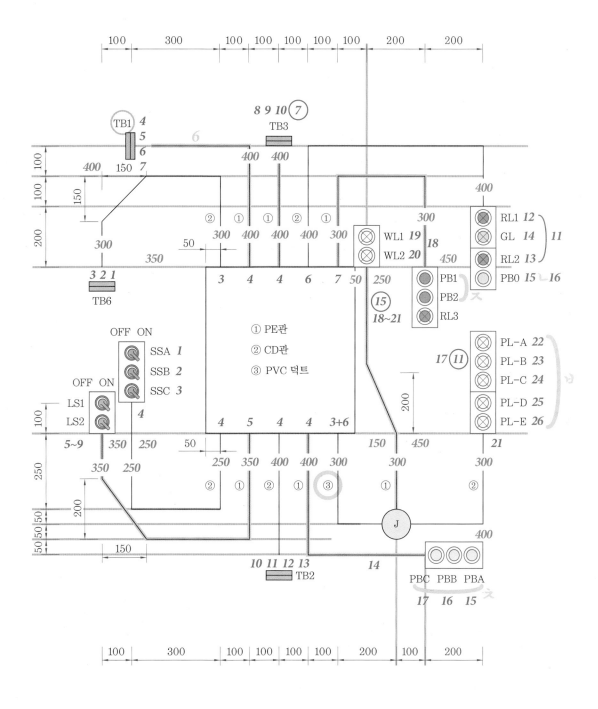

■ '도면에 번호 표기의 예 1'의 설명

① 주황색 사인펜

    ㈎ 가로선 긋기(필요한 부분에 세로선 긋기)

    ㈏ 가로, 세로 치수 표시 : 가로선의 치수는 제어판의 50 [mm]를 뺀 수치를 적습니다.

    ㈐ 외부 전원(TB1) 입력 표시

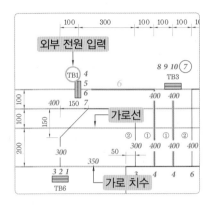

② 녹색 사인펜

    ㈎ 단자번호 표시 : 숫자에 동그라미 한 것은 공통선을 의미합니다.

    ㈏ 전선 가닥 수 표시 : 제어판 내에 표기합니다.

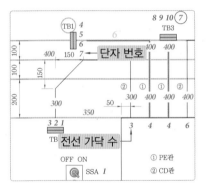

③ 청색 형광펜

    ㈎ PE 전선관 및 배관 수 표시

    ㈏ 푸시 버튼, 파일럿 램프 색상 표시 : RL(적색), GL(녹색), WL(백색), YL(황색)은 표시하지 않습니다.

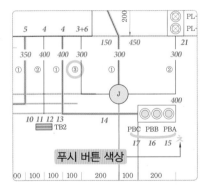

● 녹색 사인펜으로 단자 7번에 동그라미를 한 이유는?
TB1과 TB3의 접지선을 하나의 선으로 공통 이용함을 나타냅니다. 공통으로 이용하면 단자 이용 숫자가 줄어들어 배선 1선이 줄어듭니다.

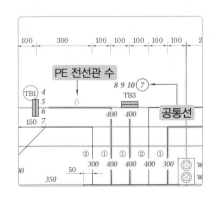

2 도면에 번호 표기의 예 2

■ PLC 입출력 단자 배치도

		15 / 14	16	17	1	2 / 4	3		
입 력		PB-A	PB-B	PB-C	SS-A	SS-B	SS-C		
PLC		0	1	2	3	4	5	6	7
출 력		PL-A	PL-B	PL-C	PL-D	PL-E			
		22	23	24 / 21	25	26			

■ 제어판

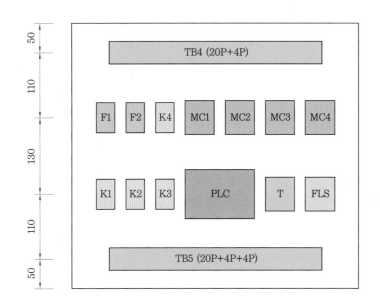

■ 범 례

기 호	명 칭	기 호	명 칭	기 호	명 칭
MC1~4	전자접촉기(12P)	PB0	푸시 버튼(녹)	WL1~2	파일럿 램프(백)
K1~4	릴레이(14P)	PB1~2	푸시 버튼(적)	LS1~2	실렉터(2단)
T	타이머(8P)	PB-A~C	푸시 버튼(청)	TB6	단자대(3P)
F1~2	퓨즈홀더(2P)	GL	파일럿 램프(녹)	TB1~3	단자대(4P)
FLS	플루트리스 스위치	RL1~3	파일럿 램프(적)	Ⓙ	8각박스
SS-A~C	실렉터(2단)	PL-A~E	파일럿 램프(백)	PLC	PLC

③ 도면에 번호 표기의 예 3

■ 시퀀스 도면

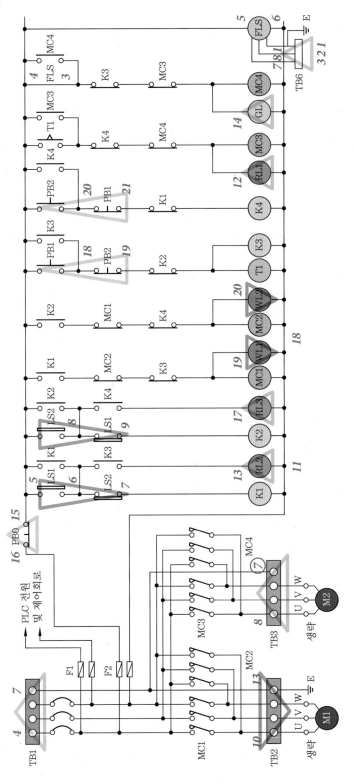

■ '도면에 번호 표기의 예 3'의 설명

① 청색 형광펜

　　제어판을 기준으로 상부 기구 표시

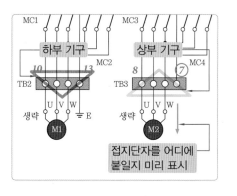

② 분홍색 형광펜

　　제어판을 기준으로 하부 기구 표시

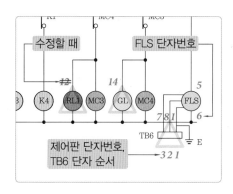

③ 녹색 사인펜

　(가) 제어판 단자번호 및 FLS 단자번호 표시

　(나) 숫자의 동그라미는 공통선 표시

　(다) 'PLC 입출력 단자 배치도'에서 숫자의 상부 또
　　　는 하부에 별도로 나타낸 숫자는 공통선 표시

　(라) 화살표는 PLC 접지를 상부 또는 하부 단자에
　　　접속함을 표시

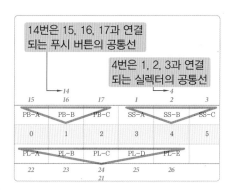

■ 번호 부여 시 주의사항

① 단자번호의 순서는 배관도의 기구 배치 순서에 따라 표시합니다.

② 하나의 기구가 둘 이상의 도면에 있는 경우에는 모두 표기합니다.

③ 번호를 매기기 전에 '제어판 기구 배치도'에서 단자의 수를 미리 확인합니다.

④ 작성 중에 단자대의 수가 부족할 경우에는 공통선을 찾아서 공통선 단자 수를 줄입니다.

⑤ PLC 접지선은 번호 부여 시 단자가 남는 곳에 부착 위치를 미리 정합니다.

　　('시퀀스 도면'에 표시, 하단은 ↓, 상단은 ↑)

(1) PLC 입력선 릴레이 번호 부여 방법

입력 접점은 가능한 a접점을 사용하며 가장 높은 번호를 부여합니다.

(a) 14P인 경우   (b) 8P인 경우

PLC 입력선 릴레이 번호 부여

(2) 시퀀스 도면 결선 방법 – 접점은 번호 표기할 필요 없음

① 전원선 결선 시 EOCR, MC 상단은 6번, 릴레이(11P) 상단은 13번, 타이머 상단은 2번,
 FLS 상단은 5번 결선

② 릴레이 접점 결선 시 시퀀스 도면의 상단은 릴레이 상단인 1~8번 결선

③ 타이머 접점 결선 시 상단은 1번 또는 8번 결선

④ EOCR 접점 결선 시 상단은 10번 결선(a접점 : 5번, b접점 : 4번)

⑤ MC 접점 결선 시 상단은 4번 또는 5번(a접점 : 4번, b접점 : 5번)

⑥ 작업하면서 위와 다르게 결선할 때는 도면에 "∨" 표기하여 구분을 짓습니다.

3-3   제어판 작업

1 제어판 작업

(1) 제어판 부품 배치 및 부착

① 도면을 부품 배치도, 시퀀스도, PLC 입출력도 순서로 송곳을 사용하여 공사판에 나란
 히 고정합니다.

② 제어판 특수자를 제어판 위에 올립니다.

③ 제어판에 외부 전선관 자리를 표시합니다.

④ 부품을 챙겨서 특수자 위에 기구를 배치합니다.

⑤ 단자대, 가장자리, 나머지 순서로 기구를 부착합니다.

⑥ 제어판 특수자를 제거합니다.

감독위원이 특수자를 사용하지 못하게 하는 곳도 있다고 해요. 그럴 경우에는 준비한 자를 사용하면 됩니다.

● 사용되는 나사못의 규격

   ① 10 [mm] : 박스 및 새들

   ② 15 [mm] : 단자대, 퓨즈박스, PLC

   ③ 20 [mm] : MC, EOCR

   ④ 28 [mm] : 타이머 단자, 릴레이 단자, 제어판

 사용할 나사못은 4종류를 구분하여 담을 수 있는 나사못 박스에 담아서 적당량 미리 준비하세요.

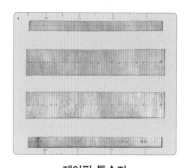

제어판 특수자

● 제어판의 기구 배치와 배관의 위치를 표시합니다.

(2) 단자 피스 풀기

① 부품에 전선을 삽입하기 전의 예비 작업으로, 삽입될 수 있는 틈만큼 풀어놓습니다.

② PLC는 시험 전에 미리 적당한 양으로 풀어놓습니다.

③ 0.7초 정도(릴레이는 0.5초 정도) 전동드라이버 스위치를 잡습니다. 시간은 제조사마다 조금씩 달라요.

(3) 마스킹 테이프 부착

마스킹 테이프를 단자대 윗면에 부착하고 명칭 및 번호를 기입합니다.

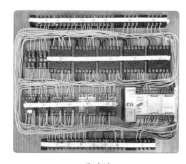

제어판

불량품 보관

● 작업 중에 기구가 망가졌다고 하더라도 그냥 버리지 말고 예비품으로 확보해두세요.

예비품 확보

(4) 와이어스트리퍼 목에 걸기

손잡이 끝부분에 고무줄을 부착한 와이어스트리퍼를 목에 겁니다.

참고

와이어스트리퍼 홀 만들기

1.5 [mm²] 전선을 한번에 3가닥의 피복을 벗기기 위해 와이어스트리퍼 작은 홀을 넓힌 것입니다.
작업 방법은 다음과 같습니다.

① 드릴(∅1.5)로 작은 구멍을 넓힙니다.

② 미세 줄로 날을 세웁니다.

③ 미세 사포(800)로 다시 날을 세웁니다.

와이어스트리퍼 홀

작업을 하면서 '왜 전선에 흠집이 생길까?' 생각을
했는데 전선의 규격과 스트리퍼의 규격이 서로 맞지 않
기 때문이었습니다. 그림을 자세히 살펴보면, 제가 작업한 것은 동그랗게 잘 빠졌는데 옆의 다른 구
멍들은 동그랗지 않고 타원형이잖아요. 우측 바로 옆 구멍도 같은 작업을 하면 좋을 것 같아요. 홀을
동그랗게 하나 더 만들면 1.5 [mm²] 전선은 3가닥씩 작업이 가능해요. 이렇게 하면 작업시간이 10
분 정도 단축되는 것 같아요.

저는 와이어스트리퍼와 PE 커팅가위에 고무줄을 달아서 작업이 필요할 때만 목에 걸고 작업을 합
니다. 제어판을 짤 때 공구를 둘 장소가 마땅찮아서 목에 걸었는데 목에 걸어 보니 공구가 어디 있
는지 찾지 않아서 좋고요, 시험장소의 환경에 구애를 받지 않아서 좋았습니다.

피복을 벗기는 시간을 줄이기 위해서 전선을 칼로 삐껴내듯 스트리퍼 작업을 하는 분도 있는데 별로
좋은 방법은 아닌 것 같아요. 벗겨진 피복이 단조롭지 못해서 단자에 전선을 물릴 때 피복이 함께 물
릴 수도 있습니다. 전선이 피복과 함께 단자에 물리면 동작이 되지 않고요, 회로 점검을 할 때 불량 회
로를 찾기도 어렵고 모양도 예쁘지 않아요.

(5) 접지선(녹–황색선) 배선 – PLC 접지 포함

① 외부 전원선이 인접해 있는 경우에는 녹색선을 한 곳만 배선합니다.
('도면에 번호 표기의 예 1' 참조)

② PLC 접지선은 제어판의 위쪽 또는 아래쪽의 가장 우측 단자에 결선합니다.

(6) 주회로 배선

① RST 3선을 함께 배선합니다.

② RST 3선을 왼쪽 또는 오른쪽 허리띠 고리를 통과하도록 준비합니다. 허리띠 고리를 통과하면 선을 놓치지 않습니다.

③ 작업을 진행하다가 공통으로 들어가는 부분을 만나면 모두 파악하여(길이 12 [cm]) 전선의 양쪽 피복을 벗기고 'ㄷ'자 모양으로 구부려 미리 함께 준비합니다.

④ 차례대로 배선 작업을 하다가 조금 복잡한 부분은 주단자대에서 기구 단자대 방향으로 배선을 하면 쉽고 빠르게 작업할 수 있습니다.

(7) 제어판 작업 전 보조회로(황색) 전선 준비

① 팔꿈치를 이용하여 제어선을 PLC의 '입력선+출력선+4'의 수만큼 감고 자릅니다. 전지가위로 구부러져 있지 않은 곳의 중간을 자릅니다.

② 잘려진 여러 가닥의 전선 한쪽을 5 [mm] 정도로 피복을 벗깁니다.

③ 공사판에 부착된 가장 우측의 빈 송곳에 걸어둡니다.

● 제어판 작업 순서

굿고 → 박고 → 풀고 → 붙이고 → 적고 → 배선

● 배선 작업 순서

접지 → 주회로 → PLC → 보조회로

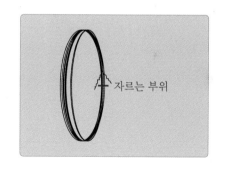

자르는 부위

(8) PLC 배선 순서

① 접지선(이미 결선했어요.)

② 퓨즈 입력선

③ 전원선 및 출력 공통선

④ 입력 공통선

⑤ 입력선

⑥ 출력선

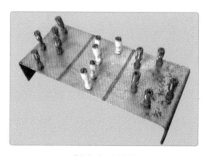

철판과 자석봉

● 철판을 PLC 위에 끼워서 작업하고, 작업을 다 마치면 제거하면 됩니다.

(9) 보조회로 배선

① 상단과 하단의 공통 단자는 자석봉을 사용하여 배선합니다.

② 결선된 선은 주황색 구리스펜으로 그리면서 작업을 진행합니다. 숙달되면 그리는 수와 횟수를 조금씩 줄여가면서 진행하면 됩니다. 완전히 숙달되면 그리지 않고도 실수 없이 작업을 완성할 수 있어요.

③ 미리 10가닥 정도의 전선(10 [cm])을 양 끝의 전선 피복을 벗겨 'ㄷ'자로 구부려둡니다.

④ PLC 배선을 하다가 토막 난 전선은 제어판 왼쪽에 가지런히 모아 놓고, 그때그때 길이에 맞는 전선을 골라서 사용합니다.

⑤ 전선은 항상 2가닥씩 한꺼번에 피복을 벗깁니다(때로는 3가닥).

⑥ 전선 꺾기 : 검지와 중지 위에 전선을 올리고, 엄지로 검지와 중지 사이를 누르면서 전선을 90° 꺾습니다.

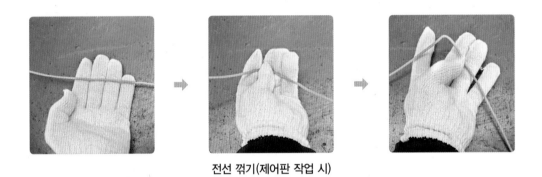

전선 꺾기(제어판 작업 시)

⑦ 전선의 끝을 바지 허리띠 고리를 통과하여 작업판에 올려놓고 작업을 합니다. 계속 전선을 잡고 작업을 해야 하는데 그렇게 하면 전선을 놓치는 일이 없습니다.

⑧ 시퀀스 도면에서 제어 부분의 기본 순서

상부 공통선 → 가운데 제어선 → 하부 공통선

(10) 점검

① 나사못이 풀려 있는 곳은 없는지?

② 접점의 연결이 누락되거나 서로 바뀌어 있지 않은지?

③ 퓨즈홀더 단자는 드라이버를 사용하여 한 번 더 조여줍니다.

 퓨즈홀더 단자는 너무 단단히 조이면 홀더의 나사산이 망가지므로 적당한 힘으로 조여야 합니다. 여기는 작업하다 보면 헐거워지거나 빠질 수 있는 부분이에요. 주의해서 작업하세요.

(11) 공사판 부착용 나사못 박기

제어판 모서리 4개소에 공사판 부착용 나사못을 박습니다.

전동드라이버 준비

전동드라이버는 작업공구 중에서 가장 많이 사용하는 도구입니다. 따라서 가볍고 적정 시간 동안 사용할 수 있는 것이어야 합니다.

○ 좌측 사진 : 자석을 붙여서 작업의 효율성 상승 (추천)

○ 중간 사진 : 그리스를 도포하면 스위치 조작이 부드러움 (추천)

○ 우측 사진 : 완전분해 (고장 시)

전동드라이버 준비

완전분해는 하지 마세요. 다 망가져도 상관없다는 분만 용기를 내기 바랍니다. 물론, 저는 다시 완벽하게 조립을 했습니다만….

■ 제어판 작업 시 참고사항

① 단자대 숫자는 마스킹 테이프를 부착하여 그 위에 표기하는데, 모두 적는 것이 아니라 3배 수로 적습니다(⑩ 3, 6, 9, …).

② 배선은 제어판 바깥으로 나가면 안 되고, 기구들 사이의 세로에 배선되어서도 안 됩니다.

③ 바로 옆 단자의 배선일지라도 전선 배치선까지 갔다가 배선해야 합니다.

④ 케이블타이는 최소한 2곳 이상 묶어서 마무리합니다.

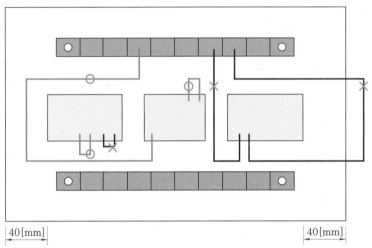

제어판 전선 배치 방법

⑤ 한 단자에 3가닥 이상의 전선이 물리면 안 됩니다.

⑥ 한 곳에 2선이 물리는 곳은 2선을 함께 꽂고 피스를 고정합니다.

⑦ 전선 피복은 5 [mm] 정도 벗기고, 부착할 때는 피복이 벗겨진 부분이 1 [mm] 정도 보이도록 결선합니다.

⑧ 퓨즈 전원 측 연결선은 문제지에 주어진 대로 결선합니다.

⑨ 제어판에 부착되는 기구의 수가 많기 때문에 좌우 여유공간(전선이 지나는 곳)을 4 [cm] 이하로 띄워야 기구를 다 부착할 수도 있습니다.

⑩ PLC 배선 시 주의사항

　㉮ 접지선을 먼저 배선합니다.

　㉯ 전원선은 PLC에서 2선을 뽑고 5번 이상 꼬아서 퓨즈 2차 측에 접속합니다(출력 측 공통선과 함께 접속하세요).

　㉰ 단자대 전선 접속은 좌측으로 몰아서 접속합니다.

⑪ 접속 개소가 3곳 이상인 곳은 자석봉을 사용하여 결선합니다. 숙달되면 3곳 정도는 자석봉 없이도 결선 가능합니다.

⑫ 퓨즈홀더 단자는 손으로 드라이버를 사용하여 조입니다. 숙달되면 전동드라이버로 부드럽게 조이고, 제어판 마무리 점검 시 손으로 한 번 더 조입니다.

⑬ PLC 단자 접속 시 전동드라이버의 토크를 낮춘 후 전동드라이버를 가볍게 잡고 아래로 세게 누르면서 조입니다. 처음 사용하는 경우에는 손으로 드라이버 작업을 하세요. 힘 조절이 잘 안 되면 단자가 망가집니다.

⑭ 전동드라이버 토크(제조사마다 다를 수 있어요.)
- 기구 부착 : 10
- 보조 회로 : 8
- PLC : 6

⑮ 단자 불량 시 조치 방법 : 시험장 릴레이 단자가 튼튼하지 않은 경우가 많으므로 토크가 조금 높으면 단자의 나사산이 망가집니다.

㈎ 물리는 선이 2선일 경우 : 단자에 물리는 선을 양 옆으로 배치하지 않고 한쪽으로 몰아서 단자대에 끼웁니다.

㈏ 물리는 선이 1선일 경우 : 피복을 2배로 벗기고 동선을 2겹으로 접어서 단자대에 끼웁니다.

(a) 전선을 한쪽으로 몰아요.

(b) 고정해요.

단자 불량 시 조치 방법(2선일 경우)

2 제어판 부착

① 가슴 높이(키 175 [cm] 기준)에서 L형자를 사용하여 공사판에 수평선을 긋고, 다음으로 수직선을 긋습니다(공사판의 좌측을 기준으로 정하고 제도합니다).

② 수평선과 수직선이 만나는 지점에 제어판 상부 가장자리가 오도록 부착합니다.

> **주의** Q넷의 공개문제를 살펴보면 제어판 부착 위치가 좌측 또는 우측의 한쪽으로 치우쳐 있으므로 제어판 부착 시 주의해야 합니다.

참고

수평선과 수직선

문제 1   수평선을 못 긋겠습니까?

[풀이]   시험장의 공사 패널은 수직과 수평이 잘 맞춰져 있기 때문에 L형자를 사용합니다. 짧은
쪽은 측면 합판과 일치시키고, 긴 쪽은 가슴 높이에서 공사판에 붙입니다. 그리고 분필로
가로선을 긋습니다.

[정답]   아니요. 그을 수 있습니다.

문제 2   제어판을 알맞은 곳에 부착할 수 있습니까?

[풀이]   '배관 및 기구 배치도'를 보고 제어판의 좌측 치수를 계산합니다. 예를 들어, 계산한 값이
70[cm]라고 한다면 5[cm]를 더해서 합은 75[cm]입니다. 수평선의 좌측에서 우측
으로 75[cm] 지점에 표시를 하고, L형자를 사용하여 그 지점에서 수직선을 긋습니다.
수평선과 수직선이 만나는 지점이 제어판 좌측 상부가 되도록 부착합니다.

[정답]   예. 알맞은 곳에 부착할 수 있습니다.

주의   도면의 중앙에 제어판이 있는 것은 아닙니다. 작업면의 크기는 시험장 마다 조금씩 달라
요. 작업면의 폭이 넓으면 그냥 가운데에 제어판을 부착하면 되겠지만, 좁다면 치수를
계산해서 부착해야 합니다. 치수 계산을 잘못하면 제도를 다시 하고, 제어판을 다시 부
착해야 합니다.

3-4   공사판 작업

1 공사판 제도 – 원칙

① 제어판과 나란한 수평선을 긋습니다.

② 산출된 수평선 지점에서 산출된 수직선을 긋습니다.

③ 같은 높이인 두 수직선의 끝을 서로 연결합니다.

④ 박스 및 단자대의 위치와 기구 수를 표시합니다.

⑤ 작업 순서 : 좌 → 우, 위 → 아래

2 덮개 분리 / 마개 제거

① 스위치박스에서 분리한 나사못은 별도로 준비한 작은 통에 담습니다.

② 커넥터 마개는 (+)드라이버(大)를 커넥터 중앙에 넣고 손잡이를 바닥에 치면 쉽게 제거
됩니다.

 수공구로 만든 베어링이 달린 드라이버는 손잡이를 바닥에 치면 드라이버가 망가지므로 별도로
드라이버를 준비하세요.

3 스위치박스 및 단자대 부착

① 스위치박스, 단자대, 8각박스를 공사판에 부착할 위치 앞 바닥에 정렬합니다.

② 10 [mm] 나사못을 전동드라이버의 하부 자석면에 될 수 있으면 많이 붙입니다.

③ 스위치박스, 단자대, 8각박스를 부착합니다.

④ 작업 순서 : 좌 → 우, 위 → 아래

4 커넥터 부착

① 커넥터를 스위치박스 및 8각박스에 부착합니다. 8각박스의 PVC 덕트 쪽에는 PE 커넥
터를 추가로 부착합니다(입선이 쉬워요).

② 8각박스에서 덕트가 아닌 외부로 연결된 PE 커넥터는 완전히 부착하지 않고 살짝만 걸
어둡니다.

③ 단자대 쪽 배관에는 커넥터를 부착하지 않습니다.

5 덕트 배관 – 덕트 특수자 사용

① 배관할 자리에 덕트를 댑니다.

② 특수자를 덕트 위에 덮습니다.

③ 자를 자리에 선을 긋습니다.

④ 쇠톱으로 덕트를 자릅니다. PE 커팅가위를 사용해도
되지만 덕트가 깨질 수도 있습니다. 쇠톱으로 하지 않
을 거면 전지가위가 좋아요.

⑤ 덕트의 덮개는 분리하여 밑바닥 가장자리에 두고, 덕
트 밑판은 부착합니다.

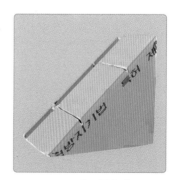

PVC 덕트 특수자

6 **새들 부착** – 배관이 꺾이는 반대쪽에만 나사못으로 고정

① 새들을 전동드라이버의 상부 자석면에 될 수 있으면 많이 붙입니다.

② 적당한 위치에 새들을 부착하고, 부착된 새들은 모두 뒤로 꺾어놓습니다.

③ 하나의 직선에는 최소한 2개 이상의 새들을 부착합니다. 새들과 새들 사이의 간격이 40 [cm]가 넘는 곳에는 새들을 추가로 부착합니다.

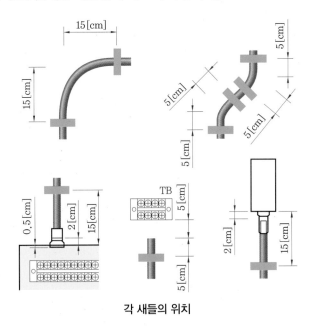

각 새들의 위치

7 **배관**

(1) PE 전선관

① PE 커팅가위를 목에 겁니다.

② 스프링으로 배관의 치수를 재고, 그 길이보다 5 [cm] 정도 길게 PE 전선관을 자릅니다.

③ 허벅지를 이용하여 전선관을 바르게 폅니다.

④ 전선관을 스위치박스 쪽 커넥터에 삽입합니다.

⑤ 스프링을 전선관에 삽입합니다.

⑥ 휘어질 곳의 전선관을 새들로 고정합니다.

⑦ 전선관을 휘어지는 방향으로 180° 꺾습니다.

⑧ 꺾어진 전선관의 새들과 직선 전선관의 새들은 손으로 임시 고정합니다. 나머지 새들의 고정은 CD관 새들을 마무리할 때 함께 마무리합니다.

⑨ 휘어질 곳의 전선관을 새들로 고정합니다.

⑩ 스프링을 관 속에서 조금 뺐다가 다시 넣습니다.

⑪ 배관 작업이 더 남았으면 ⑥~⑧의 작업을 반복합니다.

⑫ 가위를 제어판에서 0.5 [cm] 띄워서 PE관을 자릅니다.

⑬ 스위치박스와 8각박스의 연결 PE관은 스위치박스 쪽부터 마무리합니다. 8각박스 쪽 마무리는 먼저 적당한 길이만큼 전선관을 가위로 자른 후 헐겁게 잠겨 있는 커넥터를 다시 풀어 전선관에 삽입하고 8각박스와 결합합니다.

(2) 플렉시블 전선관

① 스위치박스 커넥터에 전선관을 삽입하고 제어판으로 배관합니다.

② 새들은 손으로 임시 고정하면서 배관합니다. 처음 감겨 있던 반대 방향으로 꺾으면 모양이 더 아름답습니다.

③ 제어판 위에 가위를 대고 전선관을 자릅니다.

④ 제어판 쪽 PE 및 CD 커넥터를 삽입합니다. 이때 커넥터는 제어판 위에 5 [mm] 정도 걸쳐져야 합니다.

⑤ 새들은 PE 전선관의 미비한 부분과 함께 나사못으로 모두 고정합니다.

8 입선

(1) 입선 순서

① 순서 : 전원선 → 제어선

② 길이는 전선을 이용하여 배관 위쪽으로 측정합니다.

③ 전선을 선의 수만큼 꺾고 끝을 스트리퍼로 자릅니다.

④ 여유 길이

    ⑦ 제어판 : 30 [cm]

    ⑭ 8각박스 : 10 [cm], 한번 꼬아서 밀어넣어요.

    ⑭ 스위치박스 : 가장 먼 끝 쪽까지의 길이 + 5 [cm]

    ㉑ 실렉터 스위치 : 가장 먼 끝 쪽까지의 길이 + 9 [cm]

    ㉠ 주회로 TB1 : 가장 먼 끝 쪽까지의 길이 + 10 [cm]

8각박스 전선 마무리 작업
● 최종 마무리 점검을 할 때 전선을 박스 안으로 밀어 넣습니다.

(2) 입선 방법

① 스위치박스에서 제어판 쪽으로 입선합니다.

② 전선이 4가닥 이하인 것은 전선 끝을 뒤로 꺾어서 관에 바로 입선합니다.

③ 5가닥 이상인 것은 끝을 모두 자르고, 빈 커피 봉지를 씌워서 입선합니다.

④ 덕트 쪽의 입선

    ⑦ 커피 봉지를 씌워서 입선

    ⑭ 스위치박스에서 필요한 만큼의 전선을 남겨놓고 8각박스로 입선

(다) 8각박스에서 한 바퀴(약 15 cm) 꼬아서 제어판으로 입선

(라) 입선하고 난 후 커피 봉지와 함께 전선의 중간을 90° 꺾어둠

9 **결선 1** – 제어판 쪽

(1) 전원선 결선

① 와이어스트리퍼를 목에 겁니다.

② 제어판이 아닌 외부 단자대 쪽 전선을 먼저 결선합니다.

③ 전원선 전선 피복은 2선씩 모아서 한번에 벗깁니다.

④ 외부 단자대와 결선합니다.

⑤ 제어판 단자대의 결선은 2선씩 결선하는데, 먼저 불필요한 전선의 길이 만큼 잘라서 버립니다. 그리고 전선의 피복을 벗긴 후 전선 끝에서 2 [cm] 되는 부분을 단자대 방향을 향해 직각으로 꺾어서 결선합니다.

⑥ TB1 단자대 쪽 결선 방법(제일 먼저 작업)

(가) 4가닥 전선을 10 [cm] 정도 자릅니다(입선 시 미리 10 [cm] 여유를 두었어요).

(나) 자른 전선의 피복을 한쪽은 15 [mm], 반대쪽은 8 [mm] 정도 벗깁니다.

(다) 8 [mm] 벗긴 쪽을 TB1 바깥쪽 단자대에 결선합니다.

⑦ 주회로 결선 순서 : 외부 단자대 → 제어판 단자대

(이유는 외부 단자대부터 결선하는 것이 작업이 더 쉽기 때문이에요.)

(2) 제어선 1(제어판) 결선

① 제어선(노란색) 전선 피복은 3선을 모아서 한번에 벗깁니다.

② 제어판 쪽 전선 피복은 8 [mm]를 벗깁니다.

③ 전선 끝에서 2 [cm] 되는 부분을 단자대를 향해 직각으로 꺾습니다.

④ 제어판 단자와 차례대로 결선합니다(전원선을 기준으로 제어선을 연결하면 작업을 하면서도 오결선이 쉽게 보이기도 해요).

⑤ PVC 덕트에서 나온 전선은 3가닥씩 모아서 결선합니다(한번에 3가닥씩 자르면 피복도 한번에 벗기고 모양도 예쁘게 나오기 때문이에요).

⑥ 스위치박스 쪽 불필요한 길이의 전선을 스트리퍼로 잘라냅니다.

⑦ 버려진 전선을 재사용하여 스위치박스의 내부 공통선을 준비합니다.

(가) 15 [cm] : 20가닥

    40 [cm] : 2가닥 (스위치박스와 스위치박스 간의 연결 공통선)

(나) 피복은 15 [mm] 정도 벗깁니다.

🔟 스위치박스 커버 임시 부착

① 바닥에 스위치박스 커버와 각종 기구들을 먼저 정렬하
고 나서 부착합니다.

    ㉮ ab접점이 있는 기구는 a접점을 왼쪽, b접점을 오
른쪽에 배치되도록 부착합니다.

    ㉯ 실렉터 스위치는 최종 부착할 때 앞에서 보아 11시
방향이 되도록 부착합니다.

② 전동드라이버를 사용하여 각종 기구들(푸시 버튼, 실
렉터 스위치, 램프 등)의 단자 피스를 2[mm] 정도 풀
어 놓습니다.

③ 기구 간의 공통선은 미리 결선합니다.

④ 스위치박스 좌측 가장자리에 커버를 뒤집어 집게로 물
립니다.

⑤ 제어판을 기준으로 좌측을 모두 마무리하고 난 후 우
측을 마무리하세요. 그렇게 하면 서로 혼돈되지 않아
빠른 작업이 가능합니다.

더블클립

● 스위치박스 옆면에 붙여놓고 배선
작업을 합니다. 클립이 너무 크면
작업하는 데 불편하고, 너무 작으
면 커버를 잡는 힘이 작습니다.

● 전기회로도는 11시 방향으로 돌
려진 상태를 표시합니다.

● 2단 스위치
   1번 : a접점
   2번 : b접점
● 3단 스위치
   2단 스위치의 반대

11️⃣ 결선 2 – 스위치박스 쪽

① 벨 시험기를 공사판에 부착합니다. 제어판 바로 위쪽의 가운데 새들에 걸면 옮기지 않
고도 한번에 다 마무리됩니다.

② 잘 보이는 곳에 '배관 및 기구 배치도'를 송곳으로 걸어둡니다.

③ 제어선 전선 피복은 3선을 모아서 15[mm]를 한번에 벗깁니다.

④ 왼손은 벨 시험기의 긴 선을 잡고, 스위치박스 쪽의 선 번호를 찾습니다.

⑤ 오른손은 벨 시험기의 짧은 선(자석을 붙인 선)을 잡고, 찾고자 하는 선을 제어판 단자
대에서 차례로 옮기며 부착합니다. (+)드라이버를 항상 잡고 있으면서 전선을 수동으
로 기구와 결선합니다.

⑥ 실렉터 스위치의 결선 방법 (아래 '기타 결선 방법' 참조)

   ㈎ 회로도 순서(상/하)와 부착된 접점의 순서(상/하)를 서로 맞추어 결선

   ㈏ 🔴 시퀀스 도면에서 접점이 위쪽이면 실제 결선에서도 위쪽에 결선

⑦ 결선이 끝나면 전선을 뒤로 꺾어놓습니다. (이유는 스위치박스 안으로 넣기 쉽고, 꺾으
면 전선이 움직이지 않아 단자가 헐거워지지도 않고, 단선도 방지되기 때문이에요.)

■ 기타 결선 방법

① 8각박스 쪽의 결선(다른 곳보다 배선 수가 많음)

   ㈎ 8각박스 안의 전선은 10~15 [cm](1번 꼬인 정도) 정도 여유가 있어야 합니다.

   ㈏ 제어판 단자와 결선 시 길이를 가늠하여 3가닥씩 결선합니다.

② 실렉터, 푸시 버튼의 결선

   ㈎ 회로에서 '상'이면 실제 결선에서도 '상' 방향에 결선합니다.

   ㈏ 회로에서 '하'이면 실제 결선에서도 '하' 방향에 결선합니다.

   ㈐ 서로 다른 위치에 있는 공통 단자는 제어판 단자대에서 공통으로 묶어 결선합니다.
     (이유는 스위치박스에서 다른 위치의 스위치박스로의 결선은 입선이 복잡하기 때문
     이에요.)

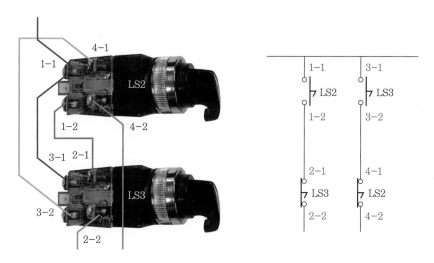

실렉터 스위치의 결선법

 위와 같이 결선하면 회로도와 실제로 연결한 접점의 방향이 같으므로 쉽고 간단하여 오배선 확률이
줄어듭니다.

③ 정역 및 Y−Δ결선

㉮ 특징

- 계전기 위쪽 배선은 '갈흑회(정상)' 순서
- 주회로 계전기 아래쪽 배선은 '갈흑회(정상)' 순서
- 정역회로의 경우에는 보조 주회로 계전기 아래쪽 배선이 서로 엇갈릴 수 있음
- Y결선의 단자대 위쪽은 흑색 전선으로 상호 접속

㉯ 배선 방법 : 배선은 제어판의 상하부 단자대에서부터 시작하면 쉽습니다.

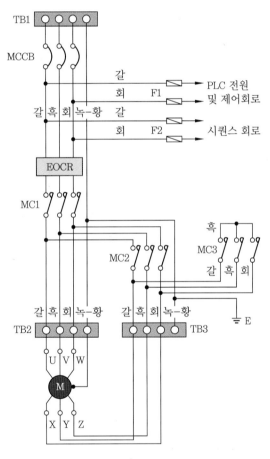

Y−Δ결선의 일반 전선 배치법

- 시험에서 선의 색상이 주어진 경우에는 주어진 색상 대로 결선해야 합니다.

참고

EOCR, MC 만들기 (5개) – 최종 테스트에서 사용

1. 단점 : 전원 투입 및 차단 시 수동으로 접점을 취급해야 합니다.

2. 장점

   ① 보관이 쉽습니다.   ② 고장이 없습니다.

   ③ 몸으로 익힙니다. 회로를….

   동작 시험을 하기 위해서는 MC와 EOCR이 필요합니다. 저처럼 엉뚱한 것을 좋아하는 분이면 만들어 사용해도 좋습니다. 자석과의 연결선은 적당한 굵기의 연선을 사용하시기 바랍니다.

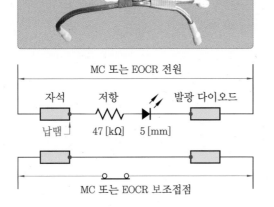

MC 또는 EOCR 전원

자석   저항   발광 다이오드
납땜   47 [kΩ]   5 [mm]

MC 또는 EOCR 보조접점

만든 EOCR

● 회로 점검 시 단자대에 부착한 모습입니다.

스위치박스 안의 전선 처리

1. 제어선2 전선 피복을 조금 길게 벗기는 이유는 스트리퍼로 작업하면 전선에 약간 손상을 주는데 손상된 부분을 꺾었다 폈다 하면 끊어지는 경우가 발생하기 때문입니다.

2. 기구에 물린 전선을 뒤로 꺾어놓는 이유는 스위치박스 커버를 닫을 때 잘 닫힐 뿐만 아니라 단자 풀림을 방지하기 위해서입니다. 커버를 닫으면서 전선이 움직여 단자에서 전선이 이탈하는 현상이 발생할 수 있습니다. 아무것도 아닌 것 같아도 다 이유가 있습니다.^^

3-5 마무리

1 최종 점검

① 벨 시험기를 사용하여 최종적으로 기기들과 전선이 회로도대로 결선되어 있는지 확인합니다. 가능한 먼 2곳을 찍어서 점검합니다.

② PLC 스위치의 RUN 위치를 확인합니다.

③ 손으로 각종 기기 및 단자와 전선이 잘 물려 있는지 확인합니다. 퓨즈홀더의 전선은 주의하여 확인하세요.

④ 풀려 있는 피스를 모두 조입니다.

⑤ 램프의 색상을 확인합니다. 서로 바뀌어 있으면 색깔 있는 뚜껑만 바꿉니다.

⑥ 최종 점검은 시간이 없으면 생략합니다.

2 마무리

① 덕트 및 단자대 커버를 덮습니다.

② 컨트롤박스 커버를 덮고 피스로 조입니다.

③ 케이블타이로 제어판 전선을 묶습니다(최소 2개 이상).

④ 퓨즈 및 퓨즈홀더 덮개를 부착합니다.

⑤ 풀려 있는 단자를 모두 조입니다.

⑥ 공사판의 불필요한 물품을 제거합니다.

⑦ 공사판 및 바닥 청소를 합니다.

참고

EOCR, MC, 릴레이 단자 불량 시 조치 방법

작업을 오랫동안 하다 보면 단자들이 많이 망가집니다. 그럴 경우의 조치 방법입니다.

① 피스를 풀고, 하부 단자를 들고, 너트를 제거합니다.

② 예비품에서 피스와 너트를 가져와서 교환합니다.

③ 기구가 망가지더라도 버리지 말고 모아두었다가 예비품으로 활용하세요.

단자 불량 시 조치 방법

주의사항 및 채점기준

4-1 주의사항

■ 작업 시 주의사항

항 목	주의사항
PLC	① 전원 측 입력선은 5번 이상 꼬아서 배선했는지?
	② 접지 측 단자는 제어판 단자에 단독 접지했는지?
	③ 스위치는 RUN 모드로 전환했는지?
제어판	① 기구가 거꾸로 고정되어 있는지?
	② EOCR, MC의 단자대 간격은 0.8 [cm] 이상인지?
	③ 주회로의 전선 색상을 확인했는지?
	④ 하나의 단자에 3가닥 이상의 선이 있는지?
배관	① 새들은 적절하게 부착했는지?
	② 배관이 서로 바뀐 곳이 있는지?
	③ 전선관의 곡률 반지름이 전선관 안지름의 6~8배인지?
결선	① 버튼, 램프의 색상은 범례에서 주어진 것과 동일한지?
	② 실렉터 스위치의 방향은 11시 방향인지?
	③ 전원의 인입선은 4선으로 길이 10 [cm], 피복 2 [cm]로 벗겨졌는지? (감독위원에 따라 상이할 수 있음)
마무리	① 케이블타이를 적절하게 체결했는지?
	② 퓨즈는 장착했는지?
	③ 덕트, 스위치박스, 퓨즈홀더, 단자대 커버는 닫혔는지?
	④ 작업을 위해 설치한 벨 시험기, 자석 등을 제거했는지?
	⑤ 바닥 청소를 깨끗이 했는지?

전선 재사용(연습 작업 시)

연습 작업을 하면서 무시할 수 없는 것이 돈입니다. 돈이 많으면 좋지만 그렇지 않다면 최대한 아껴야 합니다. 아끼면 지구도 살립니다.

작업을 하고 나면 자재들 중에서 재사용되는 것과 재사용되지 않는 것이 있습니다. 대부분 재사용이 가능합니다. 전선의 경우 너무 짧은 전선은 재사용이 불가능하지만 긴 전선은 재사용이 가능합니다. 짧은 전선이라고 해서 그냥 쓰레기통에 버리는 것이 아니라 모아두었다가 고물가게에 팔면 자장면 정도는 사 먹을 수 있어요.

전선을 재사용하기 위해서는 다음과 같은 작업이 필요합니다.

먼저, 전선을 모아서 피복을 벗긴 부분은 잘라버리고요.

두 번째, 전선을 책상 작업면에 때려서 휘어진 전선을 곧게 펍니다. 이 작업이 쉽지는 않은데요, 저는 책상 작업면이 고무판이라 거기에 때려서 폈습니다. 시멘트 바닥에 때려도 되지만 고무판에서 훨씬 잘 펴집니다.

세 번째, 긴 전선은 한쪽 벽면에 걸어두고 짧은 전선은 통에 보관했습니다. 긴 전선은 작업 패널 옆에 PE관으로 걸이를 만들어 걸어두었습니다.

어쩌죠? 오른쪽에 있는 사진은 전선이 잘 정리되지 않았군요. 저렇게 정리하면 작업하면서 전선을 고르느라 시간을 낭비합니다. 고르게 잘 펴서 긴 전선은 긴 전선끼리, 짧은 전선은 짧은 전선끼리 모아놓으면 편리합니다.

4-2   채점기준

■ **채점기준표**

주요 항목	세부 항목	채점 기준	배 점
동작	동작사항	회로도의 요구대로 동작이 양호하다.	35
배관	전선관 굽힘	전선관 굽힘이 양호하다. (곡률 반지름이 전선관 안지름의 6~8배)	10
	새들 고정	• 전선관이 위로 뜨지 않는다. • 새들 고정 나사못이 잘 박혔다. • 새들의 수평, 수직이 양호하다. • 새들과 전선관의 헐거움이 없다. • 새들의 위치가 양호하다.	6
	기구 고정 및 배치	기구 고정 및 배치가 양호하다.	5
배선 및 결선	전선의 색상별 배선	단자대 전선의 색상별 배선이 양호하다.	5
	전선의 여유	8각박스 전선의 여유(10~15 [cm])가 양호하다.	6
	접지	접지 배선이 양호하다.	5
	박스류 내의 배선상태	8각박스 및 제어판 내 배선상태가 양호하다.	5
	단자 조임상태	단자의 조임상태가 양호하다.	8
경제성	기구 파손상태	기구 파손이 없다.	5
	전선 최소 가닥 수	배관 내 전선의 최소 가닥 수가 양호하다.	2
치수	도면의 치수	각종 기구 배치가 양호하다.	5
안전	작업안전	• 작업안전 수행 • 정리정돈 상태	3
실격	• 동작 불능 및 오동작 • 접지 배선 누락 • 유의사항의 불합격 조항에 해당 • RST 전선 및 접지선 색별 배선 불량 • 도면의 치수와 ±50 [mm] 이상인 오차가 3개소 이상인 경우 • 한 단자에 3개소 이상 전선이 물리는 경우 • 작업안전 불량 • 작업시간 초과		×
합 계			100

* 공단에서 채점기준을 공개하지 않아 정확한 기준은 알 수 없습니다.

PART
1

작
업
형

시험장에서 있었던 일

전기기능장 실기 작업형 시험을 보는 날이었습니다.

시험 보는 장소가 도심지라 차 막히는 것까지 감안하여 일찍 아침밥을 먹고 집을 나섰습니다.

차창 밖 하늘은 회색빛 구름으로 가득하고, 거리의 사람들은 간간히 볼 수 있었는데 고개를 숙인 채 땅만 쳐다보며 걷고 있었습니다.

부품 확인 후 시험이 시작되었습니다.

먼저, PLC 프로그램을 시작했습니다. 의외로 쉬워서 술술 풀리더니 20분 내외에서 기분 좋게 임시 완성했습니다.

일은 그때부터 꼬이기 시작했습니다.

프로그램을 점검하는데 자기유지가 안 되는 것입니다.

다시 회로를 검토했으나 자기유지와 관련해서는 아무 문제가 없었습니다. 그런데 여전히 동작은 되지 않고요. 갑자기 긴장되더니 마음이 초조해졌습니다.

'왜 안 되지?', '왜 안 되지?' 뚫어져라 모니터를 쳐다보고 있었지만 노트북은 야속하게도 답을 주지 않는 거예요.

침착해지려고 크게 한번 심호흡하고 다시 모니터에 집중했습니다.

프로그램을 지웠다가 다시 구성해 보기도 했습니다. 컴퓨터를 아예 껐다가 다시 켜보기도 했지만 헛수고였습니다.

1시간 정도 그러다 보니 타들어가는 마음에 머리까지 멍해지는 거예요. 주위를 살펴보니 자리에 앉아 있는 사람은 저 밖에 없었습니다. 저를 제외하고는 모든 수험생들이 전동드라이버 돌아가는 "디디딕! 디디딕!"하는 소리에 장단을 맞춰 빠르게 움직이고 있었으며, 몸동작은 예사롭지 않아 보였습니다. 그 사람들이 그렇게 부러울 수가 없었습니다.

아담

'떨어졌구나.'하고 생각하는 순간 온몸에 힘이 빠지더니 마음이 아주 편안해지는 거예요. 허탈하기도 했지만 억눌려 있던 감정이 해방되는 기분이랄까?

PLC가 동작하지 않으면 공사판 작업을 아무리 잘해도 실격이지요. 그렇지만 여기서 포기할 수는 없었습니다. 왜냐하면, 오늘 시험은 떨어지겠지만 저에게는 다음 시험을 위해 연습할 아주 소중한 시간이기 때문입니다.

천장을 보고 크게 한번 심호흡한 다음 공사판 쪽으로 뛰었습니다. 공사판에 도면부터 송곳으로 찍어서 붙이기 시작했습니다. 분필을 잡고 선을 그으며 문제를 보니 치수가 표기되어 있지 않은 거예요. 그제서야 작업순서가 바뀐 것을 알았습니다. 연습 부족 탓이죠. 다시 책상 쪽으로 뛰었습니다.

또 일이 터졌습니다. 시험지에 번호를 기입하려다 보니 시험지 한 장이 안 보이는 것입니다.

책상에도, 공사판 작업하는 곳에도 없었습니다. 순간, '부정행위로 다음 시험부터는 아예 시험 자체를 못 보는 것은 아닌가?' 하는 생각에 심장이 딱 멈추는 줄 알았습니다.

책상과 공사판 사이를 왔다 갔다 하기를 서너 번, 가방에 있는 잡동사니까지 엎었으나 없었습니다. 그렇게 10분이 흘렀습니다.

여기서 멈추더라도 시험지만은 찾겠다는 생각으로 감독위원께 지금의 상황을 설명했습니다. 다행히 퇴실자는 아직 아무도 없었고, 시험지 마다 제 번호를 다 써놓았기 때문에 찾을 수 있겠다는 생각은 들었지만 불안하긴 마찬가지였어요.

감독위원께서 시험장 전체를 쥐 잡듯이 수색하기 시작했습니다.

다행히 그렇게 오랜 시간이 걸리지는 않았습니다.

제 앞자리에서 프로그램을 짰던 사람이 자기 공사 패널에 제 시험지를 붙여놓고 작업하고 있는 것이었습니다. 나이가 지긋하게 드셨는데 저도 정신이 없었지만 그 분도 어지간히 정신이 없었나 봅니다.

시험이 다 그런 거 아닌가요? 정신을 빼놓는 거. 전기기능장 작업형 시험을 볼 때는 똥인지 된장인지 먹어봐도 모른답니다.

"휴우~" 안도의 한숨도 잠시. 바로 치수와 단자번호 입력을 마치고 공사판 작업을 서둘렀습니다.

작업이 거의 끝나갈 무렵 어디선가 "작업종료입니다."라는 거친 목소리가 들려왔습니다.

아직 작업이 끝나지 않은 저 같은 사람에게 그 메아리는 염라대왕 정도는 아니지만 재판관의 사형선고 소리와 동급이랍니다.

작업을 마무리하지 못했지만 평소보다 100배는 빨리 했고, 숨 쉬는 시간조차 아꼈더니 다행히 배선까지 마무리 지었습니다.

시험이 끝나고 집에 와서 바로 노트북을 켰습니다. 어제 깔았던 프로그램은 지우고, 예전의 프로그램을 다시 깔았습니다. 그리고 시험장에서 풀었던 프로그램을 실행시켜보니 잘 돌아갔습니다. 자기유지도 잘 되고요. 우째 이런 일이….

시험 보기 전날 노트북을 포맷하고 프로그램을 다시 깔았지요. 깔면서 최근의 PLC 프로그램 버전을 깔았더니 이런 황당한 일이 생긴 것입니다. 하늘의 장난이 아니면 있을 수 없는 일이었습니다.

한 달이 지난 후 궁금해서 PLC 업체의 다운로드 자료실에 들렀습니다. 그 업데이트 버전은 사라지고 다른 새로운 버전이 자리 잡고 있었습니다.

수험생 여러분!

검증되지 않은 업데이트 버전은 절대 노트북에 담아가면 안 됩니다. 업체가 이런저런 버그를 잡았다는 소리에 혹하면 저와 같은 경험을 할 수도 있습니다.

그날의 경험은 많은 것을 깨닫게 하는 하루였습니다. 그때는 업체를 원망하고 그 분을 원망하기도 했지만 시간이 지나고 보니 남의 탓이 아니라 제대로 준비하지 못한 제 탓이었습니다.

시험지는 제가 잘 챙기지 못한 탓이고요.

프로그램은 제가 업체를 너무 믿었던 탓이지요.

부족한 저에게 부족함을 일깨워주었던 뜻깊은 하루였습니다.

공개문제 연습

이 Chapter에는 번호연습부터 작업시간 측정, 기초연습, 그리고 공개문제(1~10안)로 구성되어 있습니다.

번호연습은 저처럼 공개도면을 한 곳에 모아 놓고 연습을 하면 좋습니다. 종이 낭비가 줄어들 뿐만 아니라 무엇보다 도면 전체를 한눈에 확인할 수 있기 때문입니다.

많은 연습을 하다 보면 도면은 저절로 암기되겠지만 지면에 있는 것과 머릿속에 있는 것과는 차이가 많습니다. 머릿속에 있으면 작업시간은 줄어들고 오결선은 없습니다.

공개도면의 특징

1. 작업면에서 제어판이 가운데에 있지 않습니다. 좌측 또는 우측으로 치우쳐 있어요.

2. PLC의 입력과 출력을 알 수 있습니다.

  • 입력 : SS_A, SS_B, SS_C, PB_A, PB_B, PB_C

  • 출력 : PL_A, PL_B, PL_C, PL_D, PL_E

3. 덕트 배관이 있는 곳에 8각박스와 S자 배관이 있습니다.

4. FLS가 없어졌습니다.

최종 테스트에서 동작 불량이 나오면 원인을 찾으세요. 그 원인은 자신이 작업한 것에서 나올 수도 있지만 기구에서 나올 수도 있습니다.

모든 작업이 끝나면 다음 작업을 위해 처음 시작하는 것과 같이 원래대로 되돌려 놓아야 합니다.

기구가 불량품이면 가품으로 만들고요, 피스가 풀렸으면 다시 조여놓고요. 재사용할 전선은 바르게 펴서 보관합니다.

■ 각종 소켓 접속 방법

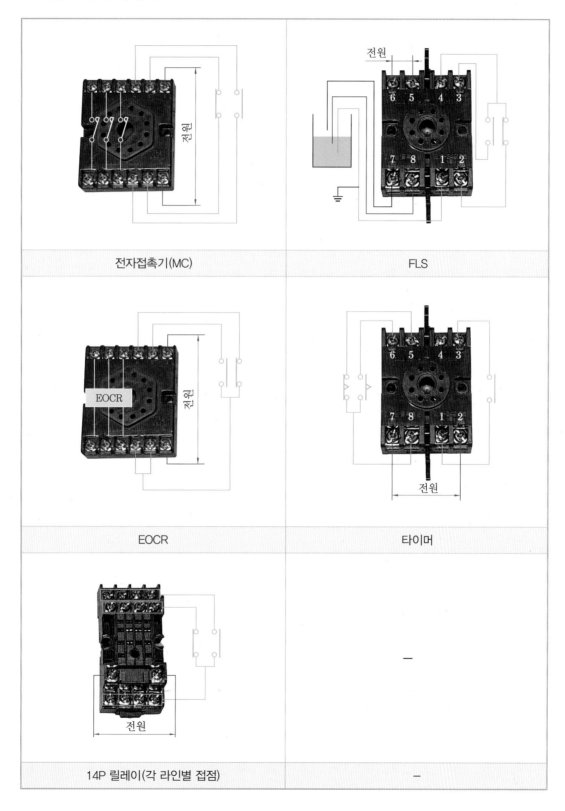

전자접촉기(MC)	FLS
EOCR	타이머
14P 릴레이(각 라인별 접점)	–

■ 기구의 표준 내부 결선도 및 구성도

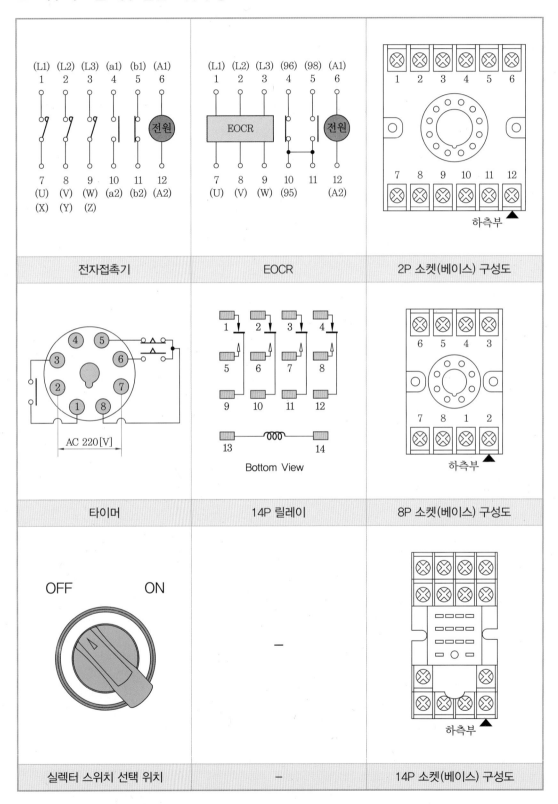

전자접촉기	EOCR	2P 소켓(베이스) 구성도
타이머	14P 릴레이	8P 소켓(베이스) 구성도
실렉터 스위치 선택 위치	―	14P 소켓(베이스) 구성도

5-1 번호연습

* 번호연습은 공개도면을 한 곳에 모아 놓고 연습하세요.

PLC 입출력 단자 배치도

입 력	PLC	출 력
PB_A	0	PL_1
PB_B	1	PL_2
PB_C	2	PL_3
SS_A	3	PL_4
SS_B	4	PL_5
SS_C	5	
	6	
	7	

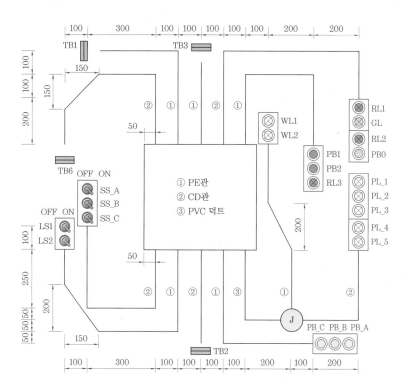

기 호	명 칭	기 호	명 칭	기 호	명 칭
MC1~4	전자접촉기(12P)	PB0	푸시 버튼(녹)	WL1~2	파일럿 램프(백)
K1~4	릴레이(14P)	PB1~2	푸시 버튼(적)	LS1~2	실렉터(2단)
T	타이머(8P)	PB_A~C	푸시 버튼(청)	TB6	단자대(3P)
F1~2	퓨즈홀더(2P)	GL	파일럿 램프(녹)	TB1~3	단자대(4P)
FLS	플루트리스 스위치	RL1~3	파일럿 램프(적)	Ⓙ	8각박스
SS_A~C	실렉터(2단)	PL_1~5	파일럿 램프(백)	PLC	PLC

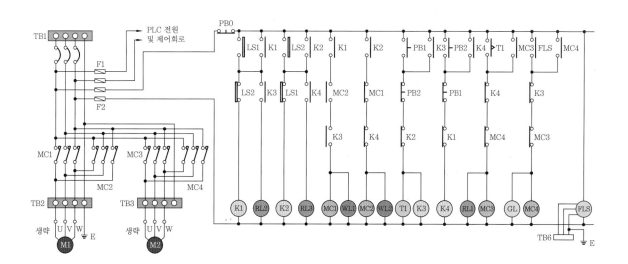

5-2 작업시간 측정

■ 작업시간 측정표

내용	목표	일 해	일 해	일 해	일 해
제어 전원					
제어 보조					
박스, 새들, 배관					
입선, 커버					
결선, 마무리					
비고					

5-3　기초연습

■ 배관 및 기구 배치도

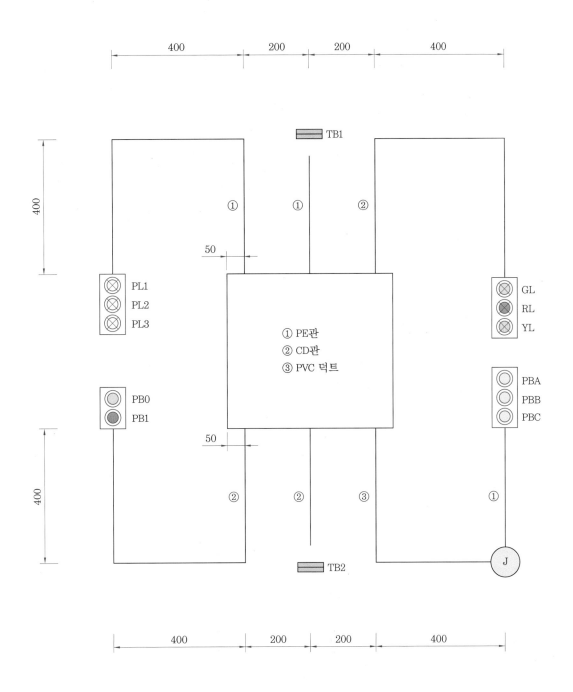

■ PLC 입출력 단자 배치도

입 력	PBA	PBB	PBC					
PLC	0	1	2	3	4	5	6	7
출 력	PL1	PL2	PL3					

■ 제어판 내부 기구 배치도

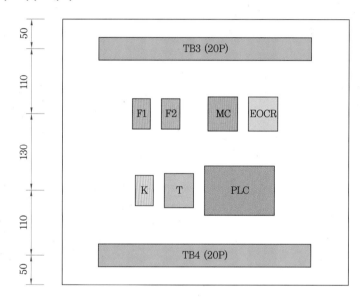

■ 범 례

기 호	명 칭	기 호	명 칭	기 호	명 칭
MC	전자접촉기(12P)	PB0	푸시 버튼(녹)	YL	파일럿 램프(황)
K	릴레이(14P)	PB1	푸시 버튼(적)	PL1~3	파일럿 램프(백)
T	타이머(8P)	PBA~C	푸시 버튼(청)	TB1~2	단자대(4P)
F1~2	퓨즈홀더(2P)	GL	파일럿 램프(녹)	TB3~4	단자대(20P)
EOCR	과부하릴레이(12P)	RL	파일럿 램프(적)	PLC	PLC
Ⓙ	8각박스				

■ 시퀀스 회로도

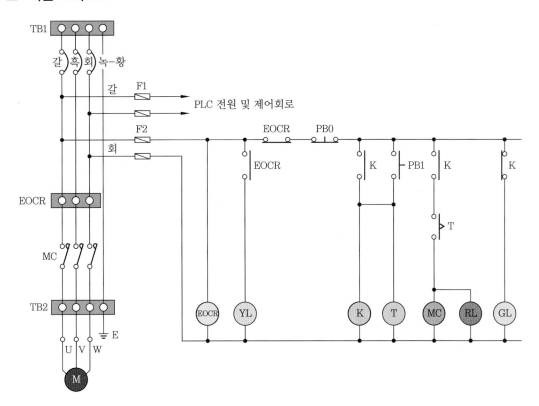

■ 타임차트

PLC Programming

PBA		▦				▦							▦					
PBB				▦						▦					▦			
PBC									▦									▦
PL1		▦			▦			▦			▦			▦				
PL2			▦			▦			▦			▦			▦			
PL3				▦				▦				▦				▦		(1칸은 1초)

5-4 공개문제 1안 - 전기공사(제2과제)

자격종목	전기기능장	과제명	전동기 및 전등제어	척도	NS

■ **배관 및 기구 배치도**

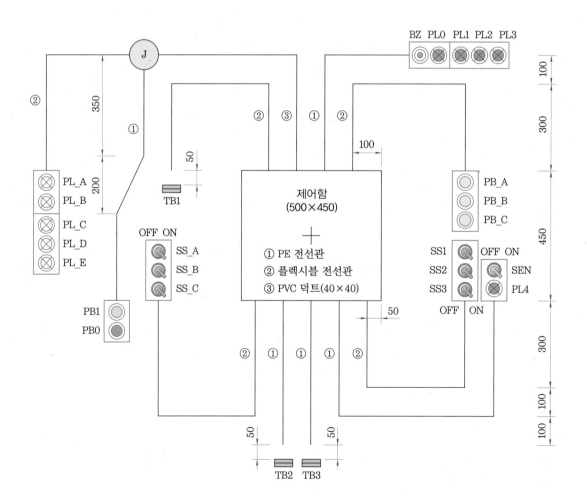

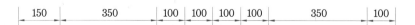

■ 제어판 내부 기구 배치도

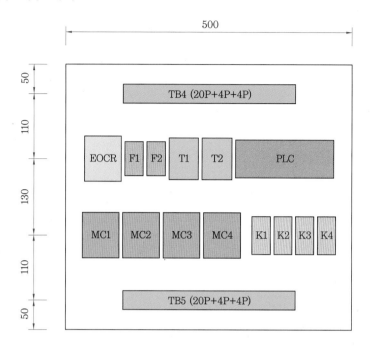

■ 범 례

기 호	명 칭	기 호	명 칭	기 호	명 칭
MC1~4	전자접촉기 (12P)	T1, T2	타이머 (8P)	SS_A~C	실렉터 스위치 (2단)
EOCR	전자식 과전류계전기 (220 [V], 12P)	F1, F2	퓨즈홀더 (2구)	SS1~3	실렉터 스위치 (2단)
K1~4	릴레이 (AC220 [V], 14P)	PB0	푸시 버튼 스위치 (적색)	SEN	실렉터 스위치 (2단)
PL0~4	램프 (적색)	PB1	푸시 버튼 스위치 (녹색)	TB1~3	단자대 (4P)
PL_A~E	램프 (백색)	PB_A~C	푸시 버튼 스위치 (청색)	TB4	단자대 (20P+4P+4P)
BZ	버저	PLC	PLC	TB5	단자대 (20P+4P+4P)
Ⓙ	8각박스				

■ 제어회로의 시퀀스 회로도

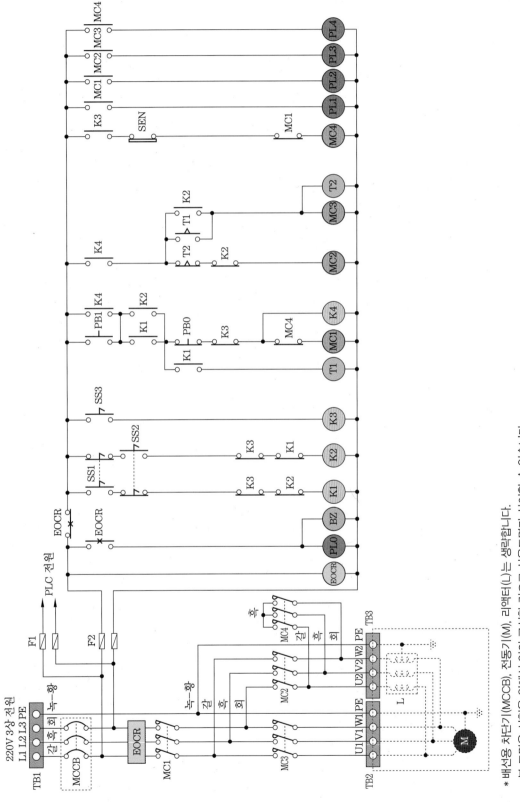

* 배선용 차단기(MCCB), 전동기(M), 리액터(L)는 생략합니다.
  본 도면은 시험을 위해서 임의 구성한 것으로 상용도면과 상이할 수 있습니다.

■ 제어회로의 동작사항

① 전원 공급 후 동작조건 : EOCR ON, SEN OFF, SS1~3 OFF

② 리액터(저전압) 기동 운전 동작사항

　㉮ 리액터(저전압) 기동 운전 모드(SS1)를 선택한다.

　　(SS1 ON, SS2 OFF, SS3 OFF ⇨ K1 ON)

　㉯ PB1을 누르면 전동기는 리액터에 의해 저전압으로 기동된다.

　　(PB1 ON ⇨ MC1 ON, MC2 ON, K4 ON, T1 ON, PL1 ON, PL2 ON)

　㉰ T1의 설정시간 t1초 후 전동기는 전전압으로 기동이 완료된다.

　　(T1의 t1초 후 ⇨ MC3 ON, T2 ON, PL3 ON)

　㉱ T2의 설정시간 t2초 후 리액터의 회로가 분리된다.

　　(T2의 t2초 후 ⇨ MC2 OFF, PL2 OFF)

③ 전전압 기동 운전 동작사항

　㉮ 전전압 기동 운전 모드(SS2)를 선택한다.

　　(SS1 OFF, SS2 ON, SS3 OFF ⇨ K2 ON)

　㉯ PB1을 누르면 전동기는 전전압으로 기동된다.

　　(PB1 ON ⇨ MC1 ON, MC3 ON, K4 ON, T2 ON, PL1 ON, PL3 ON)

④ 정지, 감속 운전 모드(SS3), EOCR 동작사항

　㉮ 기동이 완료되어 전동기가 운전하는 중 PB0를 누르면 전동기는 정지한다.

　　(PB0 ON ⇨ MC1 OFF, MC3 OFF, PL1 OFF, PL3 OFF)

　㉯ 기동이 완료되어 전동기가 운전하는 중 감속 운전 모드(SS3)를 선택하면 전동기는 감속 운전된다.

　　(SS3 ON ⇨ K3 ON, MC1 OFF, MC3 OFF, PL1 OFF, PL3 OFF, MC4 ON, PL4 ON)

　㉰ 전동기가 감속 운전하는 중 리액터의 과열이 감지(SEN ON)되면 감속 운전이 일시 정지되고, 리액터의 과열 감지가 해제(SEN OFF)되면 전동기는 다시 감속 운전된다.

　　(SEN ON ⇨ MC4 OFF, PL4 OFF)

　　(SEN OFF ⇨ MC4 ON, PL4 ON)

　㉱ 전동기 동작 중 과부하로 EOCR이 동작되면 모든 동작이 정지된다.

　　(EOCR TRIP ⇨ ALL(MC1~4, K1~4, T1, T2, PL1~4) OFF, BZ ON, PL0 ON)

　㉲ EOCR을 RESET하면 전동기 제어회로는 다시 운전 가능상태가 된다.

　　(EOCR RESET ⇨ BZ OFF, PL0 OFF)

* 동작 내용은 단순 참고사항이며 모든 동작은 시퀀스 회로를 기준으로 합니다.

5-5 공개문제 2안

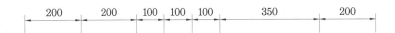

자격종목	전기기능장	과제명	전동기 및 전등제어	척도	NS

■ 배관 및 기구 배치도

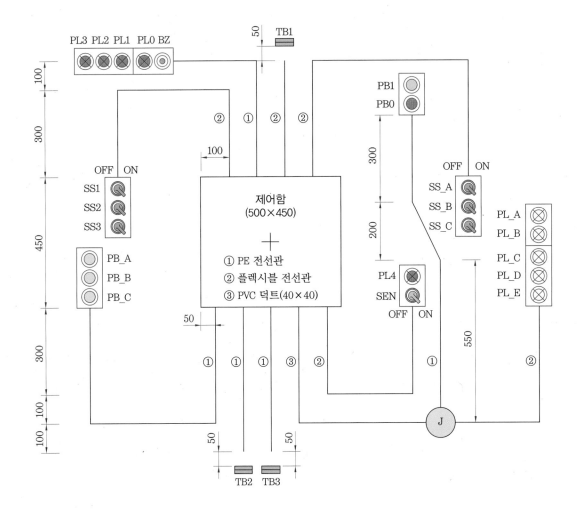

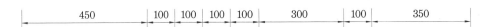

■ 제어판 내부 기구 배치도

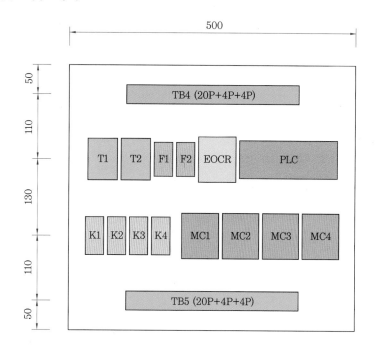

■ 범례

기 호	명 칭	기 호	명 칭	기 호	명 칭
MC1~4	전자접촉기(12P)	T1, T2	타이머(8P)	SS_A~C	실렉터 스위치 (2단)
EOCR	전자식 과전류계전기 (220 [V], 12P)	F1, F2	퓨즈홀더(2구)	SS1~3	실렉터 스위치 (2단)
K1~4	릴레이 (AC220 [V], 14P)	PB0	푸시 버튼 스위치 (적색)	SEN	실렉터 스위치 (2단)
PL0~4	램프(적색)	PB1	푸시 버튼 스위치 (녹색)	TB1~3	단자대(4P)
PL_A~E	램프(백색)	PB_A~C	푸시 버튼 스위치 (청색)	TB4	단자대 (20P+4P+4P)
BZ	버저	PLC	PLC	TB5	단자대 (20P+4P+4P)
ⓙ	8각박스				

■ 제어회로의 시퀀스 회로도

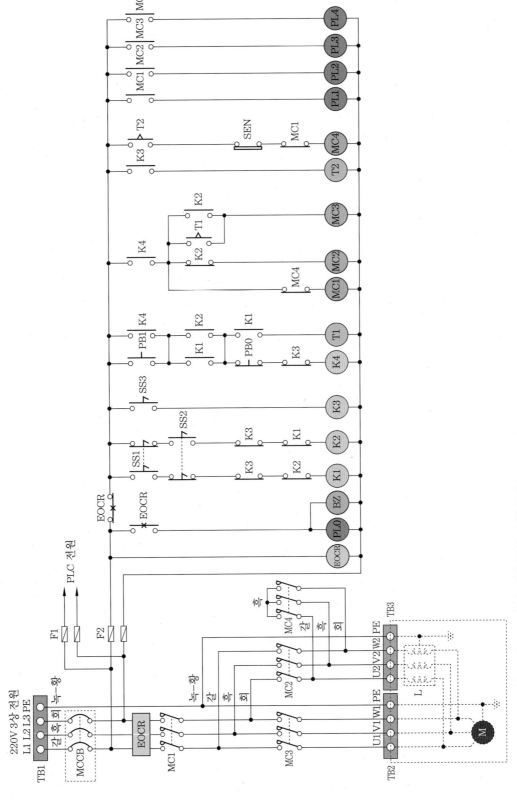

* 배선용 차단기(MCCB), 전동기(M), 리액터(L)는 생략합니다.
본 도면은 시험을 위해서 임의 구성한 것으로 상용도면과 상이함이 있을 수 있습니다.

■ **제어회로의 동작사항**

① 전원 공급 후 동작조건 : EOCR ON, SEN OFF, SS1~3 OFF

② 리액터(저전압) 기동 운전 동작사항

    ㈎ 리액터(저전압) 기동 운전 모드(SS1)를 선택한다.

        (SS1 ON, SS2 OFF, SS3 OFF ⇨ K1 ON)

    ㈏ PB1을 누르면 전동기는 리액터에 의해 저전압으로 기동된다.

        (PB1 ON ⇨ MC1 ON, MC2 ON, K4 ON, T1 ON, PL1 ON, PL2 ON)

    ㈐ T1의 설정시간 t1초 후 전동기는 전전압으로 기동이 완료된다.

        (T1의 t1초 후 ⇨ MC3 ON, PL3 ON)

③ 전전압 기동 운전 동작사항

    ㈎ 전전압 기동 운전 모드(SS2)를 선택한다.

        (SS1 OFF, SS2 ON, SS3 OFF ⇨ K2 ON)

    ㈏ PB1을 누르면 전동기는 전전압으로 기동된다.

        (PB1 ON ⇨ MC1 ON, MC3 ON, K4 ON, PL1 ON, PL3 ON)

④ 정지, 감속 운전 모드(SS3), EOCR 동작사항

    ㈎ 기동이 완료되어 전동기가 운전하는 중 PB0를 누르면 전동기는 정지한다.

        (리액터 기동 : PB0 ON ⇨ MC1~3 OFF, PL1~3 OFF)

        (전전압 기동 : PB0 ON ⇨ MC1 OFF, MC3 OFF, PL1 OFF, PL3 OFF)

    ㈏ 기동이 완료되어 전동기가 운전하는 중 감속 운전 모드(SS3)를 선택하면 전동기는 일
정 시간 후 감속 운전된다.

        (리액터 기동 : SS3 ON ⇨ K3 ON, MC1~3 OFF, PL1~3 OFF, T2 ON
                             ⇨ T2의 t2초 후 ⇨ MC4 ON, PL4 ON)

        (전전압 기동 : SS3 ON ⇨ K3 ON, MC1 OFF, MC3 OFF, PL1 OFF, PL3 OFF, T2 ON
                             ⇨ T2의 t2초 후 ⇨ MC4 ON, PL4 ON)

    ㈐ 전동기가 감속 운전하는 중 리액터의 과열이 감지(SEN ON)되면 감속 운전이 일시 정
지되고, 리액터의 과열 감지가 해제(SEN OFF)되면 전동기는 다시 감속 운전된다.

        (SEN ON ⇨ MC4 OFF, PL4 OFF)

        (SEN OFF ⇨ MC4 ON, PL4 ON)

    ㈑ 전동기 동작 중 과부하로 EOCR이 동작되면 모든 동작이 정지된다.

        (EOCR TRIP ⇨ ALL(MC1~4, K1~4, T1, T2, PL1~4) OFF, BZ ON, PL0 ON)

    ㈒ EOCR을 RESET하면 전동기 제어회로는 다시 운전 가능상태가 된다.

        (EOCR RESET ⇨ BZ OFF, PL0 OFF)

* 동작 내용은 단순 참고사항이며 모든 동작은 시퀀스 회로를 기준으로 합니다.

5-6   공개문제 3안

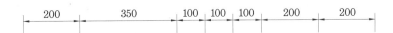

자격종목	전기기능장	과제명	전동기 및 전등제어	척도	NS

■ 배관 및 기구 배치도

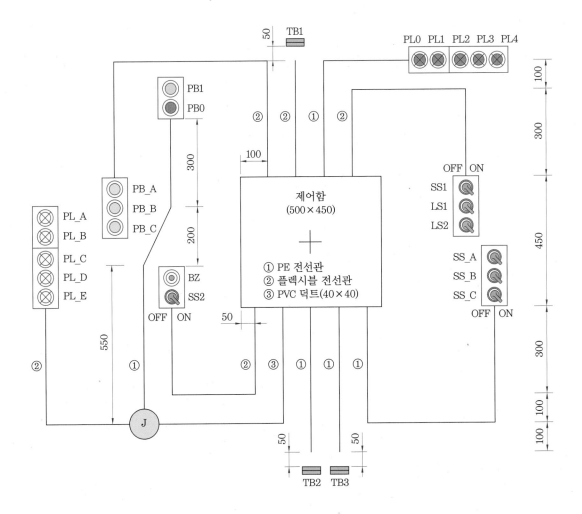

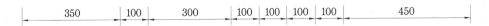

■ 제어판 내부 기구 배치도

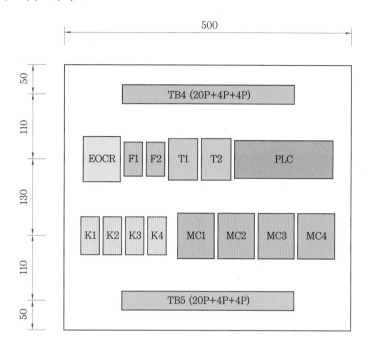

■ 범례

기호	명칭	기호	명칭	기호	명칭
MC1~4	전자접촉기(12P)	T1, T2	타이머(8P)	SS_A~C	실렉터 스위치 (2단)
EOCR	전자식 과전류계전기 (220 [V], 12P)	F1, F2	퓨즈홀더(2구)	SS1, SS2	실렉터 스위치 (2단)
K1~4	릴레이 (AC220 [V], 14P)	PB0	푸시 버튼 스위치 (적색)	LS1, LS2	실렉터 스위치 (2단)
PL0~4	램프(적색)	PB1	푸시 버튼 스위치 (녹색)	TB1~3	단자대(4P)
PL_A~E	램프(백색)	PB_A~C	푸시 버튼 스위치 (청색)	TB4	단자대 (20P+4P+4P)
BZ	버저	PLC	PLC	TB5	단자대 (20P+4P+4P)
Ⓙ	8각박스				

■ 제어회로의 시퀀스 회로도

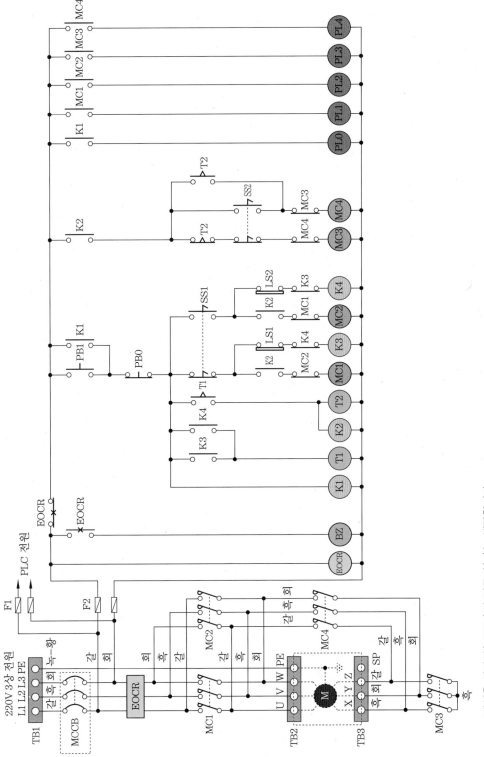

* 배선용 차단기(MCCB)와 전동기(M)는 생략합니다.
본 도면은 시험을 위해서 임의 구성한 것으로 상용도면과 상이할 수 있습니다.

■ **제어회로의 동작사항**

① 전원 공급 후 동작조건 : EOCR ON, LS1 OFF, LS2 OFF

② Y-Δ 기동 정방향 운전 동작사항

   (가) Y-Δ 기동 운전모드(SS2)와 정방향 운전모드(SS1)를 선택한다(SS2 OFF, SS1 OFF).

   (나) PB1을 누르면 T1의 설정시간 동안 대기한다.

      (PB1 ON ⇨ K1 ON, K3 ON, T1 ON, PL0 ON)

   (다) T1의 설정시간 t1초 후 전동기는 Y결선으로 기동된다.

      (T1의 t1초 후 ⇨ K2 ON, T2 ON, MC1 ON, MC3 ON, PL1 ON, PL3 ON)

   (라) T2의 설정시간 t2초 후 전동기는 Δ결선으로 기동이 완료된다.

      (T2의 t2초 후 ⇨ MC3 OFF, MC4 ON, PL3 OFF, PL4 ON)

   (마) 기동이 완료되어 전동기가 운전하는 중 LS1 위치에 도달하면 전동기는 정지한다.

      (LS1 ON ⇨ (K3, T1, K2, T2, MC1, MC4, PL1, PL4) OFF)

   (바) 기동이 완료되어 전동기가 운전하는 중 PB0를 누르면 전동기는 정지한다.

      (PB0 ON ⇨ (K1~3, T1, T2, MC1, MC4, PL0, PL1, PL4) OFF)

③ Δ 기동 정방향 운전 동작사항

   (가) Δ 기동 운전모드(SS2)와 정방향 운전모드(SS1)를 선택한다(SS2 ON, SS1 OFF).

   (나) ②의 (나)와 같다.

   (다) T1의 설정시간 t1초 후 전동기는 Δ결선으로 기동된다.

      (T1의 t1초 후 ⇨ K2 ON, T2 ON, MC1 ON, MC4 ON, PL1 ON, PL4 ON)

   (라) ②의 (마)와 같다.

   (마) ②의 (바)과 같다.

④ 역방향 운전 동작사항

   (가) Y-Δ 기동 역방향 운전 동작사항 : ②의 동작사항에서 아래 기구가 변경되어 동작된다.

      (SS2 OFF, SS1 ON ⇨ LS1 → LS2, MC1 → MC2, K3 → K4, PL1 → PL2)

   (나) Δ 기동 역방향 운전 동작사항 : ③의 동작사항에서 아래 기구가 변경되어 동작된다.

      (SS2 ON, SS1 ON ⇨ LS1 → LS2, MC1 → MC2, K3 → K4, PL1 → PL2)

⑤ EOCR 동작사항

   (가) 전동기 동작 중 과부하로 EOCR이 동작되면 모든 동작이 정지된다.

      (EOCR TRIP ⇨ ALL(MC1~4, K1~4, T1, T2, PL0~4) OFF, BZ ON)

   (나) EOCR을 RESET하면 전동기 제어회로는 다시 운전 가능상태로 된다.

      (EOCR RESET ⇨ BZ OFF)

＊ 동작 내용은 단순 참고사항이며 모든 동작은 시퀀스 회로를 기준으로 합니다.

5-7 공개문제 4안

자격종목	전기기능장	과제명	전동기 및 전등제어	척도	NS

■ 배관 및 기구 배치도

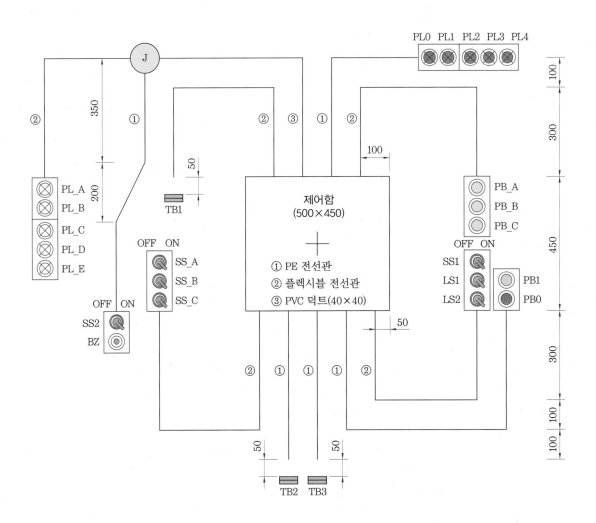

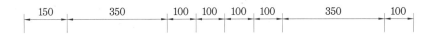

■ 제어판 내부 기구 배치도

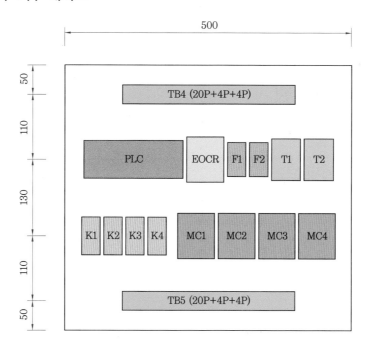

■ 범 례

기 호	명 칭	기 호	명 칭	기 호	명 칭
MC1~4	전자접촉기(12P)	T1, T2	타이머(8P)	SS_A~C	실렉터 스위치 (2단)
EOCR	전자식 과전류계전기 (220 [V], 12P)	F1, F2	퓨즈홀더(2구)	SS1, SS2	실렉터 스위치 (2단)
K1~4	릴레이 (AC220 [V], 14P)	PB0	푸시 버튼 스위치 (적색)	LS1, LS2	실렉터 스위치 (2단)
PL0~4	램프(적색)	PB1	푸시 버튼 스위치 (녹색)	TB1~3	단자대 (4P)
PL_A~E	램프(백색)	PB_A~C	푸시 버튼 스위치 (청색)	TB4	단자대 (20P+4P+4P)
BZ	버저	PLC	PLC	TB5	단자대 (20P+4P+4P)
Ⓙ	8각박스				

■ 제어회로의 시퀀스 회로도

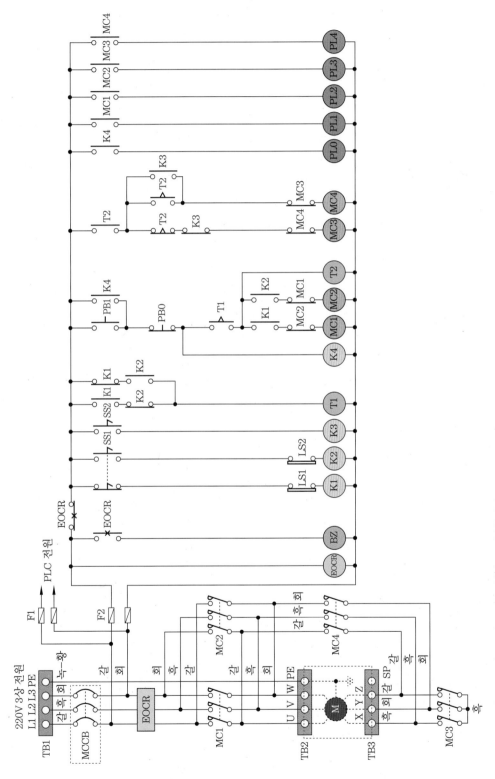

*배선용 차단기(MCCB)와 전동기(M)는 생략합니다.
본 도면은 시험을 위해서 임의 구성한 것으로 상용도면과 상이할 수 있습니다.

■ **제어회로의 동작사항**

① 전원 공급 후 동작조건 : EOCR ON, LS1 OFF, LS2 OFF

② Y−Δ 기동 정방향 운전 동작사항

㉮ Y−Δ 기동 운전 모드(SS2)와 정방향 운전 모드(SS1)를 선택하면 T1 설정시간 동안 대기한다(SS2 OFF, SS1 OFF ⇨ K1 ON, K2 OFF, K3 OFF, T1 ON).

㉯ T1의 설정시간 t1초 후 PB1을 누르면 전동기는 Y결선으로 기동된다.

(T1의 t1초 후 PB1 ON ⇨ K4 ON, T2 ON, MC1 ON, MC3 ON, PL0 ON, PL1 ON, PL3 ON)

㉰ T2의 설정시간 t2초 후 전동기는 Δ결선으로 기동이 완료된다.

(T2의 t2초 후 ⇨ MC3 OFF, MC4 ON, PL3 OFF, PL4 ON)

㉱ 기동이 완료되어 전동기가 운전하는 중 LS1 위치에 도달하면 전동기는 정지한다.

(LS1 ON ⇨ (K1, T1, T2, MC1, MC4, PL1, PL4) OFF)

㉲ 기동이 완료되어 전동기가 운전하는 중 PB0를 누르면 전동기는 정지한다.

(PB0 ON ⇨ (K1, T1, K4, T2, MC1, MC4, PL0, PL1, PL4) OFF)

③ Δ 기동 정방향 운전 동작사항

㉮ Δ 기동 운전 모드(SS2)와 정방향 운전 모드(SS1)를 선택하면 T1 설정시간 동안 대기한다(SS2 ON, SS1 OFF ⇨ K1 ON, K2 OFF, K3 ON, T1 ON).

㉯ T1의 설정시간 t1초 후 PB1을 누르면 전동기는 Δ결선으로 기동된다.

(T1의 t1초 후 PB1 ON ⇨ K4 ON, T2 ON, MC1 ON, MC4 ON, PL0 ON, PL1 ON, PL4 ON)

㉰ ②의 ㉱와 같다.   ㉱ ②의 ㉲와 같다.

④ 역방향 운전 동작사항

㉮ Y−Δ 기동 역방향 운전 동작사항 : ②의 동작사항에서 아래 기구가 변경되어 동작된다.

(SS2 OFF, SS1 ON ⇨ K1 → K2, LS1 → LS2, MC1 → MC2, PL1 → PL2)

㉯ Δ 기동 역방향 운전 동작사항 : ③의 동작사항에서 아래 기구가 변경되어 동작된다.

(SS2 ON, SS1 ON ⇨ K1 → K2, LS1 → LS2, MC1 → MC2, PL1 → PL2)

⑤ EOCR 동작사항

㉮ 전동기 동작 중 과부하로 EOCR이 동작되면 모든 동작이 정지된다.

(EOCR TRIP ⇨ ALL(MC1~4, K1~4, T1, T2, PL0~4) OFF, BZ ON)

㉯ EOCR을 RESET하면 전동기 제어회로는 다시 운전 가능상태가 된다.

(EOCR RESET ⇨ BZ OFF)

* 동작 내용은 단순 참고사항이며 모든 동작은 시퀀스 회로를 기준으로 합니다.

5-8   공개문제 5안

자격종목	전기기능장	과제명	전동기 및 전등제어	척도	NS

■ 배관 및 기구 배치도

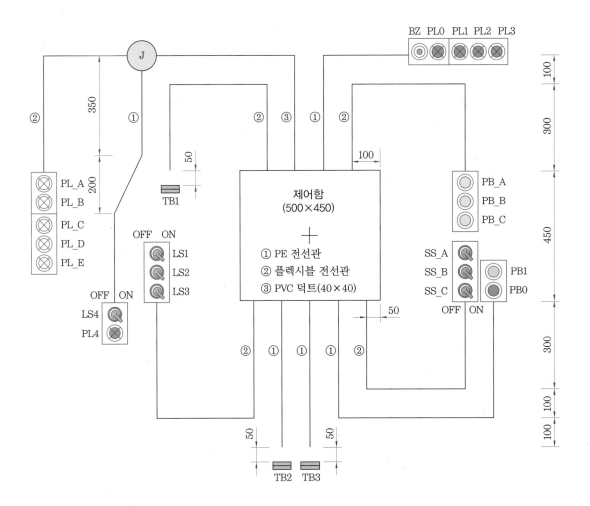

■ 제어판 내부 기구 배치도

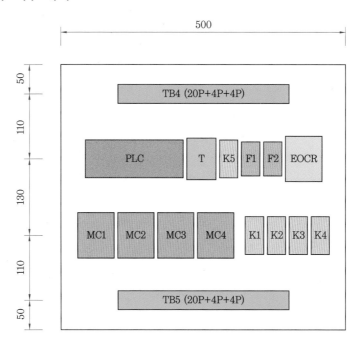

■ 범 례

기 호	명 칭	기 호	명 칭	기 호	명 칭
MC1~4	전자접촉기(12P)	T	타이머(8P)	SS_A~C	실렉터 스위치 (2단)
EOCR	전자식 과전류계전기 (220 [V], 12P)	F1, F2	퓨즈홀더(2구)	LS1~4	실렉터 스위치 (2단)
K1~5	릴레이 (AC220 [V], 14P)	PB0	푸시 버튼 스위치 (적색)	TB1~3	단자대(4P)
PL0~4	램프(적색)	PB1	푸시 버튼 스위치 (녹색)	TB4	단자대 (20P+4P+4P)
PL_A~E	램프(백색)	PB_A~C	푸시 버튼 스위치 (청색)	TB5	단자대 (20P+4P+4P)
BZ	버저	PLC	PLC	Ⓙ	8각박스

■ 제어회로의 시퀀스 회로도

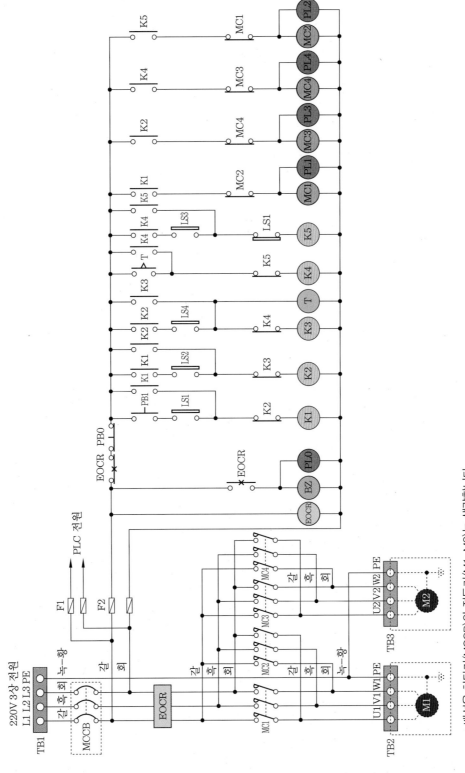

■ **제어회로의 동작사항**

① 전원 공급 후 동작조건 : EOCR ON, LS1 ON, LS2 OFF, LS3 ON, LS4 OFF

② PB1을 누르면 시스템이 시작되며 M1이 정회전하여 제품이 우측으로 이동(LS1 OFF)한다.

    (PB1 ON ⇨ K1 ON, MC1 ON, PL1 ON ⇨ LS1 OFF)

③ 제품이 우측으로 이동하여 LS2 위치에 도달(LS2 ON)하면 M1은 정지하고, M2가 정회전하여 제품은 하강(LS3 OFF)한다.

    (LS2 ON ⇨ K1 OFF, MC1 OFF, PL1 OFF, K2 ON, MC3 ON, PL3 ON ⇨ LS3 OFF)

④ 제품이 하강하여 LS4 위치에 도달(LS4 ON)하면 M2는 정지한다.

    (LS4 ON ⇨ K2 OFF, MC3 OFF, PL3 OFF, K3 ON, T ON)

⑤ T의 설정시간 t초 후 M2가 역회전하여 제품이 다시 상승(LS4 OFF)한다.

    (T의 t초 후 ⇨ K3 OFF, T OFF, K4 ON, MC4 ON, PL4 ON ⇨ LS4 OFF)

⑥ 제품이 상승하여 LS3 위치에 도달(LS3 ON)하면 M2는 정지하고, M1이 역회전하여 제품은 좌측으로 이동(LS2 OFF)한다.

    (LS3 ON ⇨ K4 OFF, MC4 OFF, PL4 OFF, K5 ON, MC2 ON, PL2 ON ⇨ LS2 OFF)

⑦ 제품이 좌측으로 이동하여 LS1 위치에 도달(LS1 ON)하면 M1은 정지하고, 모든 시스템은 초기화된다.

    (LS1 ON ⇨ K5 OFF, MC2 OFF, PL2 OFF)

⑧ M1 또는 M2가 동작 중 과부하로 EOCR이 동작되면 모든 동작이 정지되고, BZ와 PL0가 ON된다.

    (EOCR TRIP ⇨ ALL(MC1~4, K1~5, T, PL1~4) OFF, BZ ON, PL0 ON)

⑨ EOCR을 RESET하면 BZ와 PL0는 OFF된다.

    (EOCR RESET ⇨ BZ OFF, PL0 OFF)

⑩ 시스템 동작(EOCR 동작 제외) 중 PB0를 누르면 모든 동작은 정지된다.

    (PB0 ON ⇨ ALL(MC1~4, K1~5, T, PL1~4) OFF)

* 동작 내용은 단순 참고 사항이며 모든 동작은 시퀀스 회로를 기준으로 합니다.

5-9   공개문제 6안

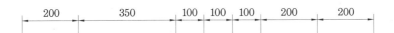

자격종목	전기기능장	과제명	전동기 및 전등제어	척도	NS

■ 배관 및 기구 배치도

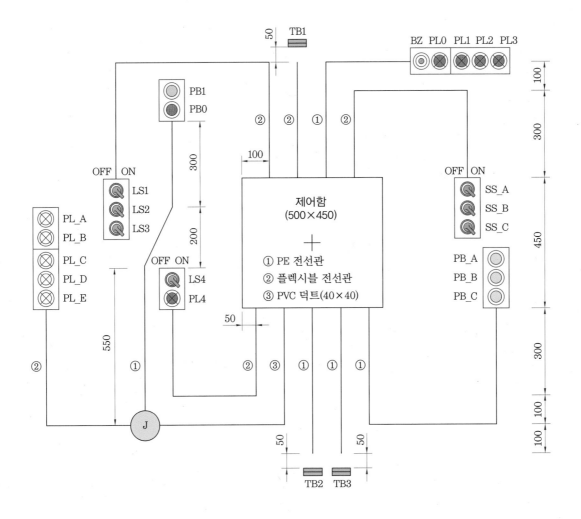

■ 제어판 내부 기구 배치도

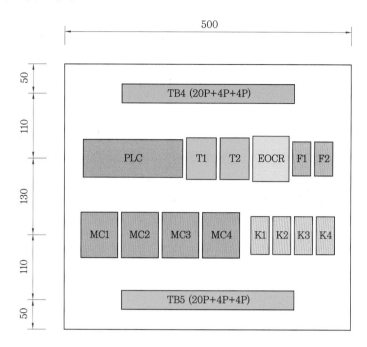

■ 범례

기 호	명 칭	기 호	명 칭	기 호	명 칭
MC1~4	전자접촉기 (12P)	T1, T2	타이머 (8P)	SS_A~C	실렉터 스위치 (2단)
EOCR	전자식 과전류계전기 (220 [V], 12P)	F1, F2	퓨즈홀더 (2구)	LS1~4	실렉터 스위치 (2단)
K1~4	릴레이 (AC220 [V], 14P)	PB0	푸시 버튼 스위치 (적색)	TB1~3	단자대 (4P)
PL0~4	램프 (적색)	PB1	푸시 버튼 스위치 (녹색)	TB4	단자대 (20P+4P+4P)
PL_A~E	램프 (백색)	PB_A~C	푸시 버튼 스위치 (청색)	TB5	단자대 (20P+4P+4P)
BZ	버저	PLC	PLC	Ⓙ	8각박스

■ 제어회로의 시퀀스 회로도

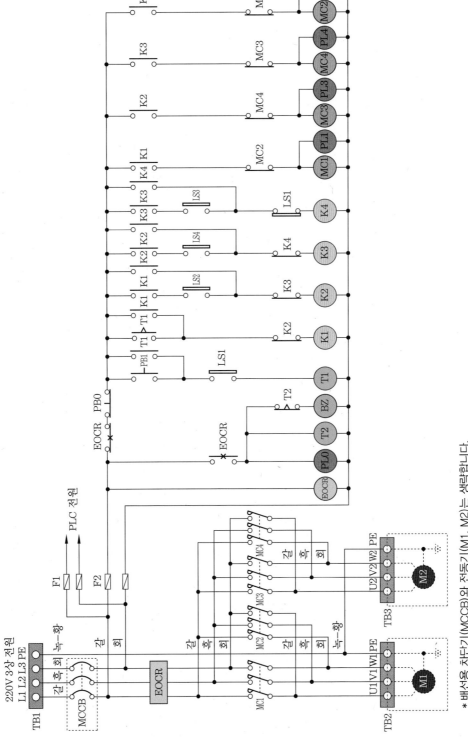

* 배선용 차단기(MCCB)와 전동기(M1, M2)는 생략합니다.

본 도면은 시험을 위해서 임의 구성한 것으로 상용도면과 상이할 수 있습니다.

■ **제어회로의 동작사항**

① 전원 공급 후 동작조건 : EOCR ON, LS1 ON, LS2 OFF, LS3 ON, LS4 OFF

② PB1을 누르면 T1의 설정시간 동안 지연되어 시스템이 시작된다.

　(PB1 ON ⇨ T1 ON)

③ T1의 설정시간 t1초 후 M1이 정회전하여 제품이 우측으로 이동(LS1 OFF)한다.

　(T1의 t1초 후 ⇨ K1 ON, MC1 ON, PL1 ON ⇨ LS1 OFF)

④ 제품이 우측으로 이동하여 LS2 위치에 도달(LS2 ON)하면 M1은 정지하고, M2가 정회전하여 제품은 하강(LS3 OFF)한다.

　(LS2 ON ⇨ K1 OFF, MC1 OFF, PL1 OFF, K2 ON, MC3 ON, PL3 ON ⇨ LS3 OFF)

⑤ 제품이 하강하여 LS4 위치에 도달(LS4 ON)하면 M2는 정지하며, M2가 역회전하여 제품이 다시 상승(LS4 OFF)한다.

　(LS4 ON ⇨ K2 OFF, MC3 OFF, PL3 OFF, K3 ON, MC4 ON, PL4 ON ⇨ LS4 OFF)

⑥ 제품이 상승하여 LS3 위치에 도달(LS3 ON)하면 M2는 정지하고, M1이 역회전하여 제품은 좌측으로 이동(LS2 OFF)한다.

　(LS3 ON ⇨ K3 OFF, MC4 OFF, PL4 OFF, K4 ON, MC2 ON, PL2 ON ⇨ LS2 OFF)

⑦ 제품이 좌측으로 이동하여 LS1 위치에 도달(LS1 ON)하면 M1은 정지하고 모든 시스템은 초기화된다.

　(LS1 ON ⇨ K4 OFF, MC2 OFF, PL2 OFF)

⑧ M1 또는 M2가 동작 중 과부하로 EOCR이 동작되면 모든 동작이 정지되고, BZ와 PL0가 ON된다.

　(EOCR TRIP ⇨ ALL(MC1~4, K1~4, T1, PL1~4) OFF, PL0 ON, T2 ON, BZ ON)

⑨ T2의 설정시간 t2초 후 BZ가 OFF된다.

　(T2의 t2초 후 ⇨ BZ OFF)

⑩ EOCR을 RESET하면 PL0는 OFF된다.

　(EOCR RESET ⇨ PL0 OFF, T2 OFF)

⑪ 시스템 동작(EOCR 동작 제외) 중 PB0를 누르면 모든 동작은 정지된다.

　(PB0 ON ⇨ ALL(MC1~4, K1~4, T1, PL1~4) OFF)

＊ 동작 내용은 단순 참고사항이며 모든 동작은 시퀀스 회로를 기준으로 합니다.

5-10   공개문제 7안

자격종목	전기기능장	과제명	전동기 및 전등제어	척도	NS

■ **배관 및 기구 배치도**

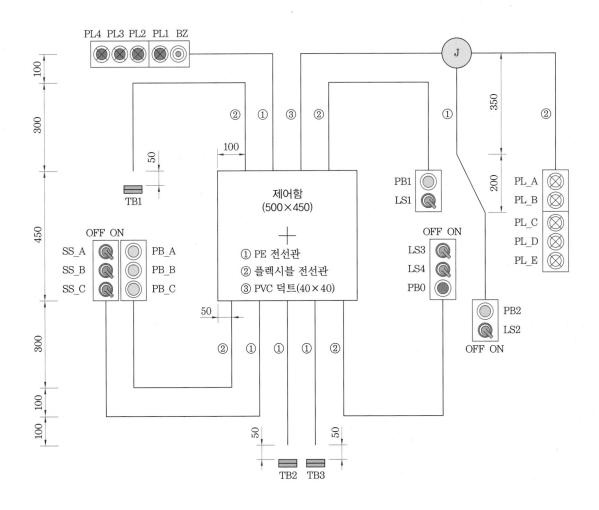

■ 제어판 내부 기구 배치도

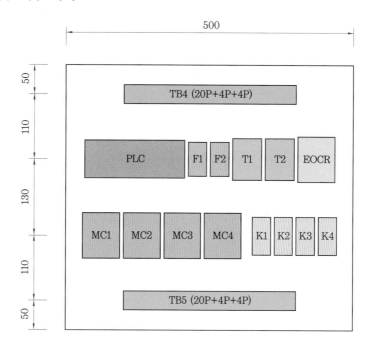

■ 범례

기 호	명 칭	기 호	명 칭	기 호	명 칭
MC1~4	전자접촉기(12P)	T1, T2	타이머(8P)	SS_A~C	실렉터 스위치 (2단)
EOCR	전자식 과전류계전기 (220 [V], 12P)	F1, F2	퓨즈홀더(2구)	LS1~4	실렉터 스위치 (2단)
K1~4	릴레이 (AC220 [V], 14P)	PB0	푸시 버튼 스위치 (적색)	TB1~3	단자대(4P)
PL1~4	램프(적색)	PB1, PB2	푸시 버튼 스위치 (녹색)	TB4	단자대 (20P+4P+4P)
PL_A~E	램프(백색)	PB_A~C	푸시 버튼 스위치 (청색)	TB5	단자대 (20P+4P+4P)
BZ	버저	PLC	PLC	Ⓙ	8각박스

■ 제어회로의 시퀀스 회로도

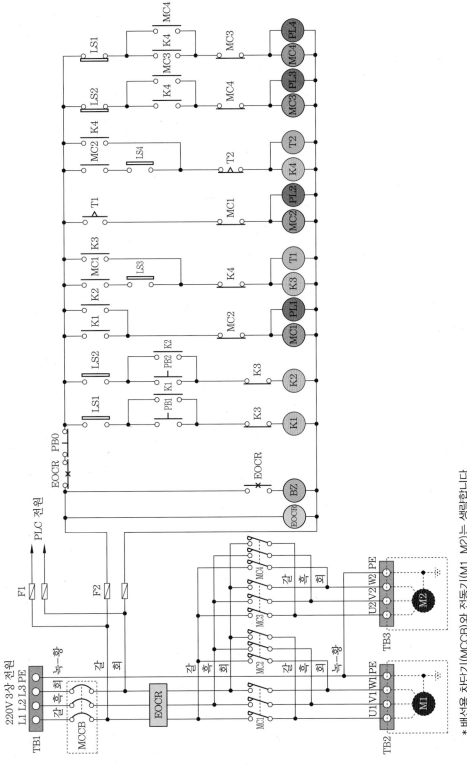

■ **제어회로의 동작사항**

① 전원 공급 후 동작조건 : EOCR ON

② 승강기의 상승 운전조건 : LS1 ON, LS2 OFF, LS3 OFF, LS4 ON

　(가) PB1을 누르면 M1이 정회전하여 승강기의 문이 열린다(LS4 OFF).

　　(PB1 ON ⇨ K1 ON, MC1 ON, PL1 ON ⇨ LS4 OFF)

　(나) 승강기의 문이 완전히 열리면(LS3 ON) M1이 정지하고, T1의 설정시간 동안 대기한다.

　　(LS3 ON ⇨ K3 ON, T1 ON, K1 OFF, MC1 OFF, PL1 OFF)

　(다) T1의 설정시간 t1초 후 M1이 역회전하여 승강기의 문이 닫힌다(LS3 OFF).

　　(T1의 t1초 후 ⇨ MC2 ON, PL2 ON ⇨ LS3 OFF)

　(라) 승강기의 문이 완전히 닫히면(LS4 ON) M1이 정지하고, M2가 정회전하여 승강기는
　　상승한다(LS1 OFF).

　　(LS4 ON ⇨ K4 ON, T2 ON, K3 OFF, T1 OFF, MC2 OFF, PL2 OFF

　　　　⇨ MC3 ON, PL3 ON ⇨ LS1 OFF)

　(마) T2의 설정시간 t2초 후 K4, T2가 소자된다(T2의 t2초 후 ⇨ K4 OFF, T2 OFF).

　(바) 승강기가 상승하여 상부층에 도달(LS2 ON)하면 M2가 정지한다.

　　(LS2 ON ⇨ MC3 OFF, PL3 OFF)

③ 승강기의 하강 운전조건 : LS1 OFF, LS2 ON, LS3 OFF, LS4 ON

　(가) PB2를 누르면 M1이 정회전하여 승강기의 문이 열린다(LS4 OFF).

　　(PB2 ON ⇨ K2 ON, MC1 ON, PL1 ON ⇨ LS4 OFF)

　(나) ②의 (나)와 같다.　　　　　　　　(다) ②의 (다)와 같다.

　(라) 승강기의 문이 완전히 닫히면(LS4 ON) M1이 정지하고, M2가 역회전하여 승강기는
　　하강한다(LS2 OFF).

　　(LS4 ON ⇨ K4 ON, T2 ON, K3 OFF, T1 OFF, MC2 OFF, PL2 OFF

　　　　⇨ MC4 ON, PL4 ON ⇨ LS2 OFF)

　(마) ②의 (마)와 같다.

　(바) 승강기가 하강하여 하부층에 도달(LS1 ON)하면 M2가 정지한다.

　　(LS1 ON ⇨ MC4 OFF, PL4 OFF)

④ 정지, EOCR 동작사항

　(가) 시스템 동작(EOCR 동작 제외) 중 PB0를 누르면 모든 동작은 정지된다.

　　(PB0 ON ⇨ ALL(MC1~4, K1~4, T1, T2, PL1~4) OFF)

　(나) M1 또는 M2가 동작 중 과부하로 EOCR이 동작되면 모든 동작이 정지되고, BZ가 ON
　　된다(EOCR TRIP ⇨ ALL(MC1~4, K1~4, T1, T2, PL1~4) OFF, BZ ON).

　(다) EOCR을 RESET하면 BZ는 OFF된다(EOCR RESET ⇨ BZ OFF).

＊ 동작 내용은 단순 참고사항이며 모든 동작은 시퀀스 회로를 기준으로 합니다.

5-11   공개문제 8안

자격종목	전기기능장	과제명	전동기 및 전등제어	척도	NS

■ 배관 및 기구 배치도

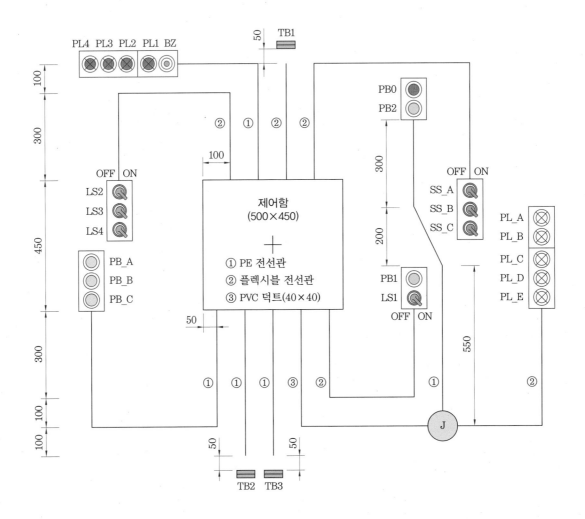

■ 제어판 내부 기구 배치도

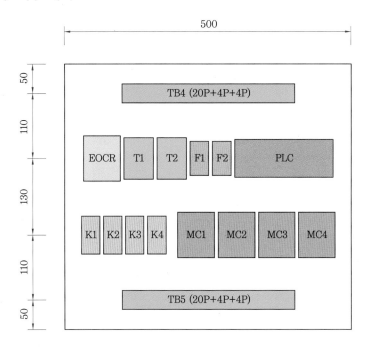

■ 범례

기호	명칭	기호	명칭	기호	명칭
MC1~4	전자접촉기(12P)	T1, T2	타이머(8P)	SS_A~C	실렉터 스위치 (2단)
EOCR	전자식 과전류계전기 (220 [V], 12P)	F1, F2	퓨즈홀더(2구)	LS1~4	실렉터 스위치 (2단)
K1~4	릴레이 (AC220 [V], 14P)	PB0	푸시 버튼 스위치 (적색)	TB1~3	단자대(4P)
PL1~4	램프(적색)	PB1, PB2	푸시 버튼 스위치 (녹색)	TB4	단자대 (20P+4P+4P)
PL_A~E	램프(백색)	PB_A~C	푸시 버튼 스위치 (청색)	TB5	단자대 (20P+4P+4P)
BZ	버저	PLC	PLC	Ⓙ	8각박스

■ 제어회로의 시퀀스 회로도

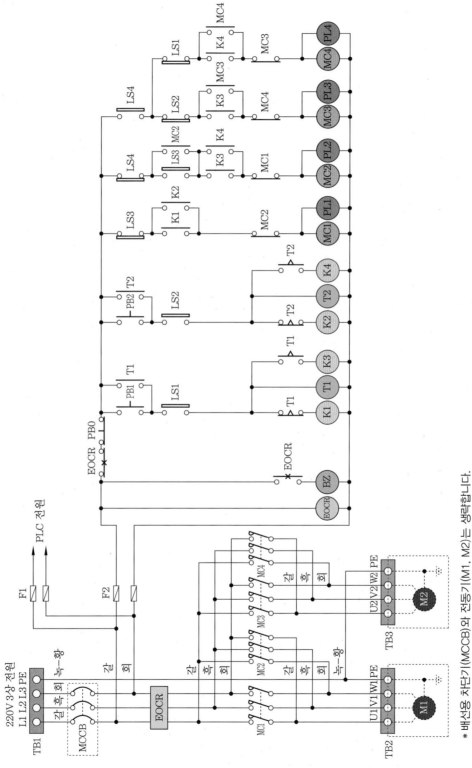

* 배선용 차단기(MCCB)와 전동기(M1, M2)는 생략합니다.
본 도면은 시험을 위해서 임의 구성한 것으로 상용도면과 상이할 수 있습니다.

■ **제어회로의 동작사항**

① 전원 공급 후 동작조건 : EOCR ON

② 승강기의 상승 운전조건 : LS1 ON, LS2 OFF, LS3 OFF, LS4 ON

　(가) PB1을 누르면 M1이 정회전하여 승강기의 문이 열린다(LS4 OFF).

　　(PB1 ON ⇨ K1 ON, T1 ON, MC1 ON, PL1 ON ⇨ LS4 OFF)

　(나) 승강기의 문이 완전히 열리면(LS3 ON) M1이 정지한다.

　　(LS3 ON ⇨ MC1 OFF, PL1 OFF)

　(다) T1의 설정시간 t1초 후 M1이 역회전하여 승강기의 문이 닫힌다(LS3 OFF).

　　(T1의 t1초 후 ⇨ K1 OFF, K3 ON, MC2 ON, PL2 ON ⇨ LS3 OFF)

　(라) 승강기의 문이 완전히 닫히면(LS4 ON) M1이 정지하고, M2가 정회전하여 승강기는
　　상승한다(LS1 OFF). (LS4 ON ⇨ MC2 OFF, PL2 OFF, MC3 ON, PL3 ON
　　　　　　　　　　　　LS1 OFF ⇨ K3 OFF, T1 OFF)

　(마) 승강기가 상승하여 상부층에 도달(LS2 ON)하면 M2가 정지한다.

　　(LS2 ON ⇨ MC3 OFF, PL3 OFF)

③ 승강기의 하강 운전조건 : LS1 OFF, LS2 ON, LS3 OFF, LS4 ON

　(가) PB2를 누르면 M1이 정회전하여 승강기의 문이 열린다(LS4 OFF).

　　(PB2 ON ⇨ K2 ON, T2 ON, MC1 ON, PL1 ON ⇨ LS4 OFF)

　(나) ②의 (나)와 같다.

　(다) T2의 설정시간 t2초 후 M1이 역회전하여 승강기의 문이 닫힌다(LS3 OFF).

　　(T2의 t2초 후 ⇨ K2 OFF, K4 ON, MC2 ON, PL2 ON ⇨ LS3 OFF)

　(라) 승강기의 문이 완전히 닫히면(LS4 ON) M1이 정지하고, M2가 역회전하여 승강기는
　　하강한다(LS2 OFF). (LS4 ON ⇨ MC2 OFF, PL2 OFF, MC4 ON, PL4 ON
　　　　　　　　　　　　LS2 OFF ⇨ K4 OFF, T2 OFF)

　(마) 승강기가 하강하여 하부층에 도달(LS1 ON)하면 M2가 정지한다.

　　(LS1 ON ⇨ MC4 OFF, PL4 OFF)

④ 정지, EOCR 동작사항

　(가) 시스템 동작(EOCR 동작 제외) 중 PB0를 누르면 모든 동작은 정지된다.

　　(PB0 ON ⇨ ALL(MC1~4, K1~4, T1, T2, PL1~4) OFF)

　(나) M1 또는 M2가 동작 중 과부하로 EOCR이 동작되면 모든 동작이 정지, BZ가 ON된다.

　　(EOCR TRIP ⇨ ALL(MC1~4, K1~4, T1, T2, PL1~4) OFF, BZ ON)

　(다) EOCR을 RESET하면 BZ는 OFF된다(EOCR RESET ⇨ BZ OFF).

＊ 동작 내용은 단순 참고 사항이며 모든 동작은 시퀀스 회로를 기준으로 합니다.

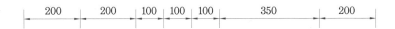

5-12   공개문제 9안

자격종목	전기기능장	과제명	전동기 및 전등제어	척도	NS

■ 배관 및 기구 배치도

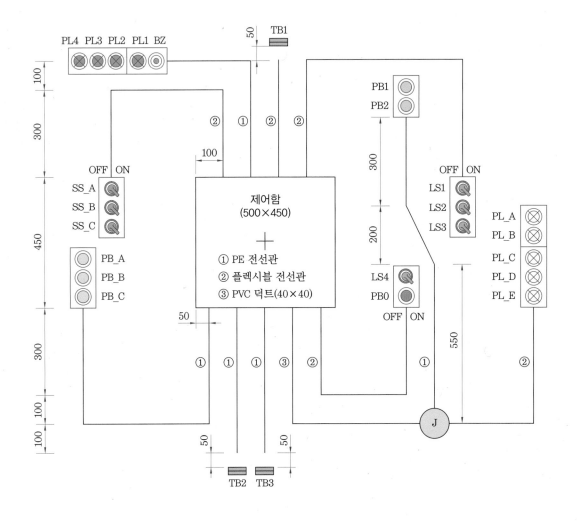

■ 제어판 내부 기구 배치도

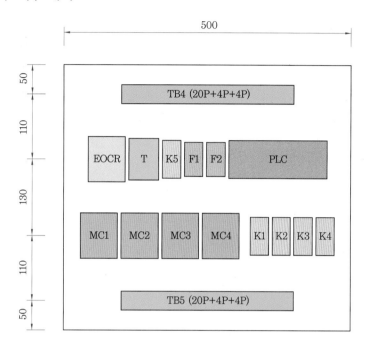

■ 범 례

기 호	명 칭	기 호	명 칭	기 호	명 칭
MC1~4	전자접촉기(12P)	T	타이머(8P)	SS_A~C	실렉터 스위치 (2단)
EOCR	전자식 과전류계전기 (220 [V], 12P)	F1, F2	퓨즈홀더(2구)	LS1~4	실렉터 스위치 (2단)
K1~5	릴레이 (AC220 [V], 14P)	PB0	푸시 버튼 스위치 (적색)	TB1~3	단자대(4P)
PL1~4	램프(적색)	PB1, PB2	푸시 버튼 스위치 (녹색)	TB4	단자대 (20P+4P+4P)
PL_A~E	램프(백색)	PB_A~C	푸시 버튼 스위치 (청색)	TB5	단자대 (20P+4P+4P)
BZ	버저	PLC	PLC	Ⓙ	8각박스

■ 제어회로의 시퀀스 회로도

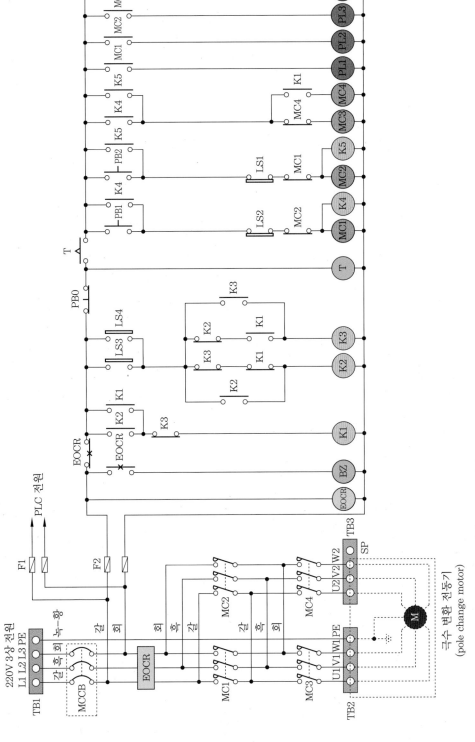

* 배선용 차단기(MCCB)와 전동기(M)는 생략합니다.
본 도면은 시험을 위해서 임의 구성한 것으로 상용도면과 상이할 수 있습니다.

■ **제어회로의 동작사항**

① 전원 공급 후 동작조건 : EOCR ON, T ON

② 제품의 우측 이동조건 : LS1 ON, LS2 OFF, LS3 OFF, LS4 OFF

　(가) T의 설정시간 t초 후 PB1을 누르면 전동기가 저속으로 정회전하여 제품이 우측으로 이동(LS1 OFF)한다(T의 t초 후 PB1 ON ⇨ K4 ON, MC1 ON, MC3 ON, PL1 ON, PL3 ON ⇨ LS1 OFF).

　(나) 제품이 우측으로 저속 이동하여 LS3 위치를 지나가면(LS3 OFF → ON → OFF) 전동기가 고속으로 정회전하여 제품은 계속해서 우측으로 이동한다(LS3 ON ⇨ K2 ON, K1 ON, MC4 ON, MC3 OFF, PL4 ON, PL3 OFF ⇨ LS3 OFF ⇨ K2 OFF).

　(다) 제품이 우측으로 고속 이동하여 LS4 위치를 지나가면(LS4 OFF → ON → OFF) 전동기가 저속으로 정회전하여 제품은 계속해서 우측으로 이동한다(LS4 ON ⇨ K3 ON, K1 OFF, MC4 OFF, MC3 ON, PL4 OFF, PL3 ON ⇨ LS4 OFF ⇨ K3 OFF).

　(라) 제품이 우측으로 저속 이동하여 LS2 위치에 도달(LS2 ON)하면 전동기는 정지한다.
　(LS2 ON ⇨ K4 OFF, MC1 OFF, MC3 OFF, PL1 OFF, PL3 OFF)

③ 제품의 좌측 이동조건 : LS1 OFF, LS2 ON, LS3 OFF, LS4 OFF

　(가) T의 설정시간 t초 후 PB2를 누르면 전동기가 저속으로 역회전하여 제품이 좌측으로 이동(LS2 OFF)한다(T의 t초 후 PB2 ON ⇨ K5 ON, MC2 ON, MC3 ON, PL2 ON, PL3 ON ⇨ LS2 OFF).

　(나) 제품이 좌측으로 저속 이동하여 LS4 위치를 지나가면(LS4 OFF → ON → OFF) 전동기가 고속으로 정회전하여 제품은 계속해서 좌측으로 이동한다(LS4 ON ⇨ K2 ON, K1 ON, MC4 ON, MC3 OFF, PL4 ON, PL3 OFF ⇨ LS4 OFF ⇨ K2 OFF).

　(다) 제품이 좌측으로 고속 이동하여 LS3 위치를 지나가면(LS3 OFF → ON → OFF) 전동기가 저속으로 정회전하여 제품은 계속해서 좌측으로 이동한다(LS3 ON ⇨ K3 ON, K1 OFF, MC4 OFF, MC3 ON, PL4 OFF, PL3 ON ⇨ LS3 OFF ⇨ K3 OFF).

　(라) 제품이 좌측으로 저속 이동하여 LS1 위치에 도달(LS1 ON)하면 전동기는 정지한다.
　(LS1 ON ⇨ K5 OFF, MC2 OFF, MC3 OFF, PL2 OFF, PL3 OFF)

④ 정지, EOCR 동작사항

　(가) 시스템 동작(EOCR 동작 제외) 중 PB0를 누르면 모든 동작은 정지된다.
　(PB0 ON ⇨ ALL(MC1~4, K4, K5, T, PL1~4) OFF)

　(나) 전동기가 동작 중 과부하로 EOCR이 동작되면 모든 동작이 정지되고 BZ가 ON된다.
　(EOCR TRIP ⇨ ALL(MC1~4, K1~5, T, PL1~4) OFF, BZ ON)

　(다) EOCR을 RESET하면 BZ는 OFF된다(EOCR RESET ⇨ BZ OFF).

* 동작 내용은 단순 참고사항이며 모든 동작은 시퀀스 회로를 기준으로 합니다.

5-13 공개문제 10안

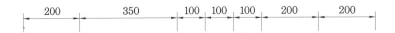

자격종목	전기기능장	과제명	전동기 및 전등제어	척도	NS

■ 배관 및 기구 배치도

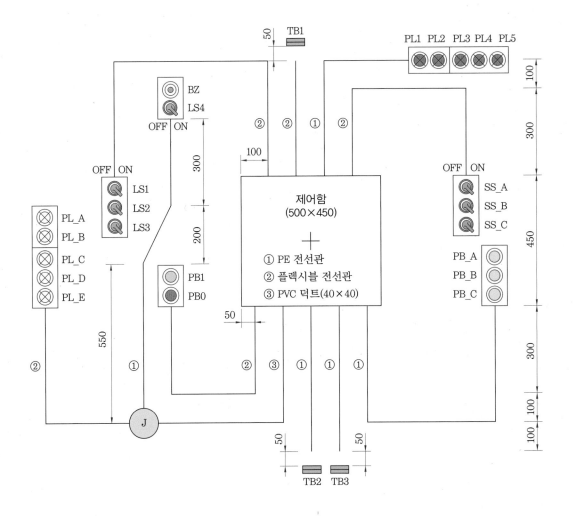

■ **제어판 내부 기구 배치도**

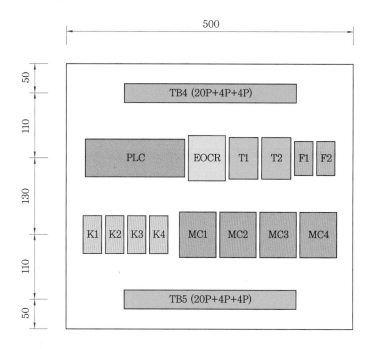

■ **범 례**

기 호	명 칭	기 호	명 칭	기 호	명 칭
MC1~4	전자접촉기(12P)	T1, T2	타이머(8P)	SS_A~C	실렉터 스위치 (2단)
EOCR	전자식 과전류계전기 (220 [V], 12P)	F1, F2	퓨즈홀더(2구)	LS1~4	실렉터 스위치 (2단)
K1~4	릴레이 (AC220 [V], 14P)	PB0	푸시 버튼 스위치 (적색)	TB1~3	단자대(4P)
PL1~5	램프(적색)	PB1	푸시 버튼 스위치 (녹색)	TB4	단자대 (20P+4P+4P)
PL_A~E	램프(백색)	PB_A~C	푸시 버튼 스위치 (청색)	TB5	단자대 (20P+4P+4P)
BZ	버저	PLC	PLC	Ⓙ	8각박스

■ 제어회로의 시퀀스 회로도

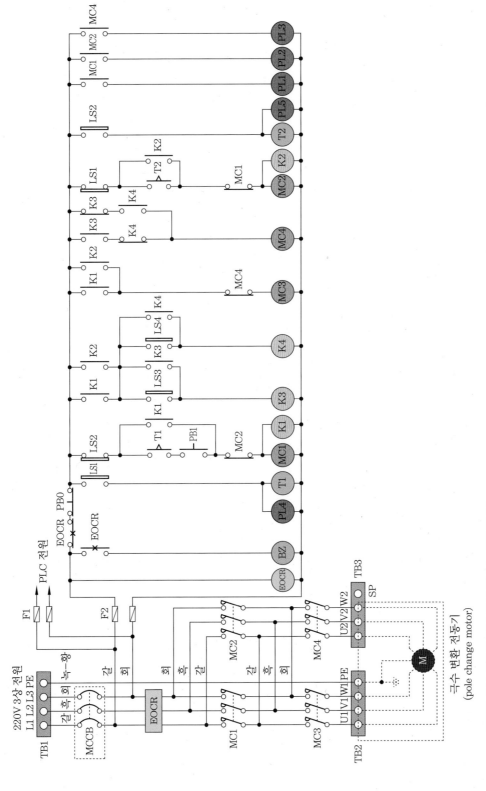

* 배선용 차단기(MCCB)와 전동기(M)는 생략합니다.
본 도면은 시험을 위해서 임의 구성한 것으로 상용도면과 상이할 수 있습니다.

■ 제어회로의 동작사항

① 전원 공급 후 동작조건 : EOCR ON, LS1 OFF, LS2 OFF, LS3 OFF, LS4 OFF

② LS1 위치에 제품이 준비(LS1 ON)되면 T1의 설정시간 동안 대기한다.
(LS1 ON ⇨ T1 ON, PL4 ON)

③ T1의 설정시간 t1초 후 PB1을 누르면 전동기가 저속으로 정회전하여 제품이 우측으로 이동(LS1 OFF)한다(T1의 t1초 후 ⇨ PB1 ON ⇨ K1 ON, MC1 ON, MC3 ON, PL1 ON ⇨ LS1 OFF → T1 OFF, PL4 OFF).

④ 제품이 우측으로 저속 이동하여 LS3 위치를 지나가면(LS3 OFF → ON → OFF) 전동기가 고속으로 정회전하여 제품은 계속해서 우측으로 이동한다.
(LS3 ON ⇨ K3 ON, MC4 ON, MC3 OFF, PL3 ON ⇨ LS3 OFF)

⑤ 제품이 우측으로 고속 이동하여 LS4 위치를 지나가면(LS4 OFF → ON → OFF) 전동기가 저속으로 정회전하여 제품은 계속해서 우측으로 이동한다.
(LS4 ON ⇨ K4 ON, MC4 OFF, MC3 ON, PL3 OFF ⇨ LS4 OFF)

⑥ 제품이 우측으로 저속 이동하여 LS2 위치에 도달(LS2 ON)하면 전동기는 정지한다.
(LS2 ON ⇨ K1 OFF, K3 OFF, K4 OFF, MC1 OFF, MC3 OFF, PL1 OFF, T2 ON, PL5 ON)

⑦ T2의 설정시간 t2초 후 전동기가 저속으로 역회전하여 제품이 좌측으로 이동(LS2 OFF)한다(T2의 t2초 후 ⇨ K2 ON, MC2 ON, MC3 ON, PL2 ON ⇨ LS2 OFF ⇨ T2 OFF, PL5 OFF)

⑧ 제품이 좌측으로 저속 이동하여 LS4 위치를 지나가면(LS4 OFF → ON → OFF) 전동기가 고속으로 정회전하여 제품은 계속해서 좌측으로 이동한다.
(LS4 ON ⇨ K4 ON, MC4 ON, MC3 OFF, PL3 ON ⇨ LS4 OFF)

⑨ 제품이 좌측으로 고속 이동하여 LS3 위치를 지나가면(LS3 OFF → ON → OFF) 전동기가 저속으로 정회전하여 제품은 계속해서 좌측으로 이동한다.
(LS3 ON ⇨ K3 ON, MC4 OFF, MC3 ON, PL3 OFF ⇨ LS3 OFF)

⑩ 제품이 좌측으로 저속 이동하여 LS1 위치에 도달(LS1 ON)하면 전동기는 정지하고, T1의 설정시간 동안 대기한다(LS1 ON ⇨ K2 OFF, K3 OFF, K4 OFF, MC2 OFF, MC3 OFF, PL2 OFF, T1 ON, PL4 ON).

⑪ 시스템 동작(EOCR 동작 제외) 중 PB0를 누르면 모든 동작은 정지된다.
(PB0 ON ⇨ ALL(MC1~4, K1~4, T1, T2, PL1~5) OFF)

⑫ 전동기가 동작 중 과부하로 EOCR이 동작되면 모든 동작이 정지되고 BZ가 ON된다.
(EOCR TRIP ⇨ ALL(MC1~4, K1~4, T1, T2, PL1~5) OFF, BZ ON)

⑬ EOCR을 RESET하면 BZ는 OFF된다(EOCR RESET ⇨ BZ OFF).

＊ 동작 내용은 단순 참고사항이며 모든 동작은 시퀀스 회로를 기준으로 합니다.

작업장을 공개합니다

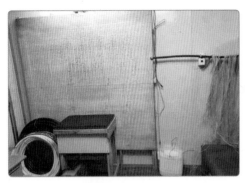

작업장 패널과 책상

전기기능장 시험을 준비하면서 가장 어려운 부분이 연습할 수 있는 공간 확보인 것 같아요.

저는 창고의 빈 공간을 활용했는데 그 곳은 환기가 제대로 되지 않아서 매캐한 냄새 때문에 목 상태가 늘 좋지 않았어요.

위 사진은 제가 사용했던 작업장입니다.

벽면에 합판(1820 × 910 [mm], 두께 9 [mm]) 2장을 붙이고, 우측 모서리에는 전원을 공급하기 위한 차단기와 콘센트를 부착했어요.

위쪽에 있는 건 버저인데 전원이 들어간 상태에서 회로 테스트를 할 수 있어서 좋습니다. 그 우측에는 작업한 전선을 재활용하기 위해 모아서 걸어두었습니다.

책상의 높이는 배꼽 높이로 맞추고, 바닥에는 매트 2겹을 붙인 깔판을 사용했습니다. 오랫동안 작업을 해야 하므로 바닥에 매트를 2겹 붙인 깔판을 사용하면 몸의 피로도가 줄어듭니다.

오른쪽 사진을 보세요.

여러 바구니에 종류별로 기구들을 나누어 담아 놓으면 부품을 찾는 데 시간이 절약됩니다.

작은 접이식 의자도 보이지요? 낚시를 갈 때 쓰던 의자인데요, 나이를 먹어서 그런지 패널 아래쪽 작업을 할 때는 의자에 앉아서 편안히 작업할 수 있어서 좋았습니다.

작업준비를 위해 정리된 부품들

긴장을 해소하는 방법

잠이 보약이라고는 하지만 잠이 안 오는데 보약이 무슨 소용인가요?

시험 전날 밤에는 커피를 마시지 않았는데도 하루 내내 긴장이 풀리지 않아 잠이 오지 않습니다. 신경이 너무 예민해서 그렇지요. 잠을 안 자면 다음 날 머리는 멍하고, 몸은 힘이 없습니다. 그래서 어떤 날에는 수면제도 먹어 보았는데 잠은 잠대로 설치고 다음 날 약에 취해 머리가 멍했습니다. 청심환도 먹어 보았는데 잠은 잘 수 있었지만 다음 날 시험에 집중이 되지 않았습니다.

시험 전날 밤잠이 오지 않는 것은 큰 고민이죠. 필답형은 머리만 쓰면 되지만 작업형은 머리뿐만 아니라 몸도 움직여야 해요. 언젠가 공부할 때 잠 안 올 때는 대추차를 마시면 효과가 있다는 말을 교수님께 들었는데 한 번도 시도해 본 적은 없었지요. 그래서 시도해 보기로 했어요.

다행히 시골 처가댁에서 가져온 대추가 아직 남아 봉지에 싸여 있었어요. 대충 씻어서 커피포트에 넣고 끓였습니다. 첫물은 조금 맑아요. 그래도 대추 향이 나지요. 다 마시면 물만 붓고 또 끓입니다. 시험 전날에는 물병에 넣고 다니면서 물처럼 마셨지요. 대춧물을 마신 그날 저녁에는 머리를 베개에 베고 눕기만 하면 그냥 잠이 쏟아졌습니다.

중요한 것은 대추가 좋아야 맛도 향도 좋다는 겁니다. 그러면 그건 어떻게 아느냐?
크기가 작고 때깔이 좋아야 합니다. 작은 대추를 일명 '약대추'라고 하는데 토종 대추를 약으로 사용하기도 하니까 그렇게 부르는 것 같아요.

그리고 말린 대추를 만졌을 때 물컹한 느낌이 없이 딱딱해야 합니다. 그게 잘 말랐다는 증거입니다. 잘 못 사면 쓴맛만 나요. 잘 익은 대추를 햇빛에 잘 말린 것이 최고입니다.

대추차 마시고 시험 잘 보세요. 저는 그것 먹고 합격했어요!

2

PLC

PLC 프로그래밍을 독학이 가능하도록 구성했습니다.

PLC(Programmable Logic Controller)란 프로그램을 이용한 전기제어 장치를 말합니다. 전기기능장 실기시험에서도 산업화 경향에 발맞춰 도입하게 되었습니다.

PLC 출제 유형은 크게 다섯 가지가 있습니다. 순서도, 타임차트, 시퀀스, 논리회로, 그리고 진리표입니다. 최근 출제경향이 타임차트와 순서도이므로 응용문제에서는 순서도와 타임차트 위주로 구성했습니다.

과년도 기출문제는 중복되는 유사문제를 삭제하고, 이해하기 쉽도록 난이도 순으로 정리했습니다.

PLC Programming을 위한 조언

1. 문제를 보고 바로 답을 보지 않는 것입니다. 그렇게 훈련되어야 응용문제에 자신감이 생깁니다.

2. 가장 효과적인 방법은 자기 방식으로 프로그램을 짜는 것입니다. 제가 푼 것과 수험자가 푼 것을 비교하며 더 좋은 방법을 자기 방식으로 만들어야 합니다.

3. 서두른다고 해서 빨리 배울 수 있는 건 아닙니다. 조급한 마음을 버리고 기초부터 차근차근 배우다 보면 재미도 있고 어느덧 정상에 있음을 느낄 수 있습니다.

4. 빠른 타이핑을 위해 타이핑 연습도 틈틈이 하세요. 키보드를 안 보고도 타이핑할 수 있도록 연습하세요.

5. 매일매일 조금씩이라도 꼭 공부하세요. 시험 전까지 PLC에 대한 감각을 잃지 않아야 합니다.

전기기능장 실기 PLC 프로그래밍을 독학이 가능하도록 구성했습니다.

방대한 분량을 압축하고 불필요한 지식을 과감하게 삭제했습니다. 따라서 PLC의 학습량을 줄여 쉽고 재미있게 공부할 수 있습니다.

이 책의 활용법(PLC)

　기능장 시험은 반복 숙달이 중요합니다. 반복 숙달을 위하여 체계적으로 쉽게 접근할 수 있도록, 쉽고 즐겁게 공부할 수 있도록 내용을 구성했습니다.

1. 처음 볼 때는 감을 잡습니다.

　　눈으로 읽으세요. 기출문제와 응용문제들은 빼고요. 내용이 이해가 안 되더라도 그냥 넘어가세요. 1회 통독하면 'PLC는 이런 것이구나' 하고 감이 옵니다.

2. 두 번째 볼 때는 프로그램을 이해합니다.

　　컴퓨터 프로그램을 켜서 확인도 하고 설정도 하고요. 기출문제는 아직 보지 마세요. 뒤쪽 응용문제에서 기초문제만 풀어보세요. 모르는 건 그냥 체크만 하고 넘어가세요.

3. 세 번째 볼 때는 내용을 이해합니다.

　　'3장. 기본 회로'부터 보시면 됩니다. 기출문제는 풀이를 보면서 공부하세요. 뒤쪽 응용문제에서 기본문제까지만 풀어보세요. 체크된 부분에서 아는 내용은 지우고 모르는 것은 구체적으로 적습니다. 기초문제도 한 번 더 풀어봅니다.

4. 네 번째 볼 때는 기본을 튼튼하게 합니다.

　　'3장. 기본 회로'를 1회 정독합니다. 기출문제도 스스로 풀어보시고요, 응용문제는 실력문제까지 풀어봅니다. 문제를 접할 때는 풀이를 보지 마세요. 스스로 끝까지 풀어보겠다는 마음가짐이 중요합니다. 항상 시간을 체크하고 빈 공간에 기록하세요.

5. 다섯 번째 볼 때는 실력을 키웁니다.

　　기출문제, 기초문제는 패스하고 기본, 실력, 실전문제까지 풀어보세요. 어려운 문제는 형광펜으로 표시하고 숙달될 때까지 풀어봅니다. 어느 정도 숙달되면 다음 문제로 넘어가세요.

6. 마지막으로 응용력을 기릅니다.

　　스스로 문제도 만들어보고요, 이 책 이외의 다양한 문제들도 접해보세요. 응용력과 시험에 대한 자신감을 키우는 겁니다.

　　효과적인 공부 방법을 제 나름의 방식으로 제시했어요.

PLC 개요

1-1 PLC 종류별 특징

1 성능 규격(XBC 'SU'타입)

항목		XBC-DR20SU	XBC-DR30SU	XBC-DR40SU	XBC-DR60SU
		XBC-DN20SU	XBC-DN30SU	XBC-DN40SU	XBC-DN60SU
		XBC-DP20SU	XBC-DP30SU	XBC-DP40SU	XBC-DP60SU
연산방식		반복 연산, 정주기 연산, 인터럽트 연산, 고정주기 스캔			
입출력 제어방식		스캔 동기 일괄처리 방식(리프레시 방식), 명령어에 의한 다이렉트 방식			
프로그램 언어		래더 다이어그램(Ladder Diagram), 명령 리스트(Instruction List)			
명령어 수	기본명령	28종			
	응용명령	687종			
연산처리 속도(기본)		94ns/step			
프로그램 메모리 용량		15Kstep			
최대 입출력 점수		244점 (기본+증설 7대)	254점 (기본+증설 7대)	264점 (기본+증설 7대)	284점 (기본+증설 7대)
데이터 영역	P	P0000~P1023F(16,384점)			
	M	M0000~M1023F(16,384점)			
	K	K0000~K4095F(65,536점)			
	L	L0000~L2047F(32,768점)			
	F	F0000~F1023F(16,384점)			
	T	100ms, 10ms, 1ms : T0000~T1023(1,024점) – 파라미터 설정에 의해 영역 변경 가능			
	C	C0000~C1023(1,024점)			
	S	S00.00~S127.99			
	D	D0000~D10239(10,240워드)			
	U	U0.0~U0A.31(352워드, 아날로그 데이터 리프레시 영역)			
	Z	Z000~Z127(128워드)			
	R	R0000~R10239(10,240워드)			

2 시스템 구성도

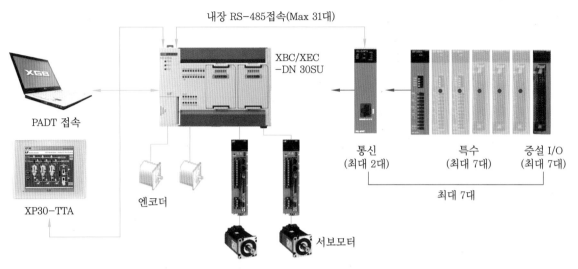

시스템 구성도[LG산전 'XG5000' 도움말 자료]

1-2   XGB XBC - DR20SU

PLC는 제조회사마다 다르고, 각 제조회사 내에서도 제품마다 조금씩 다릅니다. 이 책에서
언급하는 PLC는 전기기능장 실기시험에서 대부분의 수험생들이 찾는 LS산전의 'XGB XBC'
입니다.

다루기 쉽고 경제적이기 때문에 많이 사용하는 제품이며, 프로그램은 LS산전에서 무료로
공급하는 'XG5000'입니다.

다음 그림은 XGB XBC - DR20SU입니다.

XGB XBC - DR20SU

■ XGB XBC – DR2SU 설명

① 좌측 하부 커버가 열린 부분에서 좌측 상부는 스위치이고요, 프로그램 입력 시에는 OFF로 내려놓고 입력합니다. 입력이 끝나면 ON으로 올리면 됩니다.

② 바로 옆은 미니 USB 단자입니다. 컴퓨터와 PLC 사이에 케이블을 연결하여 통신을 합니다. RS-232보다 편리합니다. 하부 단자는 RS-232 통신 단자인데 컴퓨터와 USB를 연결하면 사용하지 않습니다.

③ 그 우측으로는 PLC 및 출력전원 입력, 접지, 외부 출력, 입력 24 [V] 단자들이고요, 상부 커버가 닫혀 있는 부분의 단자들은 모두 입력 단자입니다. 입력 접점 수는 12점이고요, 출력 접점 수는 8점입니다.

참고

• 전기기능장 실기시험에서 접점의 수는 일반적으로 입력은 6점, 출력은 5점 정도예요. 따라서 이 기종이면 무난합니다.

1-3 PLC 회로도 및 결선법

1 PLC 내부 회로도

다음 그림에서 굵은 빨간선은 외부 연결선이고 PB, MC는 외부 기구들입니다. COM 단자와 24 [V] 단자 간에는 PLC 내부에서도 연결 가능합니다.

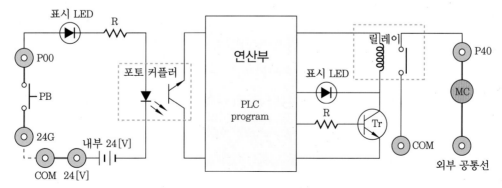

PLC 내부 회로도

2 PLC(XGB XBC) 결선법

PLC 전원은 외부 220 [V]를 사용하고, 입력 전원은 내부에서 변환된 24 [V]를 사용하며 출력 전원은 PLC 전원을 공유합니다. COM은 입력과 출력을 따로따로 내부 결선합니다.

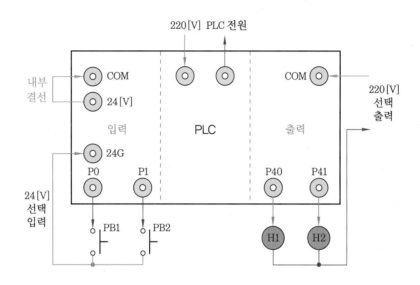

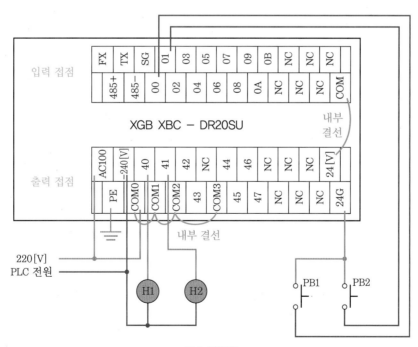

PLC 결선법

 작업형을 연습할 때 위 내용을 참고하세요.

1-4 PLC와 컴퓨터 접속

○ 좌측 : 스위치를 아래로 내려 OFF합니다.

○ 우측 : 미니 USB 단자

○ 하측 : RS-232 단자(사용하지 않음)

○ 컴퓨터의 USB 단자와 PLC의 미니 USB 단자 간의 연결

○ 전원(220 [V]) 연결

○ 'XG5000'에서 접속하기
(메뉴 바의 [온라인] → [접속 설정] → [방법] → [USB] → [접속]

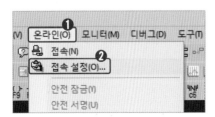

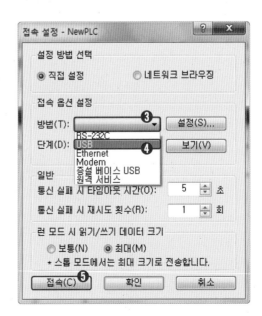

Chapter 2

XG5000
– LS산전에서 만든 PLC 프로그램

2-1 프로그램 구성

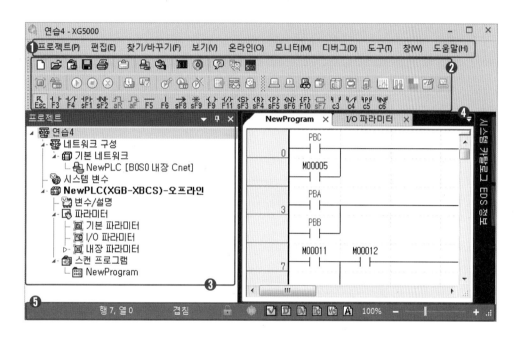

❶ 메뉴 바 : 프로그램을 위한 기본 메뉴

프로젝트	• 새 프로젝트 : 프로젝트 처음 생성 • 프로젝트 열기 : 기존의 프로젝트 열기 • PLC로부터 열기 : PLC에 있는 프로그램 업로드 • 프로젝트 저장 : 프로젝트를 저장 • 다른 이름으로 저장 : 프로젝트를 다른 이름으로 저장
온라인	• 접속 : PLC와 접속하거나 접속 해제 • 접속 설정 : 접속 방법 설정

❷ 도구 모음 : 메뉴를 간편하게 실행할 수 있는 도구들

❸ 프로젝트 창 : 열려 있는 프로젝트의 구성요소

❹ 프로그램 창 : 프로그램 입력

❺ 상태 바 : PLC의 정보 표시

2-2 도구 모음 만들기

1 새 도구 모음 만들기

① 불필요한 도구를 정리하여 필요한 것만 한 줄에 배치하면 프로그램 창을 좀 더 넓게 사용할 수 있어 편리합니다.

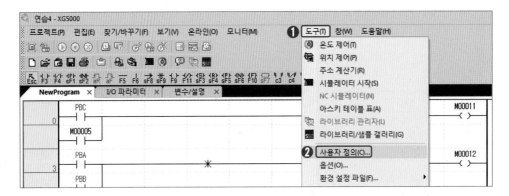

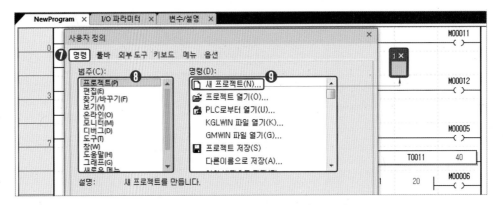

② 새로 만든 도구 모음(123)만 남기고 나머지는 도구 모음에서 삭제합니다.

③ 도구 모음에 필요한 것들을 차례대로 정렬해 두면 편리합니다.

도구의 기호와 설명

기 호	명 칭	설 명
⊘	비실행문 설정	선택된 회로 시뮬레이터 시작 시 동작하지 않음
⊗	비실행문 해제	비실행문 해제
⊣P⊦	양변환 검출 접점	스위치가 OFF에서 ON하는 순간만 ON 신호
⊣N⊦	음변환 검출 접점	스위치가 ON에서 OFF하는 순간만 ON 신호
⊣ ⊦	평상시 열린 접점	a접점
⊣/⊦	평상시 닫힌 접점	b접점
—	가로선	가로선의 연결
∣	세로선	세로선의 연결
⟨S⟩	SET 코일	ON되면 RESET 신호가 오기 전까지 ON
⟨R⟩	RESET 코일	SET 코일 동작 중 RESET해서 OFF시킴
⟨ ⟩	코일	코일
＊	반전 접점	이전 회로의 접점과 연결상태를 반전시킴
⟨/⟩	역코일	연산 결괏값을 반전해서 동작함
▣	프로젝트 창	프로젝트 창을 열고 닫음
10개(A)	접점 수 10개	프로그램 창의 가로로 연결되는 최대 개수가 10개
12개(B)	접점 수 12개	프로그램 창의 가로로 연결되는 최대 개수가 12개
🔲	접속/접속 끊기	PLC와 접속 및 접속 끊기
🔲	접속 설정	PLC와 접속 옵션 설정 및 접속
🔲	쓰기	입력한 프로그램을 PLC로 전송
🔲	시뮬레이터 시작/끝	프로그램 시뮬레이션 시작하기와 끝내기
🔲	시스템 모니터	프로그램 최종 점검을 위한 입력에 따른 출력 점검
🔲	런 중 수정 시작	시뮬레이션 중 수정 시작
🔲	런 중 수정 쓰기	시뮬레이션 중 수정한 프로그램의 수정 완료
🔲	런 중 수정 종료	시뮬레이션 수정 종료

PART
2

P
L
C

2-3　단축키

단축키와 마우스를 적절히 잘 사용하면 프로그램을 빠르게 완성할 수 있습니다. 실기시험은 시간과의 싸움이에요. 조금이라도 시간을 단축하기 위해 익히고 숙달해야 합니다.

1　많이 사용하는 단축키

많이 사용하는 단축키

단축키	설 명	단축키	설 명
ESC	취소	Ctrl + N	새 프로젝트
Alt + 1	프로젝트 창 열기	Ctrl + L	라인 삽입(줄 늘이기)
F1	사용 설명서	Ctrl + D	라인 삭제(줄 지우기)
F3	┤├ : a접점	Ctrl + C	복사
F4	┤/├ : b접점	Ctrl + V	붙여넣기
F5	── : 가로선	Ctrl + X	잘라내기
F6	│ : 세로선	Ctrl + I	셀 삽입(칸 늘이기)
F9	◀ ▶ : 코일	Ctrl + T	셀 삭제(칸 줄이기)
F10	펑션	Ctrl + Z	되돌리기
F11	┤/├ : 역코일	Ctrl + Y	되되돌리기
Shift + F1	┤P├ : 양변환 검출 접점	Ctrl + F	접점/코일 찾기
Shift + F2	┤N├ : 음변환 검출 접점	Ctrl + Q	런 중 수정 시작
Shift + F3	◀S▶ : SET 코일	Ctrl + W	런 중 수정 쓰기
Shift + F4	◀R▶ : RESET 코일	Ctrl + U	런 중 수정 종료
Shift + F8	가로선 채우기	Ctrl + 3	위의 접점과 병렬 a접점
Shift + F9	✳ : 반전 접점	Ctrl + 4	위의 접점과 병렬 b접점

2 단축키 설정 방법

모든 명령어에 단축키가 설정되어 있는 것은 아닙니다. 따라서 필요로 하는 것들은 단축키를 새로 설정할 필요가 있습니다.

추가하고 싶다면 ❹~❼까지 범주와 명령을 바꿔가면서 설정하면 됩니다. 모두 바꾼 상태에서 종료하고 나가면 설정이 완료됩니다.

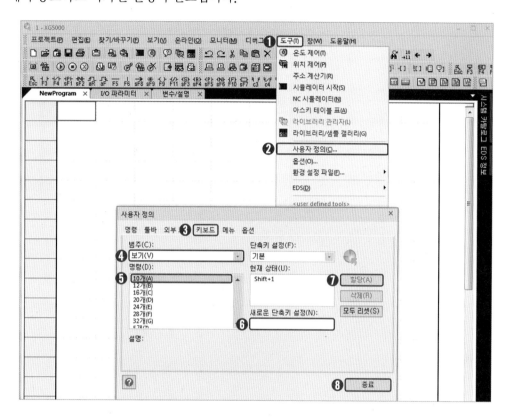

다음은 제가 설정해서 사용했던 단축키입니다. 참고하시기 바랍니다.

참고하면 좋은 단축키

범 주	명 령	단축키
보기	10개	Shift + 1
	12개	Shift + 2
도구	시뮬레이터 시작	Alt + S
모니터	시스템 모니터	Alt + D

2-4 Program 준비

1 새 프로젝트 생성

새 프로젝트

프로젝트 이름(N): **①** 연습문제	확인 **④**
파일 위치(D): C:\Users\yoo\Desktop\XG5000 P₁ [...]	취소
CPU 시리즈(S): **②** XGB ▼ [제품명 보기...]	
CPU 종류(C): **③** XGB-XBCS ▼	
프로그래밍 형식(P): XGK 프로그래밍 ▼	
프로그램 이름(R): NewProgram	
프로그램 언어(L): LD ▼	

CPU를 잘 모른다면 **②**의 옆 [제품명 보기]를 클릭하면 열리는 PDF파일을 보고 선택하면 됩니다.

PLC 시리즈	CPU 종류	제품명
XGB	XGB-XBCU	XBC-DN32UA
		XBC-DR28U
	XGB-XBCS	XBC-DR30SU
		XBC-DN30S(U)
		XBC-DP30SU
		XBC-DR20SU
		XBC-DN20S(U)

참고

• 프로그램을 깔고 처음 실행할 때만 [CPU 시리즈], [CPU 종류]를 선택하며, 이후에는 프로젝트를 시작할 때 [프로젝트 이름]만 입력하면 됩니다.

2 프로젝트 창 열기

새 프로젝트 창을 엽니다.

3 파라미터 및 변수 설정

(1) I/O 파라미터 설정

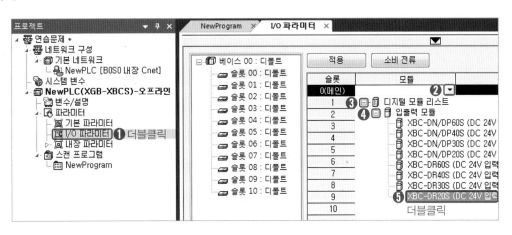

(2) 변수 설정

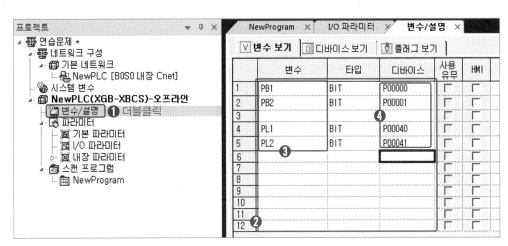

❶ [변수/설명]을 더블클릭합니다.

❷ 엔터를 계속 눌러 12개 정도의 빈 줄을 생성합니다.

❸ 입력 접점과 출력 접점의 변수를 입력하는데 입력 접점에서 한 칸 아래는 띄우고 출력 접점의 변수를 입력합니다. 한 칸을 띄우면 입력과 출력의 구분이 명확해지므로 혼란이 방지됩니다.

❹ 입력 디바이스는 P0부터 시작하고 출력 디바이스는 P40부터 시작합니다.

❺ 디바이스 입력 시 입력 또는 출력의 상위 숫자만 입력하고, 마우스를 그 셀의 오른쪽 아랫부분에 올리면 '+'자 모양으로 커서가 바뀝니다. 그때 마우스 왼쪽 버튼을 누르고 입력하고자 하는 디바이스까지 끌어주면 자동으로 숫자가 채워집니다. 시간을 줄이고 숫자 오기를 방지할 수 있습니다.

	변수	타입	디바이스	사용 유무	HMI	
1	PB1	BIT	P00000			
2	PB2	BIT	P00001			
3	PB3	BIT	P00002			
4	PB4	BIT	P00003			
5						
6	PL1	BIT	P40			
7	PL2	BIT				
8	PL3	BIT				
9	PL4	BIT				
10						
11						
12						

NewProgram / I/O 파라미터 / 변수/설명

Ⅴ 변수 보기 Ⅾ 디바이스 보기 플래그 보기

전봇대의 각종 설비들

가공 전선

전력선

고장 구간 자동 개폐기(ASS)

● 제일 상단의 전선이 가공 전선이고, 그 밑으로 6선이 전력선이며, 그 밑에 전봇대에 붙어 있는 것이 고장 구간 자동 개폐기(ASS)입니다.

참고

PLC 하드웨어 리폼

❶ 환기 구멍들을 절연테이프로 밴딩

PLC 외부 환기 구멍을 절연테이프로 밴딩해서 외부의 먼지나 이물질이 내부로 침투하지 못하게 합니다.

❷ 내부의 배리스터 제거

출력 램프에서 반불현상(잔광현상)이 발생할 수 있으므로 배리스터를 제거합니다. 저 같은 경우에는 먼저 합격한 사람이 고맙게도 제거해 주셨습니다.

❸ 공통선은 내부에서 미리 결선

외부에서 연결하려면 시험장에서 결선해야 하는데 그렇게 되면 시험시간을 소모하게 됩니다. 공통선도 그 분이 해 주셨습니다.

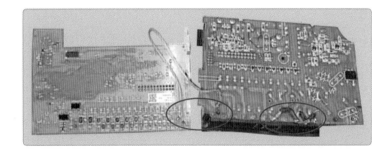

❹ 사용하지 않는 단자 표시

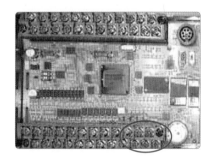

사용하지 않는 단자가 너무 많아요. 피스에 매니큐어를 발라서 결선 시 사용하는 단자와 사용하지 않는 단자를 명확히 구분합니다.

PART
2

P
L
C

4 프로그램 창 열기

프로젝트 창을 닫고 [New Program]을 클릭하면 새 프로그램 창이 열립니다(프로젝트 창을 닫지 않아도 됩니다).

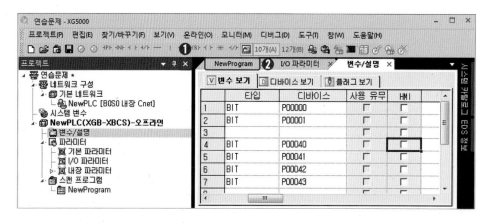

프로그램 작성 중 창이 닫힌 경우

프로그램을 작성하다가 키보드 조작 실수로 인하여 프로그램 창이 닫히는 경우가 발생할 수 있습니다. 이럴 때는 프로젝트 창을 다시 열고 제일 하단의 [New Program]을 클릭하면 다시 프로그램 창이 열립니다.

2-5 **Program 작성 원칙**

자기만의 원칙을 정하여 작성하면 보다 복잡한 프로그램도 쉽고 빠르게 작성할 수 있습니다. 습관이 될 때까지 꾸준히 익히면 됩니다. 다음 내용은 제가 원칙을 정하여 이용했던 것입니다. 참조하시기 바랍니다.

① 최종 출력(MC, HL, RL 등)은 중간으로 배치합니다(시퀀스 회로 제외).

　㈎ 출력을 모아서 구성하지 않으면 입력과 출력의 구분이 잘 되지 않습니다.

　㈏ 너무 하단으로 만들면 최종 점검에서 입력과 출력을 동시에 보기 어렵습니다.

② PLC 입력 접점은 보통 a접점을 이용합니다.

③ 또 다른 형태의 회로 번호는 10의 단위로 끊어서 구분하여 구성합니다(내부 코일, 카운터, 타이머 등).

④ 카운터 또는 타이머는 내부 코일의 처음 시작 숫자와 맞춥니다. 프로그램이 복잡해져도 숫자가 같으면 서로 연관된 기구들을 쉽게 찾을 수 있습니다.

⑤ 출력 코일이 'R3'과 같이 나와 있는 경우에는 'RR3'으로 입력합니다. 'R3'은 변수로 입력되지 않기 때문입니다.

⑥ 시퀀스의 내부 코일은 M81부터 시작합니다.

　㈎ 다른 숫자부터 시작해도 되지만 대부분의 회로는 10의 단위로 구성하더라도 80번까지는 코일을 사용하지 않습니다.

　㈏ 80은 다른 부분과 서로 엮이지 않는 숫자이므로 선택한 것입니다.

　㈐ 8이라는 숫자는 모양이 8자로 서로 꼬아놓은 것 같잖아요. 그래서 외우기 쉽게 80을 선택한 것입니다.

⑦ RESET 회로를 구성합니다.

　㈎ 회로는 대부분 RESET 접점이 있지만 없다면 생성하시기 바랍니다.

　㈏ RESET 접점은 최종 회로 점검에서 쉽게 점검할 수 있도록 도와줍니다.

⑧ 프로그램이 옆으로 길어지면 접점의 수를 10개에서 12개로 늘려줍니다. 한 칸 밑으로 구성하면 접점을 하나 더 생성시켜야 하며, 전체적으로 회로를 파악할 때도 복잡하게 보입니다.

⑨ 자주 사용되는 명령어는 단축키를 생성합니다.

참고

• 단축키 설정은 앞 Chapter에서 설명했어요. 모든 명령어에 단축키가 있는 것은 아닙니다.

2-6   Program 작성 Tip

1 앞 단계에서 작업한 접점이나 코일을 다시 사용할 경우

작업하고자 하는 곳에 커서를 옮겨놓고 Enter 를 클릭하면 바로 앞 단계에서 작업한 접점
이나 코일의 같은 형태에서 변수/디바이스를 입력하라는 창이 뜹니다.

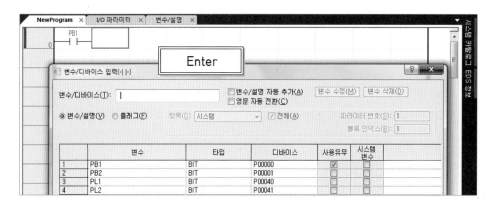

2 접점이나 코일을 이동할 경우

① 옮기고자 하는 접점(PB2)을 마우스 왼쪽 버튼으로 클릭합니다.

② 0.5초 후 그 접점(PB2)을 다시 한번 더 길게 클릭합니다.

③ 클릭한 상태에서 마우스를 옮기고자 하는 곳에 놓습니다.

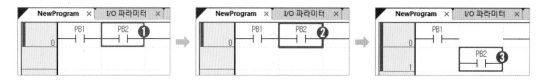

3 자기유지 접점 입력

단축키를 이용하여 자기유지 접점을 쉽게 입력할 수 있습니다.

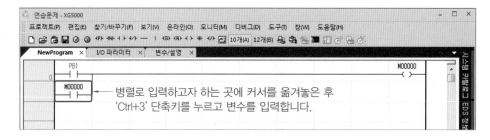

병렬로 입력하고자 하는 곳에 커서를 옮겨놓은 후
'Ctrl+3' 단축키를 누르고 변수를 입력합니다.

4 찾기(Ctrl + F)

문자열 찾기와 디바이스 찾기가 있습니다. 복잡한 프로그램일 경우 찾고자 하는 것을 쉽게
찾을 수 있도록 도움을 줍니다.

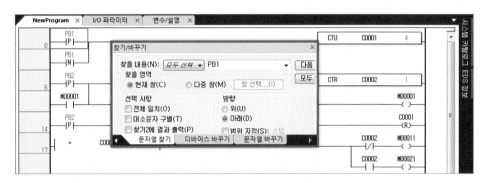

 보다 자세한 것은 'XG5000 소프트웨어 사용설명서'의 5장 LD편집을 참조하시기 바랍니다. XG5000을
처음 접하는 분은 사용설명서의 양이 너무 많아 질리겠지만 5장의 내용은 꼭 보셨으면 합니다.

5 런 중 수정

프로그램이 어느 정도 완성되면 시뮬레이션을 통해 수정하면서 프로그램을 완성합니다.

(1) 시스템 모니터 활성화

① [시뮬레이터 시작] 도구를 클릭합니다.

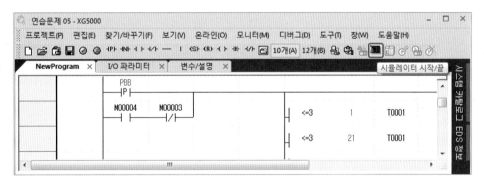

② 쓰기에서 [확인]을 클릭하고, 또 다른 창이 뜨면 [확인]을 클릭합니다.

③ [시스템 모니터] 도구를 클릭하면 시스템 모니터가 바로 활성화됩니다. 좌측의 단추가
  입력 측에는 12개, 출력 측에는 8개 있습니다. 입력 단추와 출력 단추의 수는 PLC의
  종류에 따라 접점의 수가 다르게 나타납니다.

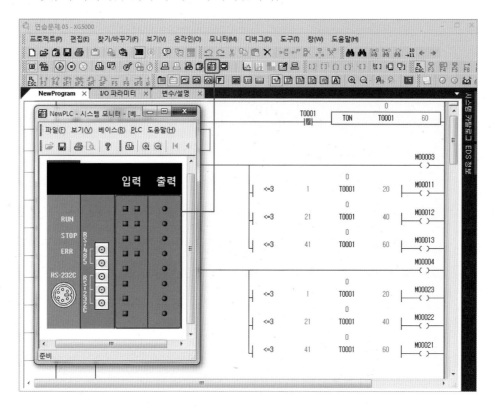

(2) 런 중 수정

① 런 중에 프로그램을 수정하기 위해서는 [런 중 수정 시작] 도구를 클릭합니다.

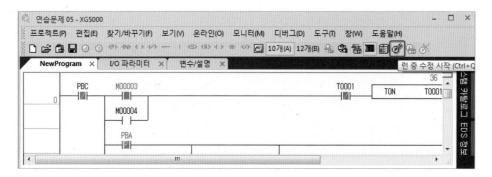

② 프로그램 수정이 끝나면 [런 중 수정 쓰기] 도구를 클릭합니다.

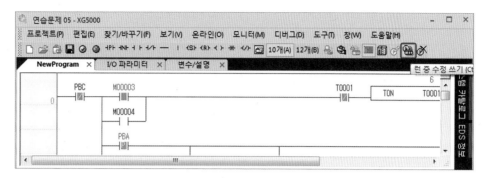

③ 프로그램 최종 확인이 끝나면 [런 중 수정 종료] 도구를 클릭합니다.

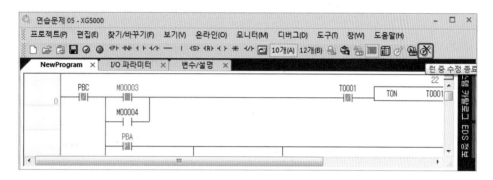

6 반전 접점(✳)의 유용성

① 직렬 ↔ 병렬, a접점 ↔ b접점

② 출력 회로에서 a접점이 병렬로 여러 개 연결되면 프로그램이 아래로 길어져 전체를 살펴보기에 다소 불편합니다. 이럴 때 반전 접점을 사용하면 한 줄로 프로그램을 마무리할 수 있습니다.

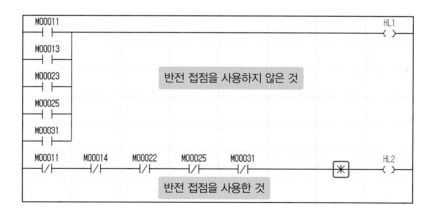

③ RESET 회로에 사용하면 편리합니다.

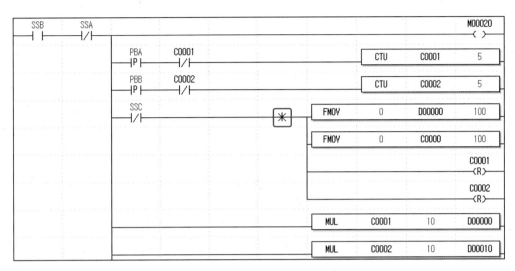

> **주의** SSB가 ON되었다가 OFF될 때, SSA가 OFF될 때, SSC가 ON될 때 반전 접점 이후의 회로가
> 동작합니다. 반전 접점이 없는 경우라면 SSC를 a접점으로 사용해야 하지만 뒤에 반전
> 접점을 사용함으로 해서 SSC는 b접점을 a접점으로 변환하여 반전시킵니다.

2-7 Program 작성 시 주의사항

① 'XG5000' 프로그램이 완전하다고 생각하지 마세요. 오류도 있고, 일반 회로에서는 동
작이 되지만 프로그램상에서는 오류로 보고되는 경우도 있습니다.
② 첫 입력이 병렬일 때는 병렬로 구성되어야 합니다. 직렬 접속했다가 병렬로 입력하면
오류로 보고됩니다.

정상
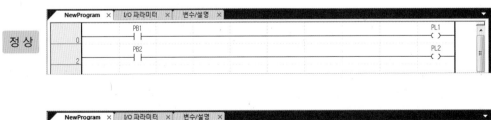

오류
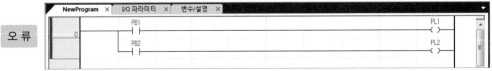

③ 주기와 간격을 구별하세요.

주 기		주 기		주 기	
간 격	간 격	간 격	간 격	간 격	간 격

④ MOV 명령어를 사용할 때 입력에는 변환 검출 접점을 사용하세요. 평상시 접점을 사용하면 작동하지 않는 경우가 가끔 발생합니다.

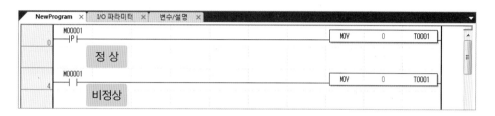

⑤ CTU의 RESET은 리셋 코일로, CTUD의 RESET은 전원을 차단합니다.

⑥ 타이머의 RESET은 다양합니다.

　㈎ 전원 차단 사용 : TON, TOFF, TMON, TRTG

　㈏ RESET 코일 사용 : TMR

⑦ RESET 코일과 연결되는 접점, PLC의 입력 접점은 a접점을 사용합니다. 회로상에 b접점과 연결되어 있더라도 PLC 전원에는 a접점을 사용하고 Program에서 b접점을 사용하면 됩니다. 자세한 것은 뒤 페이지에서 설명합니다.

⑧ 줄과 줄 사이에는 시간차가 발생합니다.

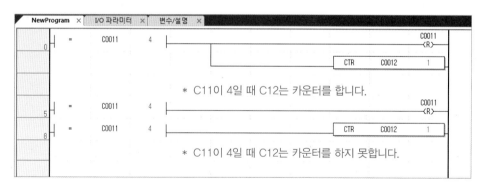

⑨ PLC 회로의 흐름은 '좌에서 우' 방향입니다.

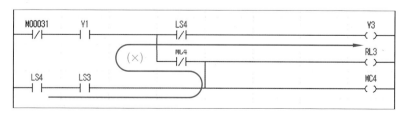

기본 회로

■ 논리게이트 회로의 기호 및 설명

명령어	기 호	의 미	진리표			논리식
AND	A B —Y	입력신호가 모두 1일 때 1출력	A 0 0 1 1	B 0 1 0 1	Y 0 0 0 1	$Y = A \cdot B$ $Y = AB$
OR	A B —Y	입력신호 중 1개만 1이어도 1출력	A 0 0 1 1	B 0 1 0 1	Y 0 1 1 1	$Y = A + B$
NOT	A —Y	입력된 정보를 반대로 변환하여 출력	A 0 1		Y 1 0	$Y = A'$ $Y = \overline{A}$
NAND	A B —Y	NOT+AND, 즉 AND의 부정	A 0 0 1 1	B 0 1 0 1	Y 1 1 1 0	$Y = \overline{A \cdot B}$ $Y = \overline{AB}$
NOR	A B —Y	NOT+OR, 즉 OR의 부정	A 0 0 1 1	B 0 1 0 1	Y 1 0 0 0	$Y = \overline{A + B}$
XOR	A B —Y	입력신호가 모두 같으면 0, 1개라도 틀리면 1출력	A 0 0 1 1	B 0 1 0 1	Y 0 1 1 0	$Y = A \oplus B$ $Y = \overline{A}B + A\overline{B}$
XNOR	A B —Y	NOT+XOR, 즉 XOR의 부정	A 0 0 1 1	B 0 1 0 1	Y 1 0 0 1	$Y = A \odot B$ $Y = AB + \overline{AB}$

3-2   시퀀스 및 타임차트

■ 기본 회로의 시퀀스 및 타임차트

기본 회로	시퀀스	타임차트
AND		
OR		
자기유지		
선입력 우선		
후입력 우선		
양변환 검출		
음변환 검출		

PART

2

P L C

3-3   PLC 프로그래밍

■ 기본 회로의 PLC 프로그래밍

기본 회로	PLC 프로그래밍
AND	
OR	
자기유지	
선입력 우선	
후입력 우선	
양변환 검출	
음변환 검출	

기본 명령어

4-1 타이머

■ 타이머의 종류 및 설명

종 류	타임차트		설 명	계 수
TON	입력 / 설정시간 / 접점(출력)		• 전원이 ON되고 설정시간 이후에 출력이 ON됨 • 전원이 OFF되면 출력도 OFF됨 • 기준 : 전원 ON시간	가산
TMR	입력 / 설정시간 / 접점(출력) / RESET		• 전원이 ON되는 시간이 설정시간에 도달하면 출력이 ON됨 • 전원이 OFF되면 출력은 그냥 멈추기만 하고 RESET 코일에 의해 출력이 RESET됨 • 기준 : 전원 ON시간 합산	가산
TOFF	입력 / 설정시간 / 접점(출력)		• 전원이 ON되면 출력은 ON됨 • 전원이 OFF되면 출력은 설정시간 동안 ON되어 있다가 설정시간이 지나면 OFF됨 • 기준 : 전원 OFF시점	감산
TMON	입력 / 설정시간 / 접점(출력)		• 전원이 ON되면 출력은 ON됨 • 설정시간이 지나면 출력은 OFF됨 재입력 신호에 반응 없음 • 기준 : 전원 ON시점	감산
TRTG	입력 / 설정시간 / 접점(출력)		• 전원이 ON되면 출력은 ON됨 • 설정시간이 지나면 출력은 OFF되는데 프로그램 진행 중에 재입력되면 설정시간도 재설정됨 • 기준 : 전원 ON시점 재설정	감산

1 가산기 – TON, TMR

전원 ON시점에 출력은 그대로 OFF이며 설정시간에 도달하면 출력은 ON됩니다.

(1) TON

① 가장 많이 사용하는 타이머입니다.
② 전원이 ON되고 설정시간이 지난 다음 출력 접점이 ON됩니다.
③ 전원이 OFF되면 출력도 RESET과 함께 OFF됩니다.
④ 타이머의 진행되는 시간을 프로그램에서 대부분 구간 설정으로 제어합니다.

(2) TMR

① 전원이 ON되어 있는 시간이 설정시간에 도달하면 출력이 ON됩니다.
② 설정시간에 도달하지 않았는데 전원이 OFF되면 전원이 ON되어 있던 시간만큼은 설정시간으로 저장하고 있고, 다시 전원이 ON되면 앞의 시간과 연속하여 시간이 진행됩니다. 설정시간에 도달하면 출력은 ON됩니다.
③ 출력을 복귀하기 위해서는 전원을 OFF해서 되지 않고, MOV 명령어를 사용하거나 RESET 코일을 사용하여 복귀시킵니다.

2 감산기 – TOFF, TMON, TRTG

전원 ON시점에 출력은 ON되고 설정시간에 도달하면 출력은 OFF됩니다.

(1) TOFF

① 전원이 ON되면 출력은 ON됩니다.
② 전원이 OFF되고 설정시간에 도달하면 출력은 OFF됩니다.

(2) TMON

① 전원이 ON되면 출력은 ON됩니다.
② 전원이 ON되는 시점부터 설정시간이 되면 출력은 OFF됩니다.
③ 재입력 전원이 들어오더라도 출력에는 관계가 없습니다.

(3) TRTG

① 전원이 ON되면 출력은 ON됩니다.
② 전원이 ON되는 시점부터 설정시간이 되면 출력은 OFF됩니다.
③ 재입력 전원이 들어오면 설정시간은 재설정되어 출력됩니다.

■ 타이머 접점 기호

ON DELAY (한시동작 순시복귀)				TON
ON DELAY (순시동작 한시복귀)				TOFF
ON DELAY (한시동작 한시복귀)				–

타이머 Programming

시퀀스 도면을 프로그래밍 할 때 타이머 회로는 시퀀스 도면상에 모두 표현해주지 않습니다.
Program에서 자기유지라든지 비교 명령어를 사용해야 완전한 회로가 구성됩니다. 플리커 릴레이
도 타이머로 구현합니다.

간단한 예를 통해 익혀보겠습니다.

예시　PB1을 ON하면 HL1은 3초 후 점등, HL2는 2초 주기로 점멸 회로

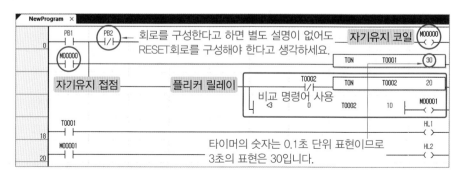

4-2 카운터

1 기초

① CTR, CTU 카운터는 평상시 접점을 사용할 경우 입력 접점을 읽지 못하는 경우가 있습니다.

② 상시 ON 접점 입력 방법 : F3 → 'F99' 입력(변수/디바이스) → Enter

입력 및 RESET 방법

종 류	입력 방법	RESET 방법
CTR, CTU	양변환 또는 음변환 검출 접점 사용	RESET 회로 별도 구성
CTUD	상시 ON 접점 사용	전원 OFF도 가능

2 CTR (링카운터)

① 설정값이 상태값보다 많으면 초기화됩니다.

② 대부분 원 버튼에 사용 : 한 번 카운터되면 A 동작, 한 번 더 카운터되면 복귀합니다.

예
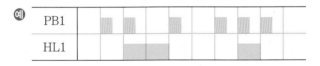

```
 PB1                                              CTR   C0001    2
─┤P├
              * C1의 설정값이 2입니다. 상태값이 2일 때 HL1은 ON,
                상태값이 3이 되면 RESET됩니다.
 C0001                                                         HL1
──┤ ├─                                                      ─( )─
```

3 CTU (업카운터)

① 입력이 들어올 때마다 상태값은 하나씩 올라갑니다.

② 설정값 이상이면 ON됩니다.

③ RESET은 RESET 회로를 별도로 구성합니다.

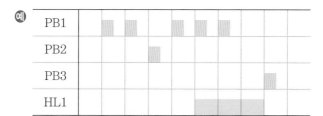

④ CTUD (업다운카운터)

① 업카운터는 상태값을 증가시키고, 다운카운터는 상태값을 감소시킵니다.

② 설정값 이상이면 ON됩니다.

③ 카운터는 0 이하로 내려가지 않습니다.

④ RESET은 전원 차단만으로도 가능합니다.

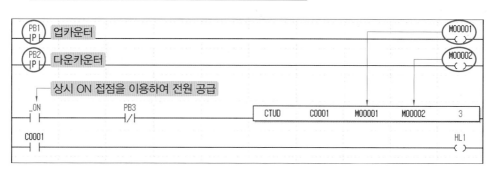

기타 명령어

❶ INC : 입력이 들어올 때마다 1씩 증가하여 저장합니다.

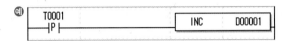

예
```
T0001                                INC    D00001
─┤P├─
```

　＊ T1의 입력이 들어올 때마다 1씩 증가하여 D1에 저장합니다.

❷ FF : 반전 명령어

　RESET이 되지 않아요. FF 명령어 대신 CTR 카운터를 사용하세요.

예
```
T0001                          FF      HL1
─┤P├─
```

　＊ T1의 입력이 들어올 때마다 HL1의 출력은 계속 바뀝니다.

❸ F99 : CTUD를 연결하기 위한 상시 ON 접점입니다.

❹ F9B : CTU나 CTUD 등의 초기값 설정을 위한 1스캔 ON 접점입니다.

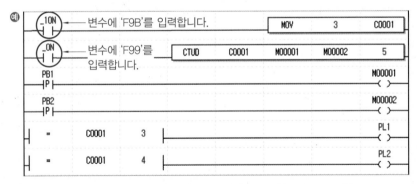

예
```
─1ON─   ── 변수에 'F9B'를 입력합니다.                      MOV     3     C0001
                                                              
─ON─    ── 변수에 'F99'를                                     
           입력합니다.    CTUD   C0001   M00001   M00002    5

PB1                                                          M00001
─┤P├─                                                         ─( )─

PB2                                                          M00002
─┤P├─                                                         ─( )─

┤   =    C0001    3   ├                                      PL1
                                                              ─( )─

┤   =    C0001    4   ├                                      PL2
                                                              ─( )─
```

　＊ 초기값이 3이고, 카운터가 3일 때 PL1 ON, 카운터가 4일 때 PL2 ON입니다.

1스캔 ON 접점은 프로그램상에서 왼쪽 굵은 줄에 물릴 때만 정상 동작합니다. 따라서 F9B 대신
아래와 같이 타이머를 사용하여 회로를 구성하는 것을 추천합니다.

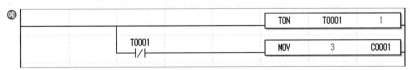

예
```
                                           TON    T0001     1

                      T0001                
                      ─┤/├─                  MOV     3     C0001
```

4–3 SET, RESET, BRST

1 SET (S) ← 자기유지

2 RESET (R) ← 자기유지 해제 : 미리 SET으로 설정되어 있지 않아도 작동됨

예

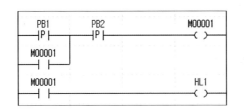 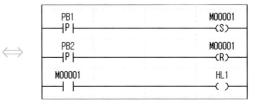

3 BRST ← 일괄(Batch) RESET

① [BRST M0 100] : 'M0~M99(100개)까지 RESET하라.'는 명령입니다.

② 타이머, 카운터는 이 명령어로 RESET되지 않습니다.

예

4-4 MOV, FMOV

1 MOV ← 데이터의 이동 명령어

① 카운터의 상태값, 타이머의 시간, 저장 메모리의 상태값 등을 변경합니다.

② 입력은 평상시 접점을 사용하지 말고 변환 검출 접점을 사용하세요. 입력을 평상시 접점으로 사용할 경우 작동이 안 되는 경우가 있습니다.

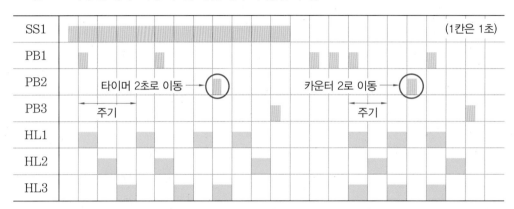

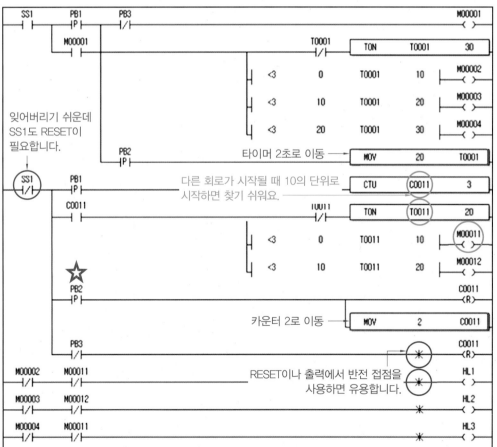

④ ☆표 부분의 설명

```
PB2                                        C0011
─┤P├───────────────────────────────────────<R>─
                        ┌──────────────────────┐
                        │  MOV      2    C0011  │
                        └──────────────────────┘
```

C11을 RESET	• CTU는 한번 ON되면 상태값이 내려가도 RESET되기 전에는 OFF되지 않습니다. • 카운터에서 상태값 0과 RESET의 의미는 다릅니다. CTU가 ON되고 나서 RESET 신호를 주면 CTU가 RESET되지만 MOV 명령어로 0을 입력하면 상태값만 0으로 표시됩니다.
MOV 명령	• 'Program 작성 시 주의사항'에서 '줄과 줄 사이에는 시간차가 발생합니다.'라고 이미 설명을 했습니다. • RESET이 먼저 이루어지고 난 다음 MOV 명령을 수행합니다. • PB2를 ON하면 C11의 상태값이 3에서 2로 입력되면서 출력이 멈춥니다.

PART 2
P L C

2 FMOV ← 일괄 데이터의 이동 명령어

　예 FMOV 0 D0 10 : D0부터 D9까지(10개)의 레지스터에 0(데이터)을 입력합니다.

참고

푸시 버튼과 실렉터 스위치

푸시 버튼 스위치	실렉터 스위치 (2단)
• 수동 조작, 자동 복귀 접점	• 수동 조작, 수동 복귀 접점
• a접점 1개, b접점 1개	• a접점 1개, b접점 1개

• PLC에서 사용 접점 : ON/OFF 접점,
  양변환/음변환 검출 접점
	• PLC에서 사용 접점
	  : ON/OFF 접점

• 자기유지 필요	• 자기유지 불필요
• 표기 : 예 PB-A	• 표기 : 예 SS-A

4-5   비교 명령어(>, <, >=, <=, =, < >)

숫자로 표시되는 데이터인 타이머, 카운터, 메모리 등에 적용할 수 있습니다.

기 호	의 미	기 호	의 미
>	크다, 초과	<	작다, 미만
> =	크거나 같다, 이상(≥)	< =	작거나 같다, 이하(≤)
=	같다	< >	같지 않다(≠)

예 1. '<= T1 20'의 의미?

① <= : '<='의 기호로 2개를 서로 비교합니다.

② $T1 \leq 20$

2. '<3 0 T1 20'의 의미?

① <3 : '<'의 기호로 3개를 서로 비교합니다.

② $0 < T1 < 20$

3.

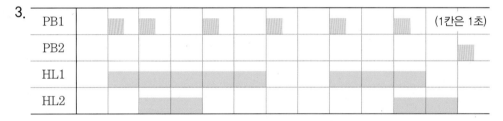

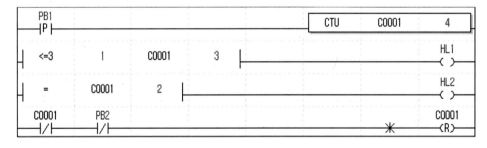

4-6   사칙연산 명령어 (+, −, ×, ÷)

사칙연산한 값은 워드 단위인 D 메모리에 저장합니다.

명령어		기 호	예 시	설 명
ADD	Addition	+	ADD　D1　1　D1	D1 + 1 ⇒ D1에 저장
SUB	Subtraction	−	SUB　D2　2　D10	D2 − 2 ⇒ D10에 저장
MUL	Multiplication	×	MUL　D3　3　D20	D3 × 3 ⇒ D20에 저장
DIV	Division	÷	DIV　D4　4　D30	D4 ÷ 4 ⇒ D30에 저장

주의 ① 시뮬레이터를 시작하면 프로그램 검사 창이 뜨면서 이중 코일이 있다고 나오는데 이상 없는 것입니다.

② DIV로 연산하면 몫은 지정한 곳(D30)에 저장되고, 나머지는 자동으로 그 다음 숫자의 번지(D31)에 저장됩니다.

예제 풀기

예제 1　102 ÷ 10을 연산해서 나머지가 홀수이면 HL1이 점등하고, 짝수이면 HL2가 점등하도록 프로그램하시오.

[풀이]

```
 PB1                    PB2                                              M00000
 ┤P├───────────────────┤/├──────────────────────────────────────────────( )
 M00000
 ┤ ├────────────────────────────────────────────┌──────────────────────────┐
                                                 │ DIV    102      10  D00010 │
                                                 └──────────────────────────┘
                                                 ┌──────────────────────────┐
                                                 │ DIV   D00011     2  D00020 │
                                                 └──────────────────────────┘
              ┤ ├ = D00021    1 ├─────────────────────────────────────  HL1

              ┤ ├ = D00021    0 ├─────────────────────────────────────  HL2
                                                                          ( )
```

예제 2　PB1을 ON한 개수가 홀수이면 HL1이 점등하고, 짝수이면 HL2가 점등하도록 프로그램하시오.

[풀이]

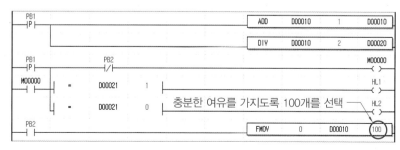

타이머 설정시간과 프로그래밍

시험에서 타이머 설정시간을 어떻게 적용하는 것이 좋은지 다음의 예를 통해 알아봅니다.

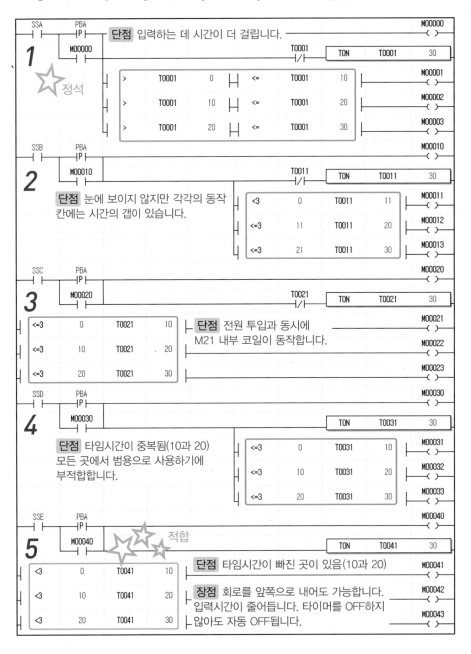

1. 시간이 정확하게 일치합니다. 하지만 치명적인 단점이 있어요. 입력하는 데 시간이 많이 걸린다는 것과 다소 복잡하여 실수할 여지가 있다는 것입니다. 기능장 시험은 늘 시간이 부족해요. 조금이라도 시간을 줄이기 위해 개선할 여지가 있습니다.

2. 첫 번째 동작시간은 두 번째, 세 번째의 것보다 동작시간이 깁니다. 그렇지만 우리 눈으로는 확인이 되지 않아요. 그리고 등호의 기호가 서로 다르기 때문에 복사해서 붙여 넣기 할 때 다시 등호 기호까지 수정해야 합니다.

3~4. 회로를 앞쪽으로 내거나 시작 스위치 없이 타이머가 동작될 때는 타이머가 동작이 되지 않는데도 동작을 한다는 단점이 있습니다. 그리고 중복되는 시각이 있어요. 여기서 10과 20은 서로 중복됩니다.

5. 중복되는 시간이 없는 대신 빠지는 시점이 발생합니다. 10과 20이 빠지는 시점인데요, 딱 그 시점만 빠집니다. 우리 눈으로는 확인되지 않고요, 이론상으로 빠지는 겁니다. 수학적 시각으로 보면 우주 내에서 티끌보다 작은 시각이지요. 따라서 시험에서 아무 문제도 발생하지 않습니다. 단, 어디부터 어디까지라고 이렇게 명확하게 답을 원하는 곳에는 등호의 기호를 수정해야 합니다.

결론, 시험에서는 **5**번처럼 입력해서 문제를 해결하는 것이 시간을 줄이는 데 도움이 될 것으로 판단됩니다.

  1초라도 줄이려는 노력이 결국 합격으로 가는 지름길입니다. 어떻게 도움이 좀 되셨나요?

출제유형별 접근

5-1 논리회로

묻지도 따지지도 않는 문제입니다. 구질구질한 설명도 필요 없고요, 여기 수록된 책의 내용만 숙지해도 충분합니다.

1 심벌

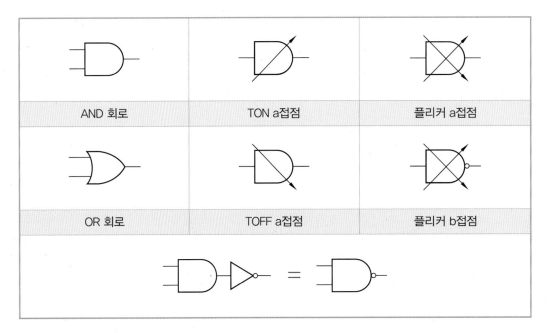

AND 회로	TON a접점	플리커 a접점
OR 회로	TOFF a접점	플리커 b접점

2 프로그래밍

① 각각의 심벌에 대한 출력값을 내부 코일 출력값으로 설정하여 도면에 표기합니다.
② 심벌 하나에 한 줄의 프로그램을 구성합니다.

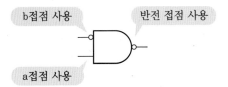

b접점 사용   반전 접점 사용

a접점 사용

3 **기출 복원문제** (58회 2일차)

■ **문제** : PLC Programming

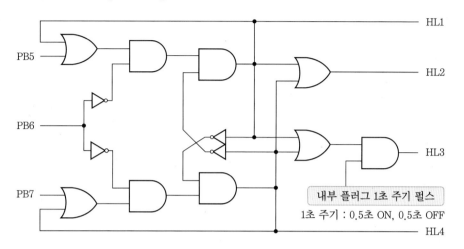

■ **문제 풀이**

내부 코일의 번호를 차례대로 부여합니다.

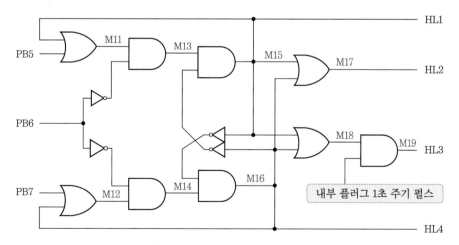

■ PLC 프로그램

```
  PB5                                                              M00011
──┤ ├──┬────────────────────────────────────────────────────────( )──
  M00015│
──┤ ├───┘

  PB7                                                              M00012
──┤ ├──┬────────────────────────────────────────────────────────( )──
  M00016│
──┤ ├───┘

  M00011   PB6                                                    M00013
──┤ ├────┤/├─────────────────────────────────────────────────────( )──

  PB6    M00012                                                   M00014
──┤/├────┤ ├──────────────────────────────────────────────────────( )──

  M00013  M00016                                                  M00015
──┤ ├────┤/├──────────────────────────────────────────────────────( )──

  M00015  M00014                                                  M00016
──┤/├────┤ ├──────────────────────────────────────────────────────( )──

  M00015                                                          M00017
──┤ ├──┬────────────────────────────────────────────────────────( )──
  M00016│
──┤ ├───┘

  M00015                                                          M00018
──┤ ├──┬────────────────────────────────────────────────────────( )──
  M00016│
──┤ ├───┘

  M00018                                      T0001   ┌──────────────────────┐
──┤ ├──┬──────────────────────────────────┤/├──│ TON    T0001      10 │
       │                                          └──────────────────────┘
       │                                                       M00019
       └──┤ > │  T0001   0 ├──┤ <= │  T0001   5 ├─────────────( )──

  M00015                                                          HL1
──┤ ├────────────────────────────────────────────────────────────( )──

  M00017                                                          HL2
──┤ ├────────────────────────────────────────────────────────────( )──

  M00019                                                          HL3
──┤ ├────────────────────────────────────────────────────────────( )──

  M00016                                                          HL4
──┤ ├────────────────────────────────────────────────────────────( )──
```

5-2   진리표

진리표는 다른 것과 연관되어 출제됩니다. 해석을 잘해야 해요. 그것만 해결되면 다른 어려움은 없습니다.

1 풀이 방법

(1) 복잡한 표가 주어졌을 경우 ← 카르노맵을 몰라도 풀이가 가능합니다.

입력			출력		
PB1	PB2	PB3	HL1	HL2	HL3
0	0	0	0	0	1
0	0	1	1	1	0
0	1	0	0	0	1
0	1	1	0	1	0
1	0	0	1	0	0
1	0	1	0	0	1
1	1	0	1	0	0
1	1	1	0	0	1

① 동작의 규칙성을 찾습니다.

② 찾지 못하면 바로 빠르게 삽질(?)하는 방법의 효율성을 찾습니다.

③ PB1, PB2, PB3의 a접점을 직렬로 늘어놓고 밑으로 복사해서 붙여넣기를 합니다.

④ '0'인 곳은 접점을 b접점으로 바꿉니다.

⑤ 출력에서 '1'이 나온 곳은 위 결괏값을 입력으로 구성하여 출력 회로를 완성합니다.

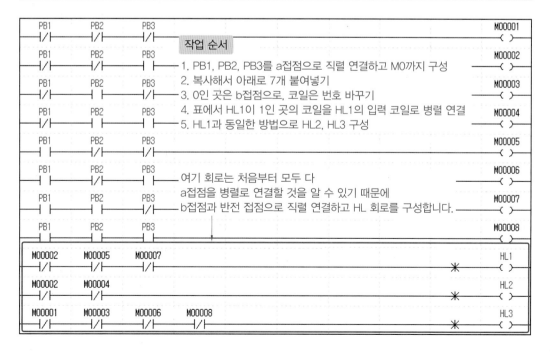

작업 순서

1. PB1, PB2, PB3를 a접점으로 직렬 연결하고 M0까지 구성
2. 복사해서 아래로 7개 붙여넣기
3. 0인 곳은 b접점으로, 코일은 번호 바꾸기
4. 표에서 HL1이 1인 곳의 코일을 HL1의 입력 코일로 병렬 연결
5. HL1과 동일한 방법으로 HL2, HL3 구성

여기 회로는 처음부터 모두 다
a접점을 병렬로 연결할 것을 알 수 있기 때문에
b접점과 반전 접점으로 직렬 연결하고 HL 회로를 구성합니다.

(2) 다른 회로와 연관된 표가 주어졌을 경우

　① 규칙성을 찾고 분석합니다(규칙성을 찾는 이유는 회로를 간단하게 만들기 위해서예요).

　② 전체 회로를 파악합니다(표와 직접 관련된 회로부터 파악하세요).

2 **기출 복원문제** (61회 5일차)

■ **문제**

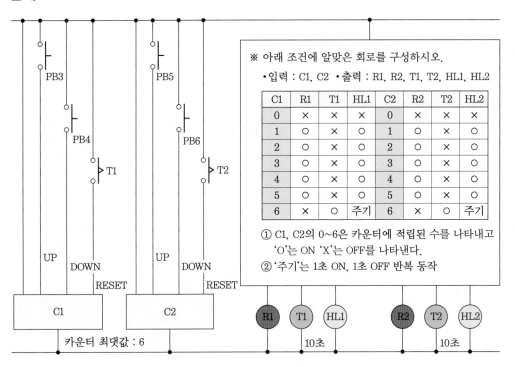

※ 아래 조건에 알맞은 회로를 구성하시오.
　•입력 : C1, C2　•출력 : R1, R2, T1, T2, HL1, HL2

C1	R1	T1	HL1	C2	R2	T2	HL2
0	×	×	×	0	×	×	×
1	○	×	○	1	○	×	○
2	○	×	○	2	○	×	○
3	○	×	○	3	○	×	○
4	○	×	○	4	○	×	○
5	○	×	○	5	○	×	○
6	×	○	주기	6	×	○	주기

① C1, C2의 0~6은 카운터에 적립된 수를 나타내고 'O'는 ON 'X'는 OFF를 나타낸다.
② '주기'는 1초 ON, 1초 OFF 반복 동작

■ **설명** ← 실제로 문제를 풀 때 생각의 흐름을 적어봅니다.

　① 표의 규칙성을 찾고 분석합니다.

　　(개) C1의 카운터값이 0, 1~5, 6 이렇게 세 부분으로 나누어집니다.

　　(내) C1이 0일 때 아무것도 동작하지 않습니다.

　　(대) C1이 1~5일 때 R1과 HL1은 함께 동작하며, T1은 동작하지 않습니다.

　　(래) C1이 6일 때 R1 OFF이고, T1이 동작하며 주기가 있네요.

　　(매) 주기는 2초 주기 ON/OFF네요. 즉, 타이머가 필요하겠군요.

　　(배) C1과 C2는 동작 형태가 같아요.

　② 전체 회로를 파악합니다.

　　(개) 타이머는 4개 정도 필요한 것 같아요. 카운터는 2개 필요하고, CTUD가 필요하겠군요.

　　(내) 카운터의 입력은 푸시 버튼이고, RESET은 표에 있는 타이머로 동작하네요.

■ PLC 프로그램

　　모든 것이 완벽하게 문제를 파악하고 프로그램을 짤 수는 없어요. 어느 정도 그림이 그려지면 프로그램을 짭니다.

　　그리고 최종적으로 시뮬레이션을 통해 수정하면서 마무리를 짓습니다.

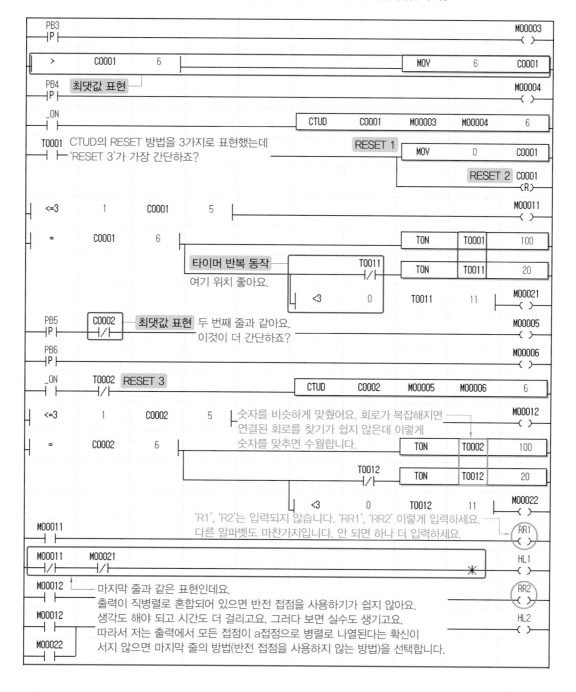

5-3 시퀀스

쉬운 문제는 아닙니다. 타이핑 속도가 빨라야 하고요, 회로 해석도 중요합니다. 보통의 회로는 있는 그대로 프로그래밍 하면 됩니다. 문제는 회로를 꼬아놓고 그것을 프로그래밍 하는거죠. 하지만 다음의 방법만 터득한다면 어려운 문제는 없습니다.

1 풀이 방법

(1) 1단계 : 되돌려라 (입력은 입력 자리에, 출력은 출력 자리에⋯.)

　① 코일 이후의 접점을 코일 앞으로 (PLC 프로그램은 출력 측에 접점이 올 수 없어요.)

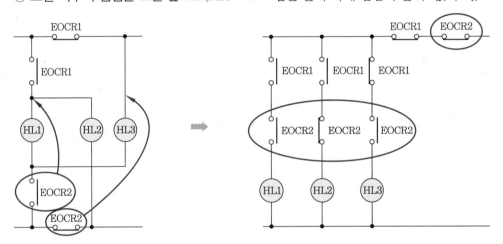

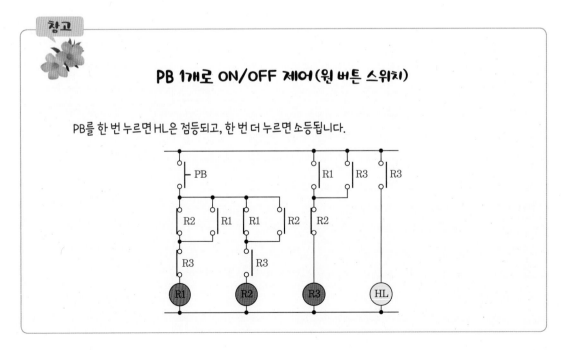

PB 1개로 ON/OFF 제어(원 버튼 스위치)

PB를 한 번 누르면 HL은 점등되고, 한 번 더 누르면 소등됩니다.

② PLC 입력이 b접점일 경우 a접점은 b접점으로, b접점은 a접점으로 바꿉니다.
　(EOCR, 기계적 접점, 실렉터 스위치, 푸시 버튼 스위치 등)

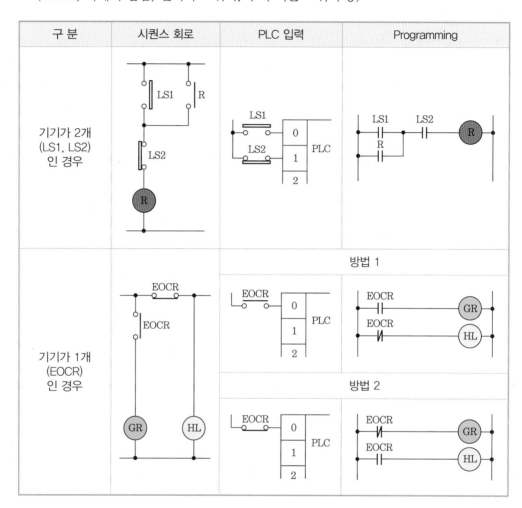

방법

　　 PLC 입력을 a접점으로 연결하면(방법1) 프로그램을 원래의 회로도대로 연결하
　　 고, PLC 입력을 b접점으로 연결하면(방법2) 프로그램을 a접점은 b접점으로, b
　　 접점은 a접점으로 바꿉니다.

결론　일반적으로 PLC 입력 접점은 a접점으로 연결하는 것이 접점간의 혼란을 방지
　　 할 수 있습니다.
　　 하지만, 실무에서는 다양하게 입력 접점을 사용합니다.
　　 화학 플랜트 설비의 경우에는 입력을 a접점으로 사용하다가 단락 사고가 발생
　　 할 경우 인터록 동작이 되지 않습니다.

 많은 수험생들이 이해하기 어려워하는 부분입니다. 확실히 이해하세요.

(2) 2단계 : 단순화하라

① 묶어라 (작게 묶음을 만들어 내부 코일로 함축합니다).

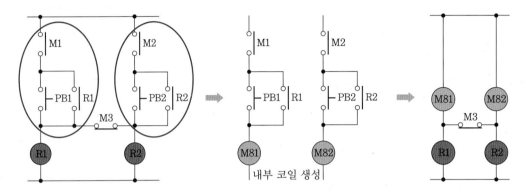

② 풀어라 (출력을 중심으로 풀어봅니다).

(3) 3단계 : 거꾸로 가라

출력(코일 또는 기기)에서부터 입력으로 거꾸로 가면서 프로그램을 완성합니다.

규칙1　그 출력 코일의 a접점은 건널 수 없다.

　　　(이유 : 내가 먹지도 않았는데 배부를 수는 없다.)

규칙2　지나간 접점과 같은 코일의 다른 종류의 접점은 건널 수 없다.

　　　(이유 : 나는 한 놈만 때린다?)

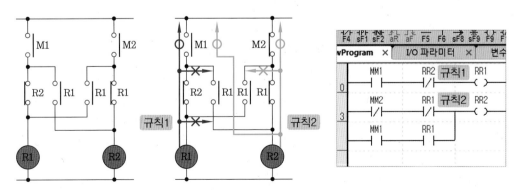

2 **기출 복원문제** (59회 2일차)

■ PLC 입출력 단자 배치도

입 력	SP1	SP2	SP3					
PLC	0	1	2	3	4	5	6	7
출 력	HL1	HL2	HL3	HL4				

■ 시퀀스 회로 : Programming

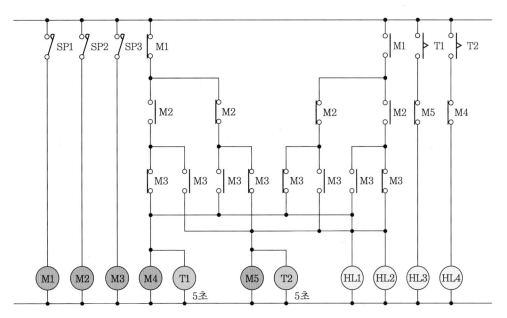

■ PLC 프로그램

① 1단계 : 되돌려라(없음).

② 2단계 : 단순화하라(없음).

③ 3단계 : 거꾸로 가라(PLC Program도 거꾸로 뒤에서부터 앞으로 완성합니다).

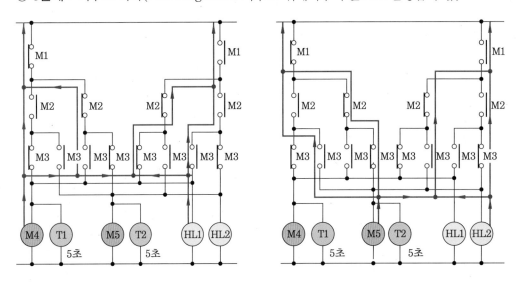

　　SP1, SP2, SP3가 내부 코일과 직접 연결되어 있으므로 내부 코일의 접점을 사용하지 않고 SP1, SP2, SP3를 바로 사용했습니다.

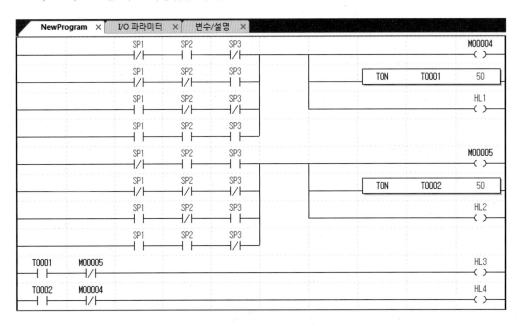

3 기출 복원문제 (60회 2일차)

■ PLC 입출력 단자 배치도

입 력	FL1	FL2	FL3	FL4	X1	X2		
PLC	0	1	2	3	4	5	6	7
출 력	HL1	HL2	HL3	HL4	Y1	Y2		

■ 시퀀스 도면 : Programming

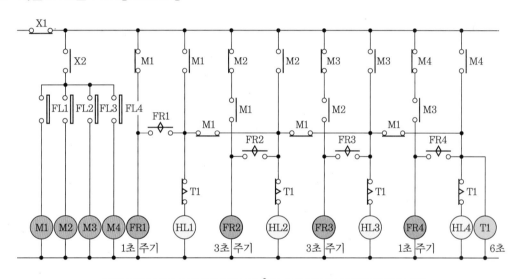

• 입력 : FL1, FL2, FL3, FL4 (플루트리스 스위치)
• 출력 : Y1, Y2 (배수 펌프)

[동작 조건]

1. FL1, FL2, FL3 모두 감지 시 Y1 동작
   → FL2 감지 해제 시 Y1 정지
2. Y1 동작 중 FL4 감지 시 Y2 동작
   → FL3, FL4 모두 감지 해제 시 Y2 정지
3. FL2 감지 해제 시 Y1, Y2는 동작하지 않는다.

■ PLC 프로그램

① 1단계 : 되돌려라(없음).

② 2단계 : 단순화하라(없음).

③ 3단계 : 거꾸로 가라.

　㈎ '규칙 1'에 의하여

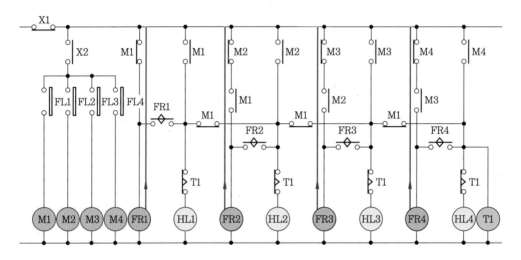

　㈏ M1-b접점이 연속으로 이어지는 것은 하나만 만들면 됩니다.

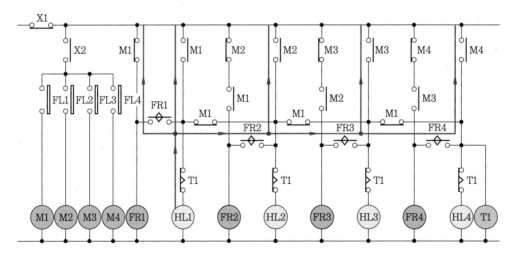

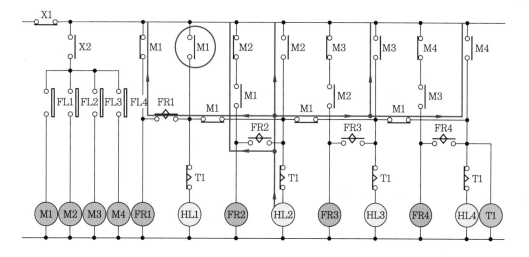

규칙 2에 의해 M1의 접점을 프로그램상으로 그려
넣지 않아야 합니다. 그려 넣어도 틀린 것은 아니며,
회로상으로 동작이 되지 않을 뿐입니다.

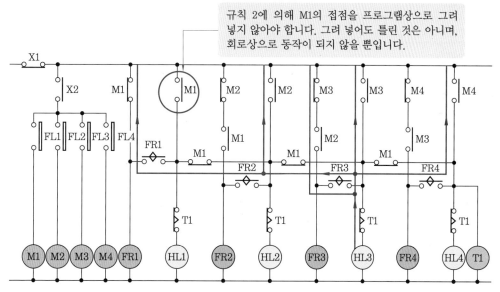

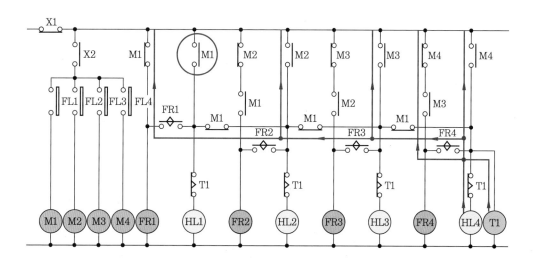

● PLC 프로그램

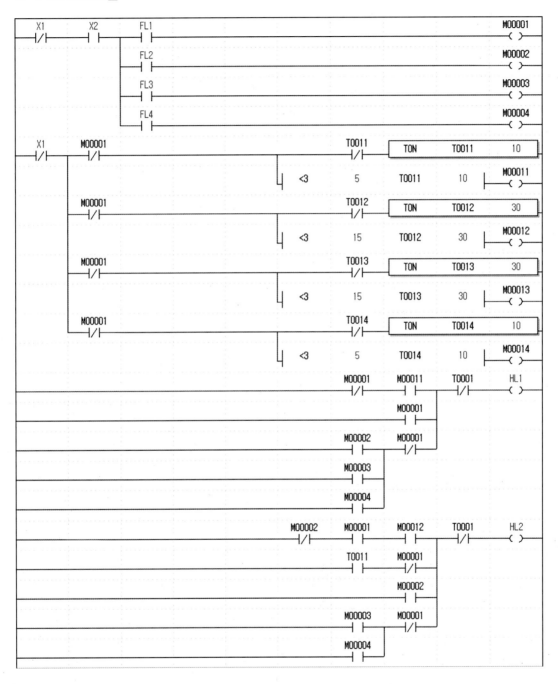

```
                                    M00003  M00002  M00013  T0001        HL3
                                     ─┤/├───┤ ├────┤ ├──┬──┤/├────────( )─
                                            T0011   M00001 │
                                            ─┤ ├────┤/├────┤
                                            M00002        │
                                            ─┤ ├──────────┤
                                                   M00003 │
                                                   ─┤ ├───┤
                                            M00004  M00001 │
                                            ─┤ ├────┤/├────┘

        M00004  M00003  T0014                              T0001        HL4
         ─┤/├───┤ ├────┤ ├──┬───────────────────┬──────┤/├────────( )─
                T0011   M00001 │                 │   ┌──────────────────┐
                ─┤ ├────┤/├────┤                 └───┤ TON   T0001   60 ├
                M00002         │                      └──────────────────┘
                ─┤ ├───────────┤
                M00003         │
                ─┤ ├───────────┤
                        M00004 │
                        ─┤ ├───┘

 M00001  M00003         M00002                                      Y1
  ─┤ ├───┤ ├──┬──────────┤ ├────────────────────────────────────( )─
  Y1         │
  ─┤ ├───────┤

 Y1      M00004         M00002              M00021                  Y2
  ─┤ ├───┤ ├──┬──────────┤ ├────────────────┤/├─────────────────( )─
  Y2         │
  ─┤ ├───────┤

 Y2      M00003                                                   M00021
  ─┤ ├──┬──┤/├──────────────────────────────────────────────────( )─
        │  M00004
        └──┤/├──
```

4 기출 복원문제 (55회 4일차)

그냥 보기에는 단순하게 보여도 조금 복잡한 회로입니다. 시퀀스 문제에서도 난이도가 상당히 높은 문제입니다.

■ PLC 입출력 단자 배치도

입력	PB1	PB2	PB3	PB4	FLS_1	FLS_2	RY1	EOCR2
PLC	0	1	2	3	4	5	6	7
출력	MC1 RL1	MC2 RL2	FLS1	FLS2	YL1			

■ 시퀀스 회로 : Programming

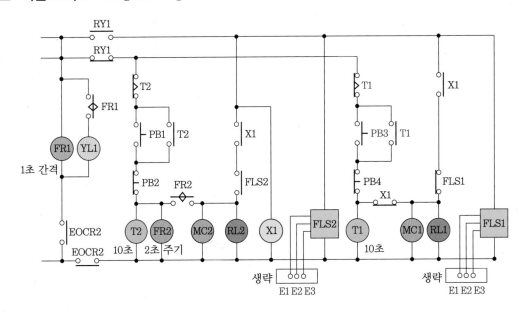

■ PLC 프로그램

① 1단계 : 되돌려라.

② 2단계 : 단순화하라 (1. 묶어라).

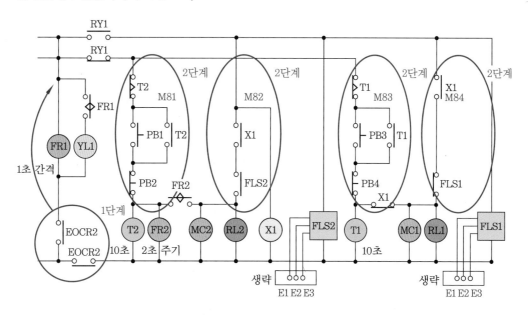

여기까지의 풀이 도면을 다시 그려보겠습니다.

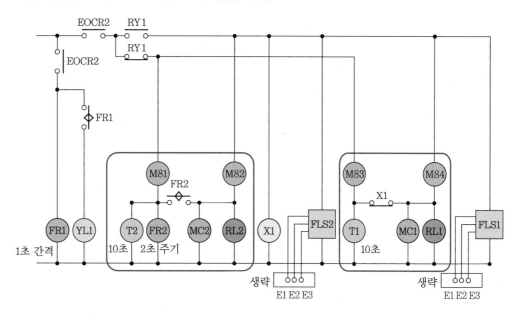

③ 2단계 : 단순화하라 (2. 풀어라).

(가) 'FR2 한시 접점'과 'X1의 b접점'이 양쪽 회로의 중간에 있어 처리하기 복잡합니다. 앞의 그림에서 표시된 부분만 양쪽을 따로따로 분리해 보겠습니다.

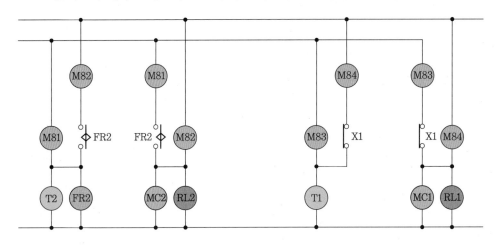

(나) 지금까지 정리된 회로 전체를 하나로 만들어 봅니다.

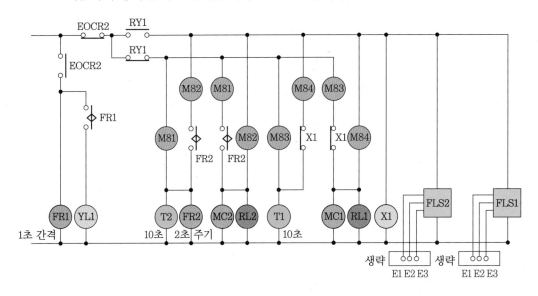

④ 3단계 : 거꾸로 가라 (여기서는 없습니다).

⑤ 기타

(가) FR1, FR2 코일은 별도의 추가되는 회로(타이머 회로)가 필요합니다.

(나) FR2에서 M82로 가는데 '3단계 규칙1'에 의해 그 부분의 회로는 구성되지 않습니다. 프로그램을 조성해도 되지만 실제 회로의 연결은 되지 않습니다.

㈐ 추가해야 할 내부 코일(임의로 정함)

- M81, M83의 자기유지를 위해 : M6, M7
- 단순화를 위해 : M81, M82, M83, M84

㈑ 다시 고쳐야 할 접점명(임의로 정함)

- T1(a접점) → M6, T2(a접점) → M7
- FLS1 접점 → FLS_1, FLS2 접점 → FLS_2
- FR1 → M11, FR2 → M12

㈒ 다시 고쳐야 할 코일(임의로 정함)

- X1 → M21, FR1 → T11, FR2 → T12

㈓ FR 관련 다시 정리

- FR1 : T11 타이머로 변신 → 펑션 내부 코일 M11 → 접점 M11 사용
- FR2 : T12 타이머로 변신 → 펑션 내부 코일 M12 → 접점 M12 사용

타이머, 내부 코일 등 번호 부여 방법

시간도 없고 프로그램도 복잡하기 때문에 처음부터 모든 내부 코일의 명칭을 정하고 프로그램을 짤 수는 없어요. 또한 복잡한 회로는 각 접점이나 코일들을 수정하고, 삭제 및 추가를 반복하면서 프로그램을 짤 수밖에 없습니다.

이런 이유 때문에 새로운 회로의 시작은 10의 단위로 정해서 시작하는 것이며, 따라서 복잡한 회로도 좀 더 쉽게 프로그램을 짤 수 있습니다.

이렇게 하면 각 프로그램의 그룹을 찾기 쉽고, 내부 코일을 추가할 경우에도 여유 숫자가 있어 다음 번호의 코일을 쉽게 사용할 수 있습니다.

● PLC 프로그램

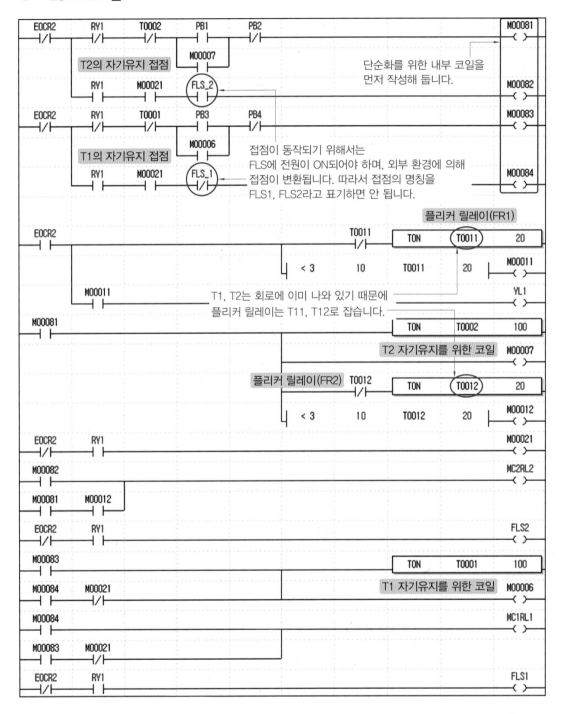

5-4   순서도

최근의 출제경향을 보면 순서도 아니면 타임차트가 나옵니다. 따라서 매우 중요하다고 볼 수 있습니다. 여러 문제를 풀어서 응용능력을 길러야 하겠습니다.

1 심 벌

① 전기기능장 시험에 사용되는 심벌은 몇 가지밖에 없습니다.

② 표식에 따라 정해진 규칙이 명확하지 않다 보니 순서도의 내용과 동작사항을 잘 읽으면서 프로그램을 구성해야 합니다.

심벌 및 설명

이 름	심 벌	설 명
처리		데이터의 연산 등을 처리
판단		데이터를 YES 또는 NO로 판단
데이터 흐름	→	데이터의 흐름 방향을 표시
수동 입력		수동으로 입력하는 명령
입출력		데이터의 입력 및 출력 표시
준비		기억장소, 초기값 등을 나타냄

2 풀이 방법

① 전체적인 그림을 먼저 파악합니다.

② 그림들이 서로 엇비슷하면 한쪽 프로그램을 먼저 완성하고, 나머지 그림은 작성한 프로그램을 복사해서 붙인 다음 서로 다른 부분을 수정합니다.

③ 세부 그림들에서는 이것저것 미리 생각하지 말고 프로그램을 작성하면서 생각합니다.

3 도면에 따른 동작 설명

PLC 입력은 대부분 푸시 버튼이거나 실렉터 스위치입니다. 프로그램을 구성할 때 두 특성을 잘 파악하면 훨씬 수월합니다.

① 푸시 버튼(PB) : 누르면 ON, 놓으면 OFF
② 실렉터 스위치(SS) : 시계 방향으로 돌리면 ON, 놓으면 ON
　　　　　　　　　　　반시계 방향으로 돌리면 OFF, 놓으면 OFF

도면에 따른 동작 설명

도 면(실렉터 또는 푸시 버튼)	동작 설명
SS-A ON　NO / YES	• SS-A를 ON하면 아래 방향으로 진행 • SS-A를 움직이지 않거나 OFF하면 오른쪽 방향으로 진행
SS-A OFF　NO / YES	• SS-A를 OFF하면 아래 방향으로 진행 • SS-A를 ON하면 오른쪽 방향으로 진행
① PB-A ⌐ NO / YES　② PB-A ⌐ NO / YES	• PB-A를 ON 시점에만 아래 방향으로 진행(①) • PB-A를 OFF 시점에만 아래 방향으로 진행(②) • 자기유지 필요
PB-A ⌐⌐ NO / YES	• PB-A를 2번째 ON하는 시점에만 아래 방향으로 진행 • 카운트 회로

 도면에 따른 해석도 중요하지만 아리송한 부분이나 최종 검토 과정에서는 회로 설명을 보고 마무리하세요.

4 기출 복원문제 (62회 5일차)

■ PLC 입출력 단자 배치도

입 력	X2	X5	LS3	LS4	PB2			
PLC	0	1	2	3	4	5	6	7
출 력	FL1	RL1	FL2	RL2	MC3	MC4		

■ 순서도 : Programming

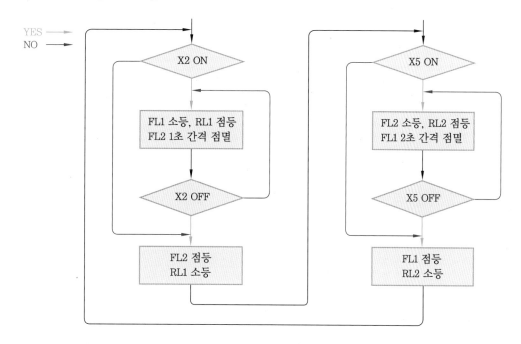

■ PLC 프로그램

① 사전 분석 : 전체를 파악하라.

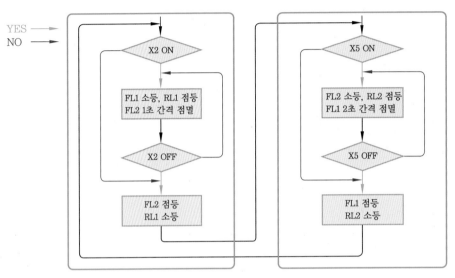

YES ——→
NO ——→

비슷한 그림이 둘 있습니다.

② PLC 프로그램

 설명 T1은 1초 간격이므로 주기는 2초이고요,
T11은 2초 간격이므로 주기는 4초입니다.
간격과 주기를 잘 구별해야 합니다.

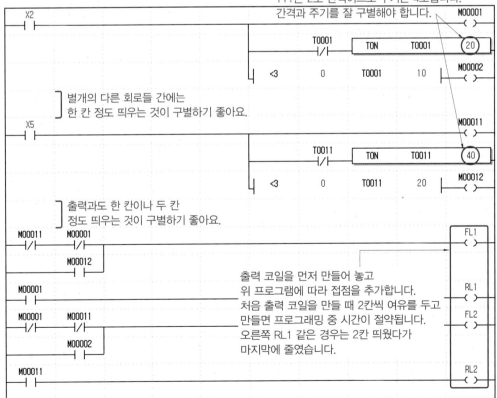

별개의 다른 회로들 간에는
한 칸 정도 띄우는 것이 구별하기 좋아요.

출력과도 한 칸이나 두 칸
정도 띄우는 것이 구별하기 좋아요.

출력 코일을 먼저 만들어 놓고
위 프로그램에 따라 접점을 추가합니다.
처음 출력 코일을 만들 때 2칸씩 여유를 두고
만들면 프로그래밍 중 시간이 절약됩니다.
오른쪽 RL1 같은 경우는 2칸 띄웠다가
마지막에 줄였습니다.

5 **기출 복원문제**(61회 2일차)

■ **PLC 입출력 단자 배치도**

입 력	RY1	X3	X4	X5	PB4	PB5	PB6	
PLC	0	1	2	3	4	5	6	7
출 력	MC1	MC2	HL1	HL2	HL3			

■ **순서도** : Programming

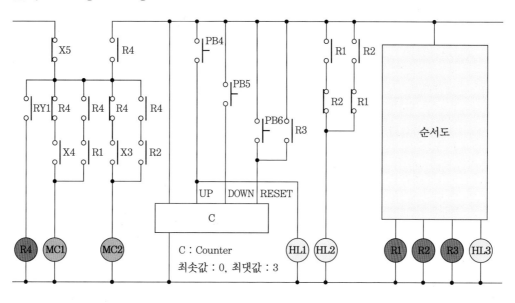

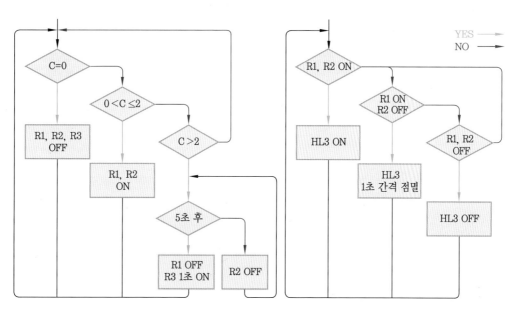

■ PLC 프로그램

① 사전 분석 : 전체를 파악하라.

　　㉮ R1~R4는 단자 배치도에서 출력이 없어서 내부 코일을 사용해야 합니다.

　　㉯ 카운터를 사용하며 CTUD를 사용해야 합니다.

② PLC 프로그램

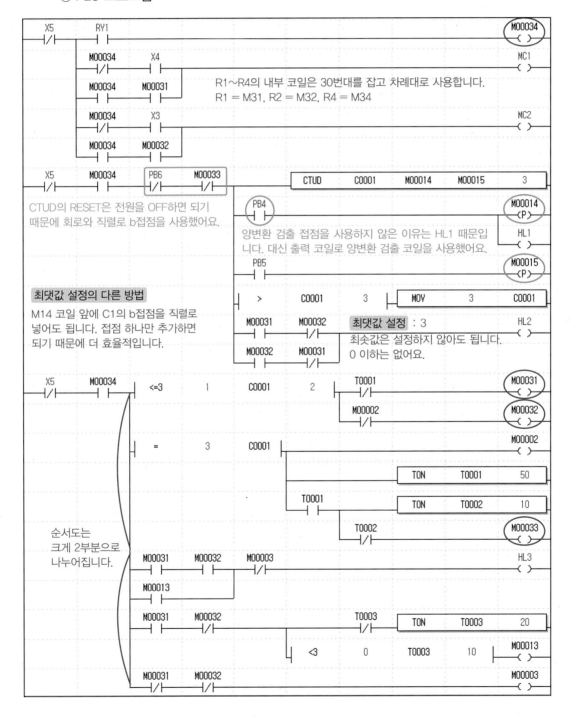

R1~R4의 내부 코일은 30번대를 잡고 차례대로 사용합니다.
R1 = M31, R2 = M32, R4 = M34

CTUD의 RESET은 전원을 OFF하면 되기 때문에 회로와 직렬로 b접점을 사용했어요.

양변환 검출 접점을 사용하지 않은 이유는 HL1 때문입니다. 대신 출력 코일로 양변환 검출 코일을 사용했어요.

최댓값 설정의 다른 방법
M14 코일 앞에 C1의 b접점을 직렬로 넣어도 됩니다. 접점 하나만 추가하면 되기 때문에 더 효율적입니다.

최댓값 설정 : 3
최솟값은 설정하지 않아도 됩니다.
0 이하는 없어요.

순서도는 크게 2부분으로 나누어집니다.

6 기출 복원문제 (64회 2일차)

■ PLC 입출력 단자 배치도

입 력	PB-A	PB-B	PB-C	SS-A	SS-B	SS-C		
PLC	0	1	2	3	4	5	6	7
출 력	PL-A	PL-B	PL-C	PL-D	PL-E			

■ 순서도 : Programming

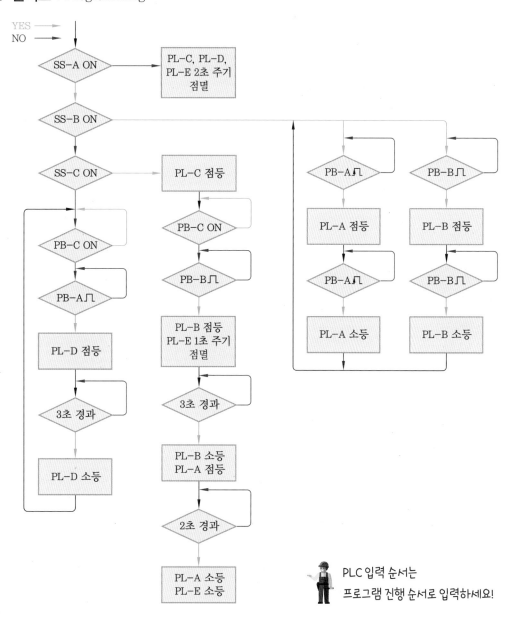

PLC 입력 순서는
프로그램 진행 순서로 입력하세요!

■ **PLC 프로그램**

① 사전 분석 : 전체를 파악하라.

　㈎ 실렉터 스위치에 의해 크게 세 부분으로 나누어집니다.

　㈏ 푸시 버튼에 의해 각 동작들이 진행됩니다.

　㈐ 푸시 버튼의 동작 형태가 3가지 있습니다. 서로 구분해 보겠습니다.

　　중간 그림의 해석이 좀 난해한데요. 음변환 검출 접점이라고 보면 됩니다. 정해져 있
는 규칙은 없지만 프로그램 흐름을 살펴보았을 때 다음과 같이 정의할 수 있습니다.

㉠ PB-A ON	㉡ PB-A ⎍	㉢ PB-A ⌐
버튼을 눌렀을 때 ON	버튼을 누르고 놓았을 때 ON	버튼을 누르는 순간만 ON

 그림 ㉡의 해석이 조금 이상하긴 한데요, 여기서는 그렇구나 하고 그냥 넘어 가세요. 특별한 규정이 없기
때문에 회로 설명을 보고 파악하는 것이 정확합니다.

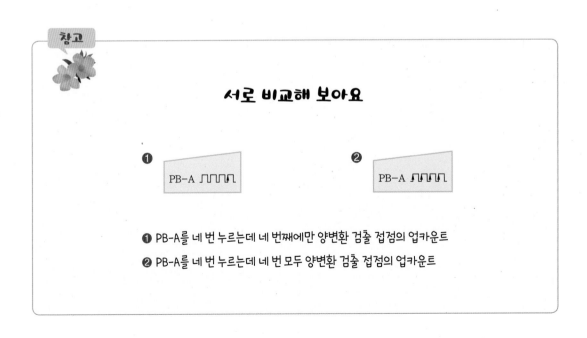

참고

서로 비교해 보아요

❶ PB-A ⎍⎍⎍⎍　　　　❷ PB-A ⎍⎍⎍⎍

❶ PB-A를 네 번 누르는데 네 번째에만 양변환 검출 접점의 업카운트

❷ PB-A를 네 번 누르는데 네 번 모두 양변환 검출 접점의 업카운트

② PLC 프로그램

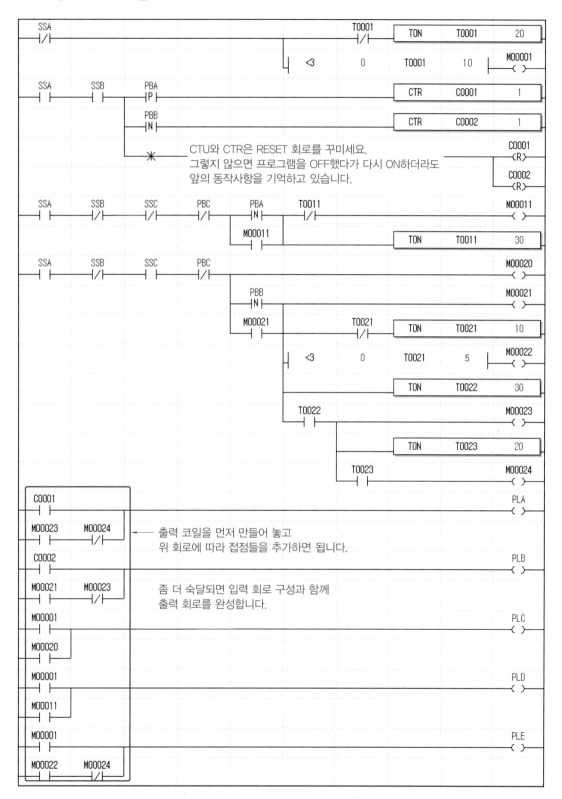

CTU와 CTR은 RESET 회로를 꾸미세요.
그렇지 않으면 프로그램을 OFF했다가 다시 ON하더라도
앞의 동작사항을 기억하고 있습니다.

출력 코일을 먼저 만들어 놓고
위 회로에 따라 접점들을 추가하면 됩니다.

좀 더 숙달되면 입력 회로 구성과 함께
출력 회로를 완성합니다.

7 기출 복원문제 (65회 2일차)

■ PLC 입출력 단자 배치도

입 력	PB-A	PB-B	PB-C	SS-A	SS-B	SS-C		
PLC	0	1	2	3	4	5	6	7
출 력	PL-A	PL-B	PL-C	PL-D	PL-E			

■ 순서도 : Programming

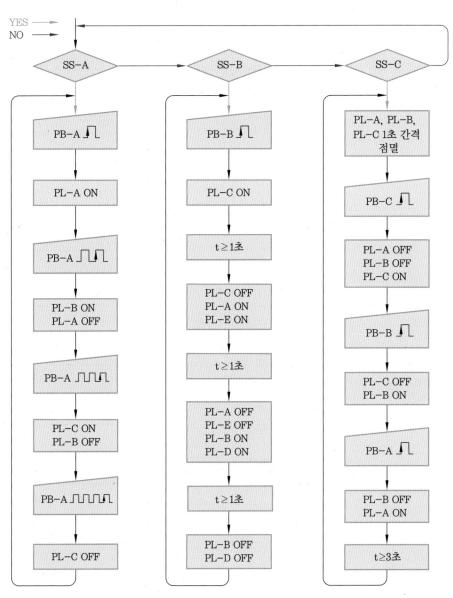

■ PLC 프로그램

① 사전 분석 : 전체를 파악하라.

⑺ 실렉터 스위치에 의해 크게 세 부분으로 프로그램합니다.

⑻ SS-A가 OFF일 때 SS-B, SS-C의 조작에 효력이 발생하고 SS-A, SS-B가 OFF 일 때 SS-C의 조작에 효력이 발생합니다. 즉, 시스템 작동 우선회로를 구성했는데 작동 우선순위는 SS-A, SS-B, SS-C 순입니다.

⑼ 첫 번째 라인에서 PB-A의 이어지는 양변환 검출 접점을 각 1번으로 하고 다음 동작으로 넘어가야 하는지, 아니면 1번, 2번, 3번, 4번 이렇게 각각을 작동시켜야 하는지 어려운데요. 출제자의 의도는 각 1번으로 하고 다음 동작으로 넘어가는 것이 아니었을까 판단해 봅니다.

이런 경우 조금 애매하잖아요. 자의적으로 해석하지 마시고, 회로 설명을 보거나 감독위원께 질문하세요. 합격과 불합격은 출제자의 몫이 아니라 감독위원의 몫이랍니다.

⑽ 심벌에서 저는 '수동 입력'을 사용했는데요, '판단'보다는 '수동 입력'이 더 어울리지 않을까요? 이렇든 저렇든 간에 문제를 푸는 데는 상관이 없습니다.

⑾ 타이머 시간 부분도 시험 문제에서는 '판단'으로 표현을 했습니다. 하지만 저는 '처리'로 표현을 했는데요, 이것 또한 문제를 푸는 데는 상관이 없습니다.

⑿ 1라인 : CTU 명령어로 카운트를 합니다. 4번째 푸시 버튼 동작으로 RESET이 필요합니다.

⒀ 2라인 : 푸시 버튼 PB-B에 의해 동작을 시작합니다. 타이머를 사용하는데요, 1개를 사용해도 되고 3개를 사용해도 됩니다.

아무래도 1개를 사용하는 것이 경제적이겠죠?

⒁ 3라인 : 실렉터 스위치가 조작되자마자 타이머가 동작합니다.

PB-C, PB-B, PB-A 순서대로 조작합니다. PB-A 조작 이후에는 3초 후 RESET되는군요.

참고

• 이 문제는 어렵지는 않지만 첫 번째 라인의 PB-A를 누르는 횟수가 해석에서 조금 논란이 있을 수도 있겠습니다.

실제 문제 심벌에서 [   ] 이 로 출제되었습니다.

② PLC 프로그램

SSA	PBA						CTU	C0001	4
─┤├─	─┤P├─								
	─┤├─	=	C0001	1	─┤ ├─			M00001 ─( )─	
	─┤├─	=	C0001	2	─┤ ├─			M00002 ─( )─	
	─┤├─	=	C0001	3	─┤ ├─			M00003 ─( )─	
	─┤├─	=	C0001	4	─┤ ├─			M00004 ─( )─	
	M00004 ─┤/├─ ＊							C0001 ─(R)─	
SSA ─┤/├─	SSB ─┤├─	PBB ─┤P├─				T0011 ─┤/├─		M00010 ─( )─	
		M00010 ─┤├─					TON	T0011	30
				<3	0	T0011	10	M00011 ─( )─	
				<3	10	T0011	20	M00012 ─( )─	
				<3	20	T0011	30	M00013 ─( )─	
SSA ─┤/├─	SSB ─┤/├─	SSC ─┤├─	M00031 ─┤/├─			T0021 ─┤/├─	TON	T0021	30
				<3	0	T0021	10	M00021 ─( )─	
				<3	10	T0021	20	M00022 ─( )─	
				<3	20	T0021	30	M00023 ─( )─	
		PBC ─┤P├─				T0031 ─┤/├─		M00031 ─( )─	
		M00031 ─┤├─	PBB ─┤P├─					M00032 ─( )─	
			M00032 ─┤├─	PBA ─┤P├─				M00033 ─( )─	
				M00033 ─┤├─			TON	T0031	30

M00001 ─┤/├─	M00012 ─┤/├─	M00021 ─┤/├─	M00033 ─┤/├─					＊	PLA ─( )─
M00002 ─┤/├─	M00013 ─┤/├─	M00022 ─┤/├─	M00032 ─┤/├─					＊	PLB ─( )─
			M00033 ─┤├─						
M00003 ─┤/├─	M00011 ─┤/├─	M00023 ─┤/├─	M00031 ─┤/├─					＊	PLC ─( )─
			M00032 ─┤├─						
			M00033 ─┤├─						
M00013 ─┤/├─								＊	PLD ─( )─
M00012 ─┤/├─								＊	PLE ─( )─

8 응용 문제

■ PLC 입출력 단자 배치도

입 력	PB-A	PB-B	PB-C	SS-A	SS-B	SS-C		
PLC	0	1	2	3	4	5	6	7
출 력	PL-A	PL-B	PL-C	PL-D	PL-E			

■ 순서도 : Programming

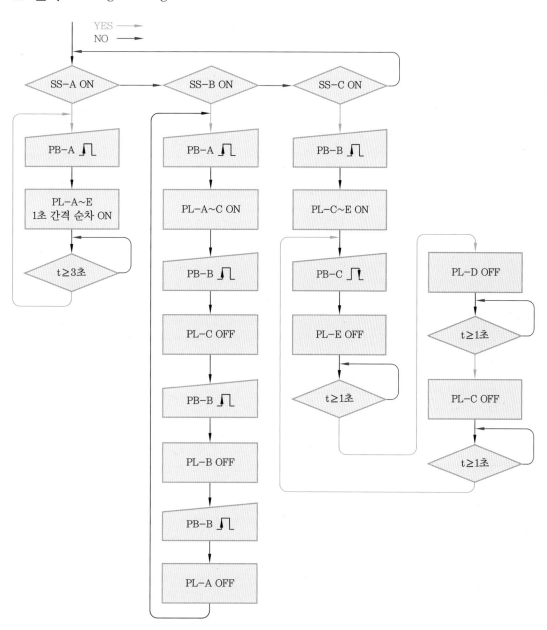

■ PLC 프로그램

① 사전 분석 : 전체를 파악하라.

　㈎ 실렉터 스위치에 의해 크게 세 부분으로 프로그램합니다.

　㈏ SS-A가 OFF일 때 SS-B, SS-C의 조작에 효력이 발생하고 SS-A, SS-B가 OFF
　　일 때 SS-C의 조작에 효력이 발생합니다.

　　즉, 시스템 작동 우선회로를 구성했는데 작동 우선순위는 SS-A, SS-B, SS-C 순
　　입니다.

　㈐ SS-A ON → PB-A 양변환 검출 접점

　　⇨ PL-A~E 1초 간격으로 순차적으로 ON → 3초 후 RESET됩니다.

　㈑ SS-B ON → PB-A 양변환 검출 접점

　　⇨ PL-A~C 동시에 ON

　　⇨ PB-B 양변환 검출 접점 ⇨ PL-C OFF

　　⇨ PB-B 양변환 검출 접점 ⇨ PL-B OFF

　　⇨ PB-B 양변환 검출 접점 ⇨ PL-A OFF 및 RESET됩니다.

　㈒ SS-C ON → PB-B 양변환 검출 접점

　　⇨ PL-C~E 동시에 ON

　　⇨ PB-C 음변환 검출 접점

　　⇨ PL-E OFF → 1초 후 PL-D OFF → 1초 후 PL-C OFF → 1초 후 PL-C~E 동
　　　시에 ON

　　⇨ PB-C 음변환 검출 접점 신호 대기

② PLC 프로그램

```
  SSA     PBA     T0001                                    ┌─────────────────────────┐
──┤ ├─────┤P├─────┤/├──────────────────────────────────────┤ TON    T0001      80 │
          ┌─────┐                                           └─────────────────────────┘
          │M00001│                                                              M00001
          ─┤ ├───                                                              ─( )─
                                        ┌──┬────────────────────────┐          M00011
                                        │  │ <=3    0    T0001   80 │          ─( )─
                                        │  │ <=3   11    T0001   80 │          M00012
                                        │  │                        │          ─( )─
                                        │  │ <=3   21    T0001   80 │          M00013
                                        │  │                        │          ─( )─
                                        │  │ <=3   31    T0001   80 │          M00014
                                        │  │                        │          ─( )─
                                        │  │ <=3   41    T0001   80 │          M00015
                                        └──┴────────────────────────┘          ─( )─

  SSA     SSB     PBA     M00023                                               M00002
──┤/├─────┤ ├─────┤P├─────┤/├──────────────────────────────────────────────────( )─
          ┌─────┐ PBB                                       ┌─────────────────────┐
          │M00002│ ┤P├                                      │ CTU    C0001     3 │
          ─┤ ├───                                           └─────────────────────┘
                 ┌──┬──────────────────────┐                                  M00021
                 │  │  =    C0001     1     │                                  ─( )─
                 │  │  =    C0001     2     │                                  M00022
                 │  │                       │                                  ─( )─
                 │  │  =    C0001     3     │                                  M00023
                 │  └──────────────────────┘                                  ─( )─
                 │                                                             M00005
                 └─────────────────────────────────────────────────────────  ─( )─

  SSA     SSB     M00023                                                       C0001
──┤/├─────┤ ├─────┤/├──────────────────────────────────────────────────*──────(R)─

  SSA     SSB     SSC     PBB                                                  M00003
──┤/├─────┤ ├─────┤ ├─────┤P├──────────────────────────────────────────────────( )─
          ┌─────┐ PBC                                        ┌─────────────────────┐
          │M00003│ ┤N├                                       │ TON    T0002    30 │
          ─┤ ├───                                            └─────────────────────┘
          ┌─────┐ ┌──┬──────────────────────┐                                 M00031
          │M00004│ │  │ <=3   11    T0002  30│                                 ─( )─
          ─┤ ├───   │  │                      │                                M00032
                    │  │ <=3   21    T0002  30│                                ─( )─
                    └──┴──────────────────────┘
                  T0002                                                        M00004
                  ┤/├                                                          ─( )─
```

```
  M00011                                                                       PLA
──┤ ├──────────────────────────────────────────────────────────────────────────( )─
  M00002   M00023
──┤ ├──────┤/├──

  M00012                                                                       PLB
──┤ ├──────────────────────────────────────────────────────────────────────────( )─
  M00002   M00022
──┤ ├──────┤/├──

  M00013                                                                       PLC
──┤ ├──────────────────────────────────────────────────────────────────────────( )─
  M00002   M00021   M00022
──┤ ├──────┤/├──────┤/├──
  M00003   M00032
──┤ ├──────┤/├──

  M00014                                                                       PLD
──┤ ├──────────────────────────────────────────────────────────────────────────( )─
  M00003   M00031
──┤ ├──────┤/├──

  M00015                                                                       PLE
──┤ ├──────────────────────────────────────────────────────────────────────────( )─
  M00003   M00004
──┤ ├──────┤/├──
```

5-5   타임차트

최근의 출제경향을 살펴보면 순서도와 함께 출제빈도가 높습니다. 출제자 입장에서 보면 순서도보다는 타임차트가 출제하기 수월합니다. 왜냐하면 회로 설명을 좀 더 명확하게 제시할 수 있기 때문입니다.

그래서인가요? 최근에는 타임차트가 3회 연속으로 출제가 되었네요.

1 풀이 방법

① 주기를 찾아라 : 반복되는 곳을 찾습니다.

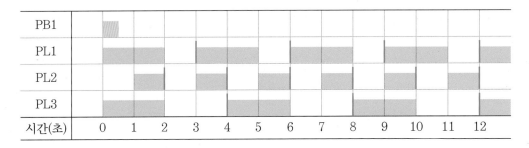

(개) PL1, PL2, PL3 각각의 주기

PL1의 주기 : 3초, PL2의 주기 : 2초, PL3의 주기 : 4초

(나) PL1, PL2, PL3의 공통 주기 : 12초

전체의 주기를 산술적으로 찾을 수도 있습니다. 하지만 산술보다는 위 그림과 같이 한 주기마다 수직으로 선을 그었을 때 서로 일치하는 부분이 있으면 그것이 주기가 됩니다. 12초 맞죠?

(다) 출력의 주기를 같이 잡을 것인지, 따로따로 잡을 것인지를 판단합니다. 둘 다 풀이는 가능합니다. 판단기준은 프로그램을 짜는 데 어느 것이 시간을 더 줄이느냐 하는 것입니다.

(라) 주기를 같이 잡으면 타이머 하나를 사용하고요, 따로 잡으면 각각의 타이머를 사용합니다. 각 주기마다 타이머는 1개 필요합니다.

(마) 위와 같은 경우, 주기를 같이 잡을 때는 주기가 12초로 길기 때문에 따로따로 잡는 것보다 시간상 유리합니다.

(바) 주기를 같이 잡을 때는 세로로 풀 것인지, 가로로 풀 것인지를 선택해야 하는데, 그림을 잘 보고 어떻게 푸는 것이 간단한지 판단해야 합니다.

그러면 위 회로를 보고 가로와 세로 모두 실제로 PLC 프로그램을 짜보겠습니다.

		세로로 풀기					가로로 풀기			주기
PB1										
PL1										
PL2										
PL3										
시간(초)	0	1	2	3	4		8	9 10	11	12

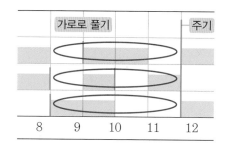

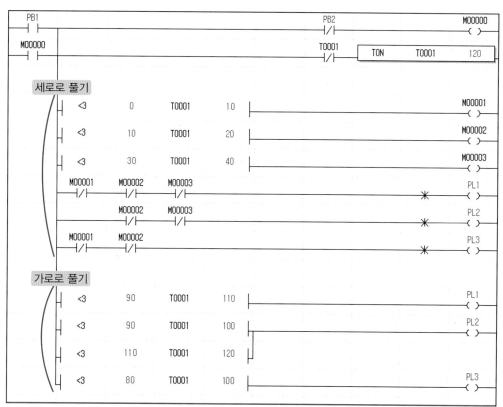

간단히 줄여서 풀었는데요. 여기서는 가로로 푸는 방법이 간단하군요.

② 스위치 조작에 따른 출력 : 대부분 주기가 없습니다.

　㉮ 카운트 같은 경우에는 스위치 조작에 따라 출력되면서 주기가 있습니다.

　㉯ 표기법 : 카운트나 시간을 표시하는 것이 프로그램 짜기에 수월합니다.

카운트	1	2							3		4 칸 위에 표기
PB1											카운트 주기 : 4
PL1											타이머 1
PL2											타이머 2
시간(초)	1	2	3	4	5	6	7		1	2 …	선 위에 표기

③ 짝짓기 : 서로 관련된 것끼리 묶습니다.

　(가) 조작 스위치가 많고 출력이 많으면 복잡하게 보입니다. 하지만 서로 연관된 것끼리 묶어서 처리하면 복잡한 것도 간단하게 만들 수 있습니다.

　(나) 찾는 순서의 규칙은 '쉬운 것부터', '위에서부터 아래로'입니다.

　　• RESET 스위치 찾기 : 출력에서 모든 동작이 멈추는 시점에서 위로 올라간 다음 입력 스위치에서 무엇이 동작했는지 찾습니다. 가장 찾기 쉽습니다.

　　• 서로 연관된 것 찾기 : 입력 접점에서보다는 출력에서 찾는 것이 더 편리합니다. '이것과 저것이 연관있구나' 싶으면 그런 것부터 찾습니다. 그렇지 않고 쉽게 눈에 안 들어온다 싶으면 출력의 처음에서부터 차례대로 찾습니다. 머뭇거릴 시간이 없어요. 바로바로 판단해야 합니다.

타임차트를 통해 구체적으로 살펴보겠습니다.

(1칸은 1초)

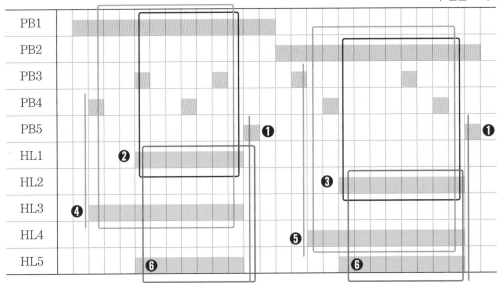

서로 연관되는 것끼리 묶어 보았습니다.

❶ RESET : PB5　　　　　　　　　　❷ HL1 : PB1, PB3

❸ HL2 : PB2, PB4　　　　　　　　　❹ HL3 : PB1, PB4

❺ HL4 : PB2, PB3　　　　　　　　　❻ HL5 : HL1, HL2, HL3, HL4

④ 출력의 출력 : 스위치 조작에 의해 출력이 되지만 출력만 가지고 또 다른 출력을 만들 수 있습니다. 이럴 경우 출력의 출력은 출력만 보고 프로그램을 작성하는 것이 좋습니다.

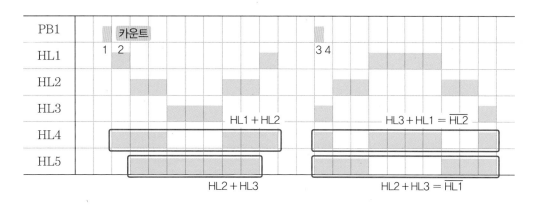

■ PLC 프로그램

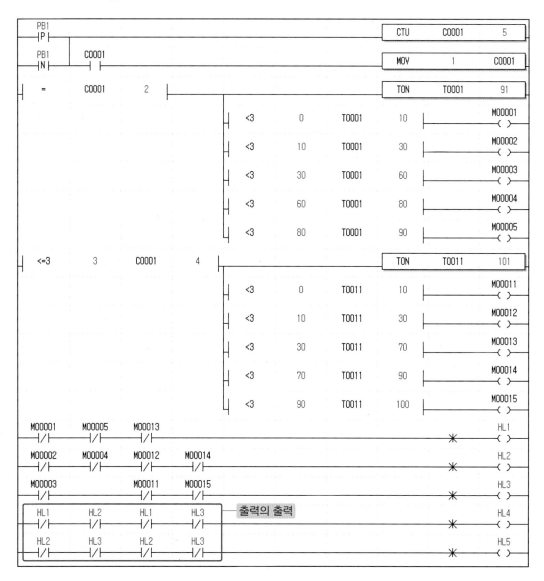

2 기출 복원문제 (58회 6일차)

■ PLC 입출력 단자 배치도

입력	PB5	PB6	PB7					
PLC	0	1	2	3	4	5	6	7
출력	HL1	HL2	HL3	HL4				

■ 타임차트 : Programming

(1칸은 1초)

■ PLC 풀이

양변환 검출 접점이 입력인 카운트 회로군요. 음변환 검출 접점에서 동작하는 출력이 없잖아요.

(1칸은 1초)

1초 ON 1초 OFF 플리커 회로

원버튼 스위치 회로군요.

■ PLC 프로그램

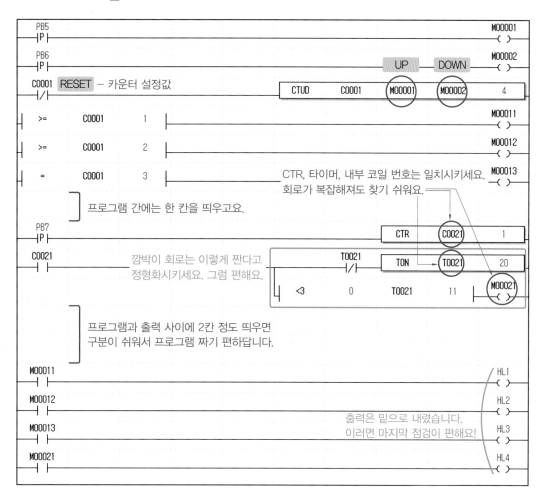

CTR, 타이머, 내부 코일 번호는 일치시키세요.
회로가 복잡해져도 찾기 쉬워요.

프로그램 간에는 한 칸을 띄우고요.

깜박이 회로는 이렇게 짠다고
정형화시키세요. 그럼 편해요.

프로그램과 출력 사이에 2칸 정도 띄우면
구분이 쉬워서 프로그램 짜기 편하답니다.

출력은 밑으로 내렸습니다.
이러면 마지막 점검이 편해요!

3 기출 복원문제 (59회 3일차)

■ PLC 입출력 단자 배치도

입 력	SP1	SP2	SP3					
PLC	0	1	2	3	4	5	6	7
출 력	HL1	HL2	HL3	HL4				

■ 타임차트 : Programming

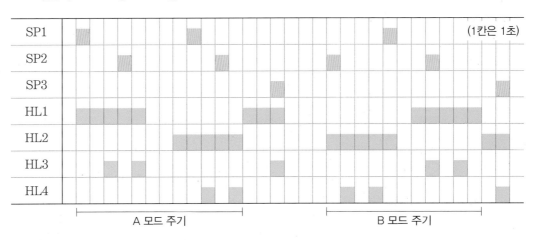

■ PLC 풀이

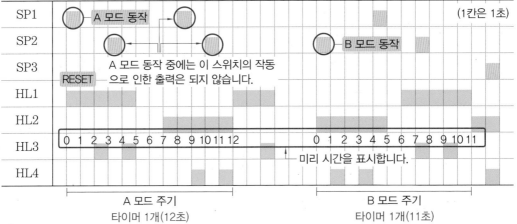

 여기서는 주기가 친절하게 주어져 있지만, 주기 표시가 없더라도 주기를 찾을 수 있어야 합니다.

PLC 프로그램

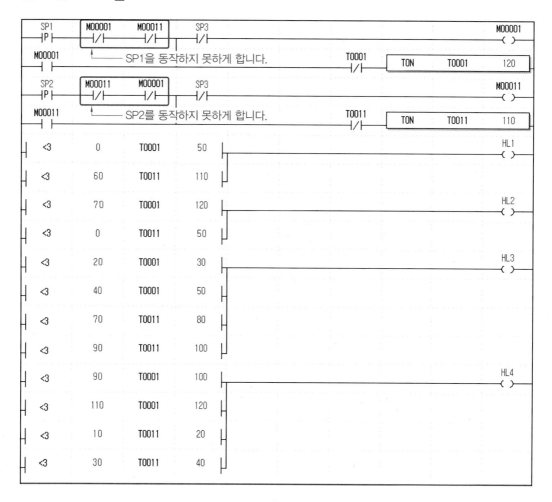

4 기출 복원문제 (62회 4일차) ← 실제 문제는 너무 난해해서 조금 수정했습니다.

■ PLC 입출력 단자 배치도

입 력	LS1	LS2	X1	X4				
PLC	0	1	2	3	4	5	6	7
출 력	X5	X6	FL1	FL2				

■ 타임차트 : Programming

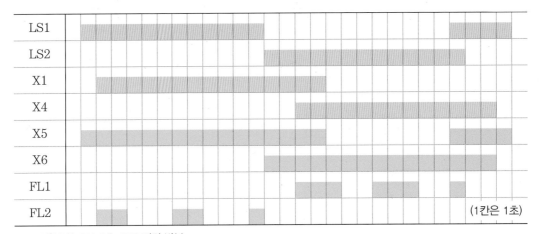

(1칸은 1초)

* FL1은 3초 ON, 2초 OFF 점멸 반복
 FL2는 2초 ON, 3초 OFF 점멸 반복 있습니다.

■ PLC 풀이

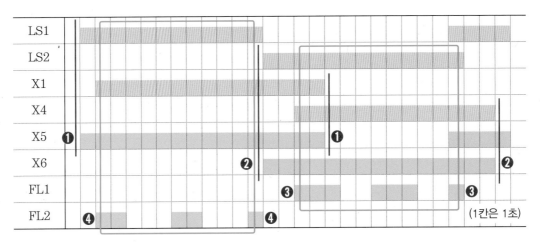

(1칸은 1초)

* FL1은 3초 ON, 2초 OFF 점멸 반복
 FL2는 2초 ON, 3초 OFF 점멸 반복 있습니다.

■ PLC 프로그램

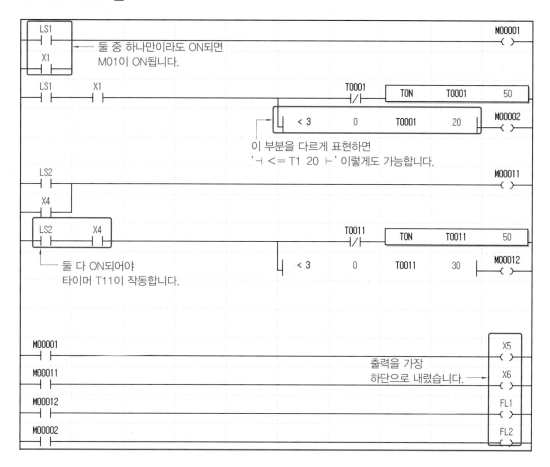

PART

2

P
L
C

5 기출 복원문제 (63회 3일차)

■ PLC 입출력 단자 배치도

입 력	PB−A	PB−B	PB−C	SS−A	SS−B	SS−C		
PLC	0	1	2	3	4	5	6	7
출 력	PL−A	PL−B	PL−C	PL−D	PL−E			

■ 타임차트 : Programming

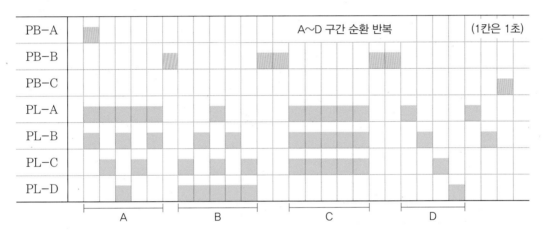

■ PLC 풀이

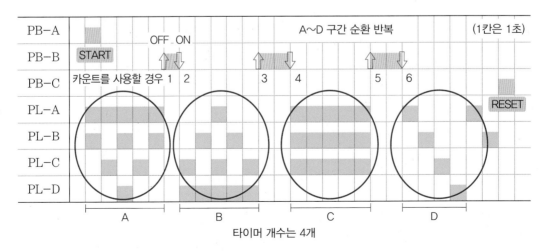

타이머 개수는 4개

① PB-B는 앞의 동작을 OFF한 다음 ON합니다. 프로그램을 짤 때에도 미리 인지한 다음 짜는 것이 좋습니다. 나중에 수정하려다 보면 밑으로 하나씩 밀려서 내부 코일 번호가 뒤죽박죽되기도 합니다.

② 타이머 개수는 4개를 사용합니다. 프로그램을 짜다보면 타이머를 1개로 할지, 2개로 할지 고민할 때가 있습니다. 1개로 해야 될 것을 2개로 한다거나 2개로 해야 될 것을 1개로 하면 프로그램이 복잡해집니다.

③ 한번에 동작이 완료되는 것이 아니라 순환 반복입니다. 수험자가 실수할 수도 있는 곳이므로 주의해서 봐야 합니다. 저는 읽으면서 특이한 것은 형광펜으로 표시했어요.

PART 2

P L C

■ PLC 프로그램

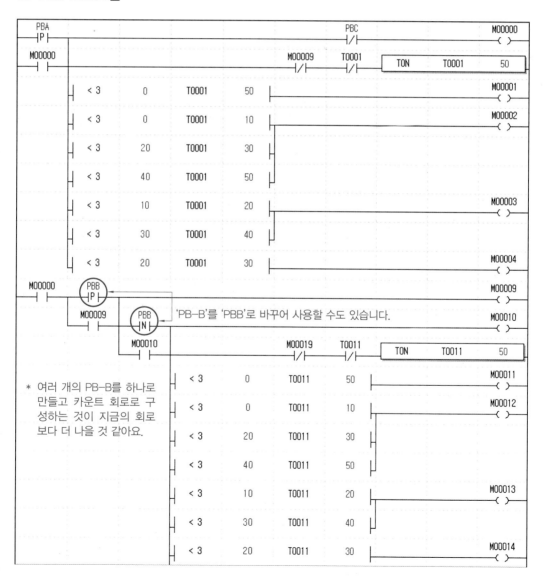

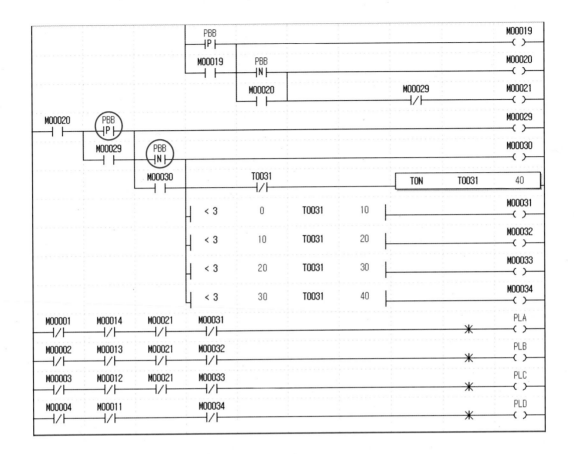

참고

- 위 프로그램은 동작 순서대로 아래로 나열한 것인데요, 지면상 M0과 M20을 앞으로 내
  서 구성을 했습니다. 하지만 시험에서 저 정도의 프로그램은 접점의 수를 10개에서 12개
  로 늘려서 작업하는 것이 좋습니다.

6 기출 복원문제 (67회 3일차)

■ PLC 입출력 단자 배치도

입력	SS-A	SS-B	SS-C	PB-A	PB-B	PB-C		
PLC	0	1	2	3	4	5	6	7
출력	PL-A	PL-B	PL-C	PL-D	PL-E			

■ 타임차트 : Programming

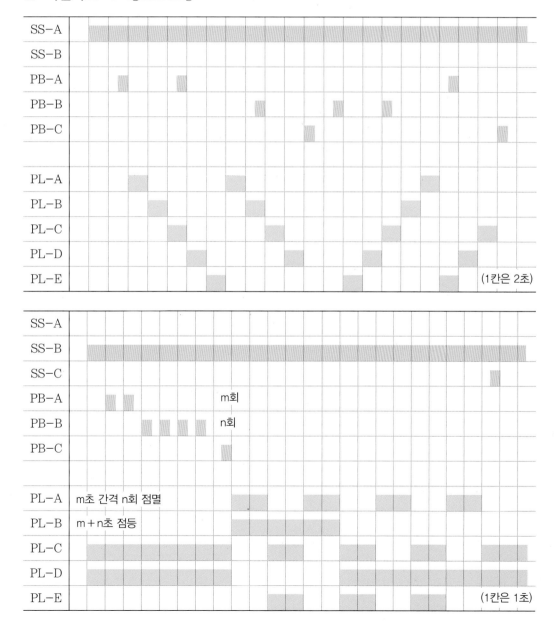

PART 2

PLC

■ PLC 풀이

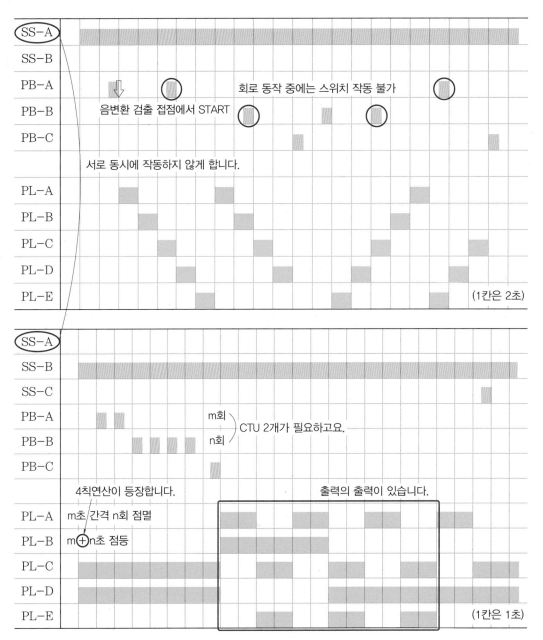

위에서 PLC 풀이 타임차트에 등장하는 주요 안내 문구:

- SS-A
- SS-B
- PB-A — 음변환 검출 접점에서 START
- PB-B — 회로 동작 중에는 스위치 작동 불가
- PB-C — 서로 동시에 작동하지 않게 합니다.
- PL-A / PL-B / PL-C / PL-D / PL-E (1칸은 2초)

두 번째 타임차트:

- SS-A / SS-B / SS-C
- PB-A — m회 ┐ CTU 2개가 필요하고요.
- PB-B — n회 ┘
- PB-C
- 4칙연산이 등장합니다.   출력의 출력이 있습니다.
- PL-A — m초 간격 n회 점멸
- PL-B — m⊕n초 점등
- PL-C / PL-D / PL-E (1칸은 1초)

주의 위에서 첫 번째 타임차트는 1칸에 2초이고, 두 번째 타임차트는 1칸에 1초입니다.

■ PLC 프로그램

SSA ─┤ ├─	SSB ─┤/├─	PBA ─┤N├─						T0001 ─┤/├─	TON　　T0001　　100	
		M00000 ─┤ ├─	PBC ─┤/├─	M00010 ─┤/├─					M00000 ─( )─	
				<3	0	T0001	20		M00001 ─( )─	
				<3	20	T0001	40		M00002 ─( )─	
				<3	40	T0001	60		M00003 ─( )─	
				<3	60	T0001	80		M00004 ─( )─	
				<3	80	T0001	100		M00005 ─( )─	
		PBB ─┤N├─						T0002 ─┤/├─	TON　　T0002　　100	
		M00010 ─┤ ├─	PBC ─┤/├─	M00000 ─┤/├─					M00010 ─( )─	
				<3	0	T0002	20		M00011 ─( )─	
				<3	20	T0002	40		M00012 ─( )─	
				<3	40	T0002	60		M00013 ─( )─	
				<3	60	T0002	80		M00014 ─( )─	
				<3	80	T0002	100		M00015 ─( )─	

M00001 ─┤/├─	M00015 ─┤/├─	M00031 ─┤/├─	─＊─ PLA ─( )─
M00002 ─┤/├─	M00014 ─┤/├─	M00034 ─┤/├─	─＊─ PLB ─( )─
M00003 ─┤/├─	M00013 ─┤/├─	─＊─	PLC ─( )─
M00020 ─┤ ├─	PLA ─┤/├─		
M00004 ─┤/├─	M00012 ─┤/├─	─＊─	PLD ─( )─
M00020 ─┤ ├─	PLB ─┤/├─		
M00005 ─┤/├─	M00011 ─┤/├─	M00032 ─┤/├─	─＊─ PLE ─( )─

PART 2

P
L
C

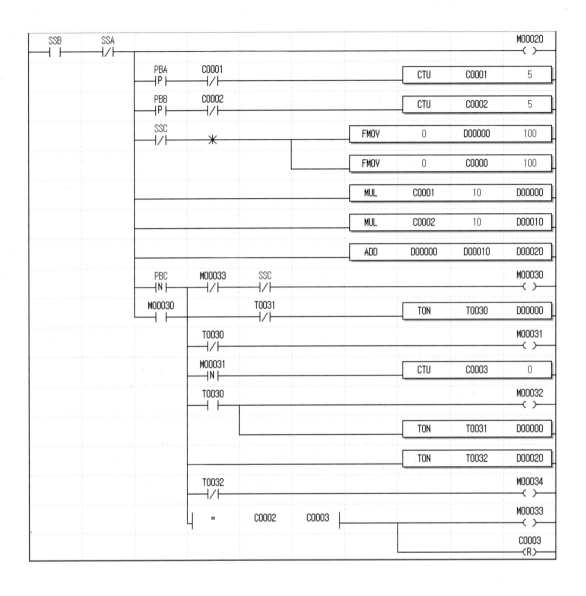

7 **기출 복원문제** (68회 3일차)

■ PLC 입출력 단자 배치도

입 력	PB-A	PB-B	PB-C	SS-A	SS-B	SS-C		
PLC	0	1	2	3	4	5	6	7
출 력	PL-A	PL-B	PL-C	PL-D	PL-E			

■ 타임차트 : Programming

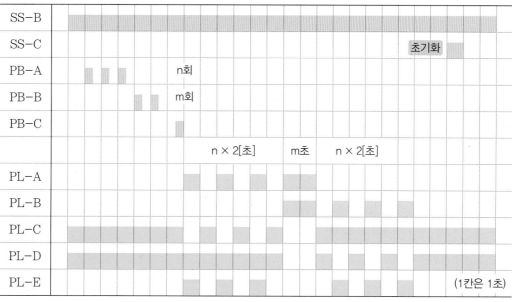

■ PLC 풀이

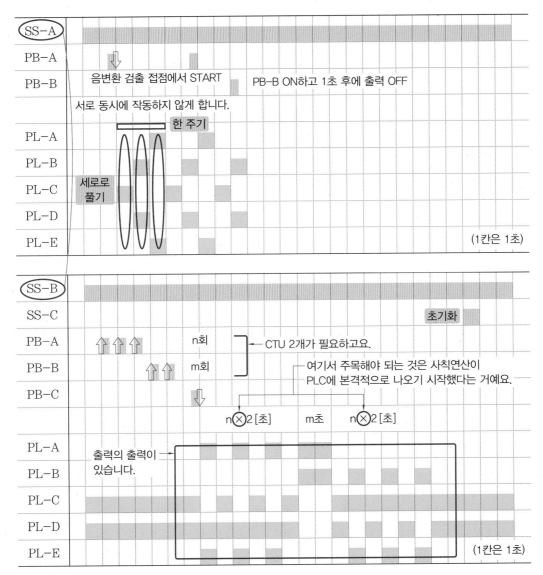

SS-A	
PB-A	음변환 검출 접점에서 START
PB-B	서로 동시에 작동하지 않게 합니다.

PB-B ON하고 1초 후에 출력 OFF

한 주기

PL-A
PL-B
PL-C
PL-D
PL-E

세로로 풀기

(1칸은 1초)

SS-B	
SS-C	초기화
PB-A	n회
PB-B	m회
PB-C	

CTU 2개가 필요하고요.

여기서 주목해야 되는 것은 사칙연산이
PLC에 본격적으로 나오기 시작했다는 거예요.

n×2 [초]　　m초　　n×2 [초]

PL-A	출력의 출력이
PL-B	있습니다.
PL-C	
PL-D	
PL-E	

(1칸은 1초)

■ PLC 프로그램

기차 바퀴도 펑크가 난다?

　도심지와 도심지를 연결하는 교통수단으로 레일을 따라 움직이는 전동차와 기차가 있습니다. 그런 차들은 바퀴가 쇠로 만들어져 펑크가 안 날 거라는 것이 보통 사람들의 생각이에요.

　하지만 자동차 바퀴처럼 펑크는 안 나더라도 신발처럼 닳거나 망가지기는 합니다. 그래서 차륜선반이라는 CNC 기계를 사용하여 새 신발을 만들어줍니다.

손상된 차륜

● 쇠로 만들어진 기차 바퀴도 운행을 많이 하면 이렇게 닳고 망가집니다.

차륜(기차 바퀴)을 깎는 CNC

차륜선반 CNC 제어반

차륜선반 CNC 패널

응용문제
– PLC Programming

6–1 기초문제

기초 1

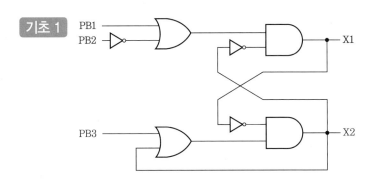

기초 2

PB1	PB2	PB3	HL1	HL2
0	1	0	0	1
0	0	1	1	0
1	0	0	1	1
0	1	1	1	0
1	0	1	0	1

기초 3 • 입력 : PB0~PB4   • 출력 : MC1~MC4

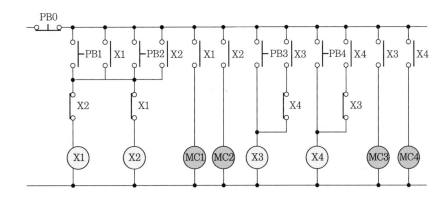

[기초 1] 심벌 하나하나에 개별로 내부 코일을 이용하면 됩니다.

```
PB1                                                                      M00081
─┤├─┐                                                                     ─( )─
PB2 │
─┤/├─┘

PB3                                                                      M00082
─┤├─┐                                                                     ─( )─
X2  │
─┤├─┘

M00081    X2                                                              X1
─┤├───────┤/├─                                                            ─( )─
M00082    X1                                                              X2
─┤├───────┤/├─                                                            ─( )─
```

[기초 2] 특이한 공통점이 발견되지 않습니다.

```
PB1       PB2       PB3                                                   HL1
─┤/├──────┤/├──────┤├─┐                                                   ─( )─
PB1       PB2       PB3 │
─┤├───────┤/├──────┤/├─┤
PB1       PB2       PB3 │
─┤/├──────┤├───────┤├──┘

PB1       PB2       PB3                                                   HL2
─┤/├──────┤├───────┤/├─┐
PB1       PB2       PB3 │
─┤├───────┤/├──────┤/├─┤
PB1       PB2       PB3 │
─┤├───────┤/├──────┤├──┘
```

[기초 3] ‘X1’을 입력하면 디바이스를 입력하라는 새 창이 뜹니다. ‘X1’을 ‘M1’으로 교체합니다.

```
PB0      PB1     M00002                                                   M00001
─┤/├─────┤├──────┤/├─                                                     ─( )─
         M00001
         ─┤├──┘

         PB2     M00001                                                   M00002
         ─┤├──────┤/├─                                                     ─( )─
         M00002
         ─┤├──┘

         M00001                                                           MC1
         ─┤├─                                                             ─( )─

         M00002                                                           MC2
         ─┤├─                                                             ─( )─

         PB3                                                              M00003
         ─┤├─                                                             ─( )─
         M00003   M00004
         ─┤├──────┤/├─┘

         PB4                                                              M00004
         ─┤├─                                                             ─( )─
         M00004   M00003
         ─┤├──────┤/├─┘

         M00003                                                           MC3
         ─┤├─                                                             ─( )─

         M00004                                                           MC4
         ─┤├─                                                             ─( )─
```

기초 4 ㆍ입력 : S1~S3 ㆍ출력 : MC1~MC2

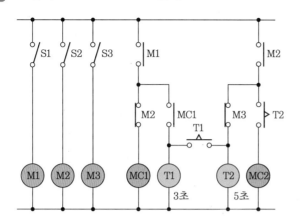

PART **2** P L C

기초 5

	PB1																			(1칸은 1초)
	PB2																			
	PB3																			
	PL1	카운트가 5일 때 동작																		
	PL2																			

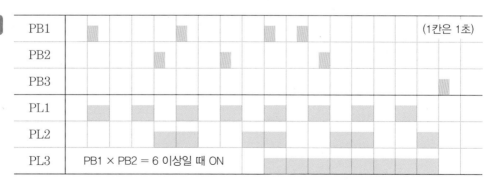

기초 6

	PB1																			(1칸은 1초)
	PB2																			
	PB3																			
	PL1																			
	PL2																			
	PL3	PB1 × PB2 = 6 이상일 때 ON																		

[기초 4] 역으로 푸는 방법과 내부 코일을 이용하는 방법이 있습니다.

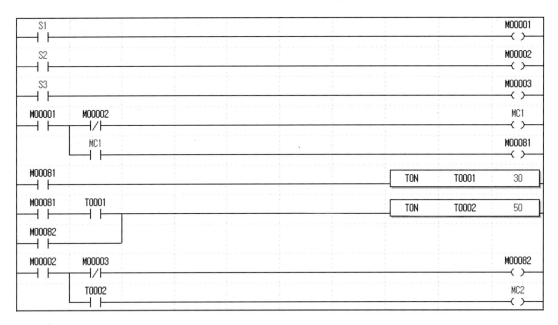

[기초 5] CTUD 카운터를 이용합니다.

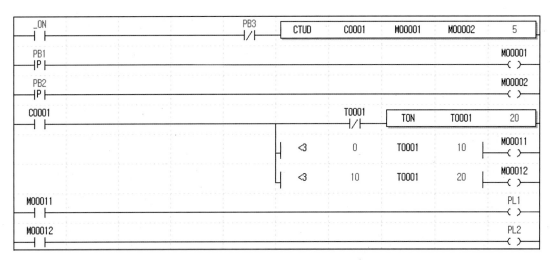

[기초 6] 연산문제는 복잡한 것 같지만 방법을 알고 숙달되기만 하면 쉽습니다.

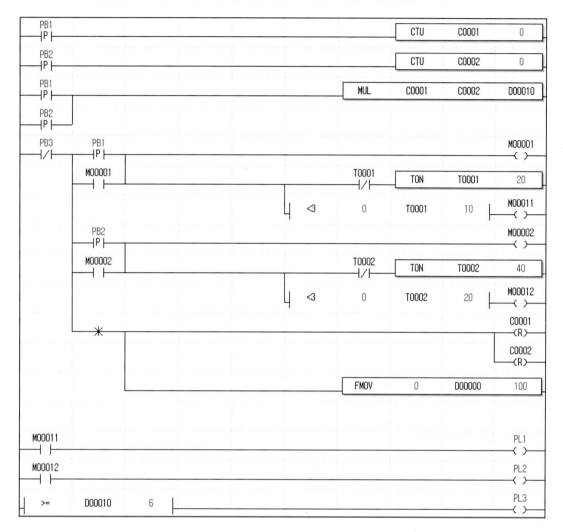

기초 7 • 입력 : PB-1~PB-3
      • 출력 : HL1~HL2

기초 8 • 입력 : SS-A, SS-B, PB-1
      • 출력 : HL1~HL2

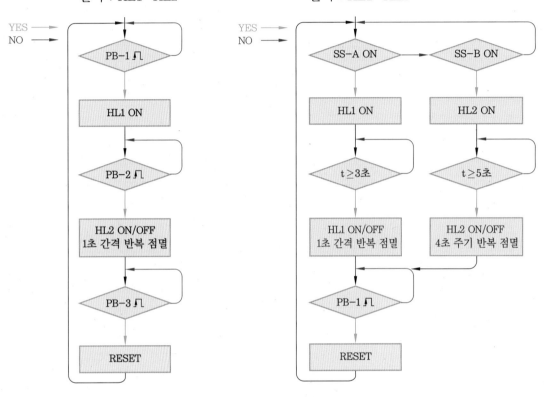

기초 9 [동작 조건] • 입력 : MC1~MC2   • 출력 : GL, FL1~FL2

① MC1, MC2 모두 OFF일 때 GL이 점등

② MC1만 ON되면 FL1은 2초 주기로 점멸 반복동작

③ MC2만 ON되면 FL2는 2초 간격으로 점멸 반복동작

④ MC1, MC2 모두 ON되면 FL1, FL2는 1초 간격 교번 점멸 반복동작

기초 10 [동작 조건] 순서대로 입력   • 입력 : MC1~MC2   • 출력 : YL, FL1~FL2

① MC1, MC2 모두 OFF일 때 YL이 점등

② MC1이 ON되면 FL2가 1초 간격으로 점멸 반복동작

③ MC1이 OFF되면 FL2는 5초간 점등 후 소등

④ MC2가 ON되면 FL1이 4초 주기로 점멸 반복동작

⑤ MC2가 OFF되면 FL1은 4초간 점등 후 소등

⑥ MC1, MC2 모두 ON되면 FL1, FL2 1초 간격으로 교번 점멸 반복, 10초 후 모두
  소등

[기초 7] 간격과 주기를 구별합니다.

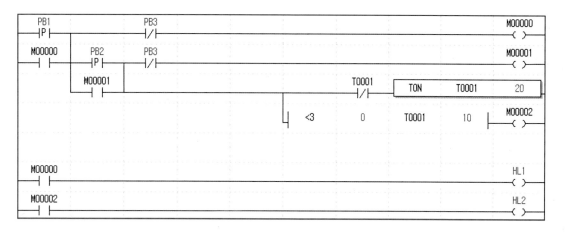

[기초 8] ① 실렉터 스위치와 푸시 버튼 스위치의 특성을 이해합니다.

② SS-A, SS-B는 실렉터 스위치이고요, PB-1은 푸시 버튼 스위치입니다.

③ 'SS-A'는 변수로 입력되지 않습니다. 따라서 'SS_A'로 입력해도 되지만 그냥 붙여서 'SSA'로 입력합니다.

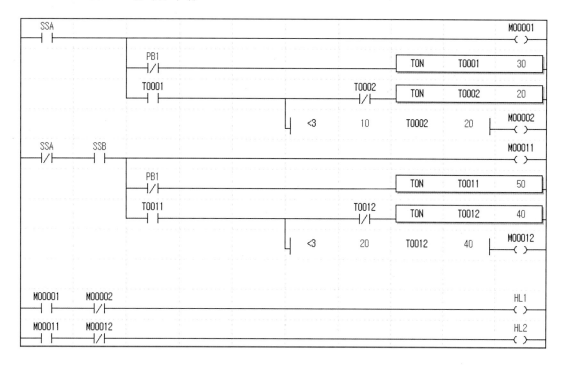

[기초 9] ① 간격과 주기를 잘 구별해야 합니다.

② 실기시험 문제에는 PLC 회로 동작 설명이 있습니다. 프로그램을 짤 때는 회로 동작 설명을 옆에 두고, 이해되지 않거나 의문이 생기면 설명서를 참고하세요.

③ 마지막에는 설명서대로 작업을 했는지 한 번 더 점검합니다.

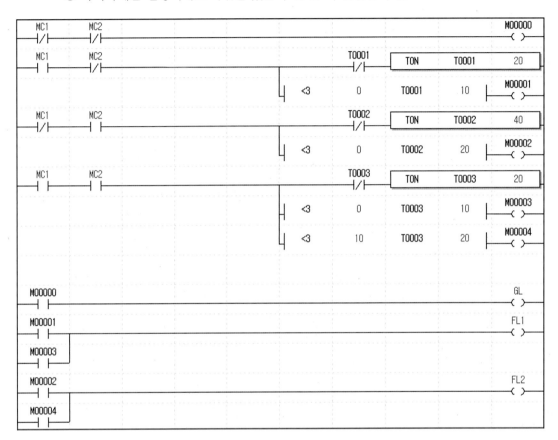

점검하세요

마지막에는 설명서대로 작업을 했는지 한 번 더 점검하세요. 시간이 부족해서 그냥 넘어 가고 싶은 마음은 굴뚝같겠지만 그래도 짬을 내서 다시 읽고 확인하고 점검하면 완벽합니다.

PLC에서 확신이 서면 다음 작업에서 더 큰 힘을 낼 수 있습니다.

[기초 10]　① 소멸 조건을 잘 구성하기 바랍니다.

　　　　　② 램프 점등 프로그램(PLC 프로그램의 하단 부분)이 아래로 길어질 때는 반전 접점을
　　　　　　이용하여 세로 길이를 줄여봅니다.

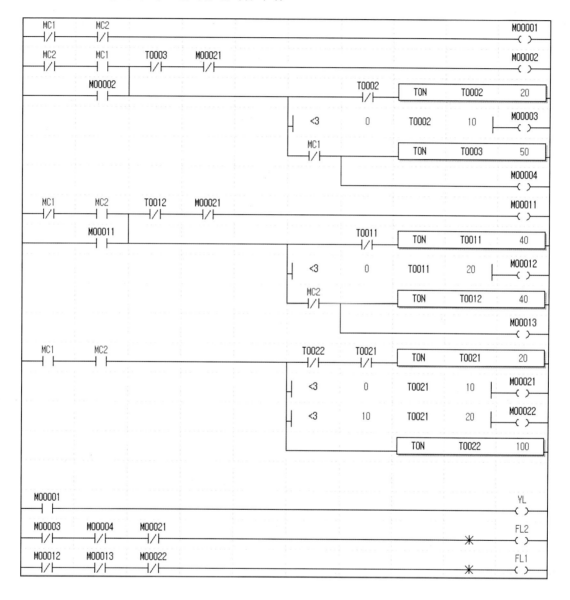

6-2 기본문제

기본 1

PB1																		
PB2		주기																
PL1																(1칸은 1초)		
PL2																		
PL3																		

기본 2

PB1													(1칸은 1초)		
PB2		주기					주기								
PL1															
PL2															
PL3															

기본 3

PB1													(1칸은 1초)		
PB2															
PB3															
PL1															
PL2															
PL3	PL3 = PB1 − PB2 = 2일 때 ON														

기본 4

PB1												(1칸은 3초)	
PB2													
PL1													
PL2													
PL3													
PL4													

[기본 1] PB1은 원 버튼 스위치이고요, PB2는 음변환 검출 접점을 이용합니다.

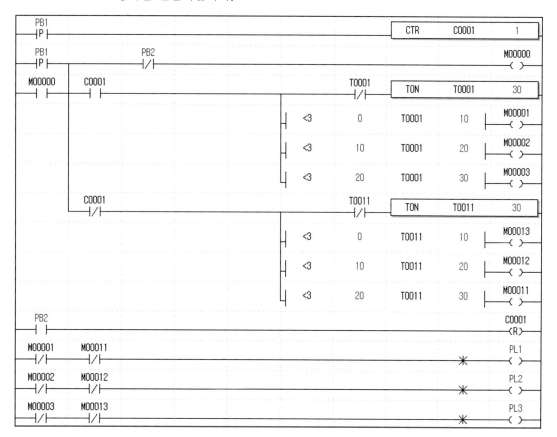

[기본 2] PB1으로 동작을 변환시킵니다.

[기본 3] BRST와 FMOV 명령어를 익혀봅니다. RESET 명령과 MOV 명령만으로도 완전한 회로 구성이 가능하지만 조금이라도 시간을 줄이기 위한 명령어입니다.

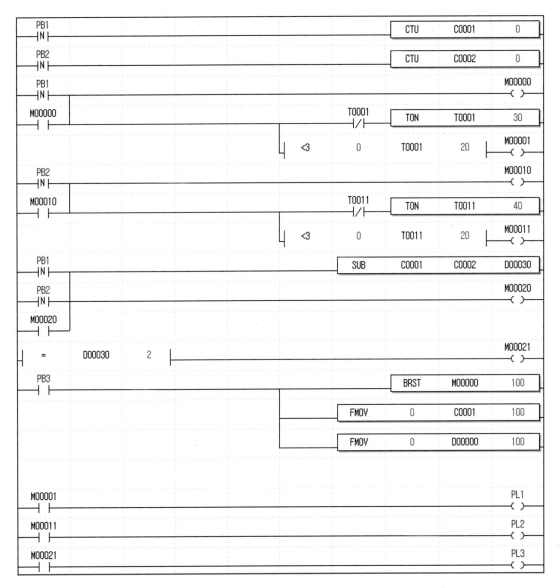

[기본 4] 비교 명령어와 MOV 명령어를 익히고 비교 명령어의 동작 불능 조건을 알아봅니다.

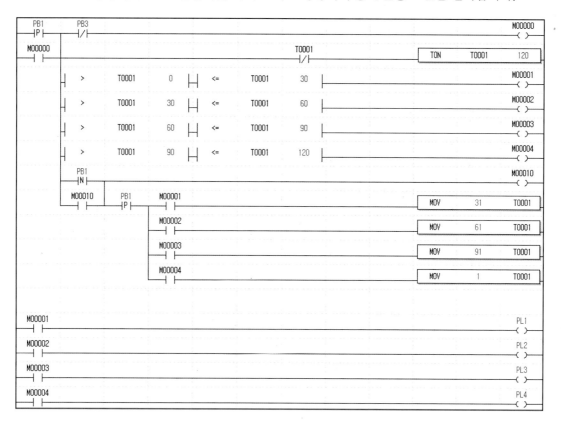

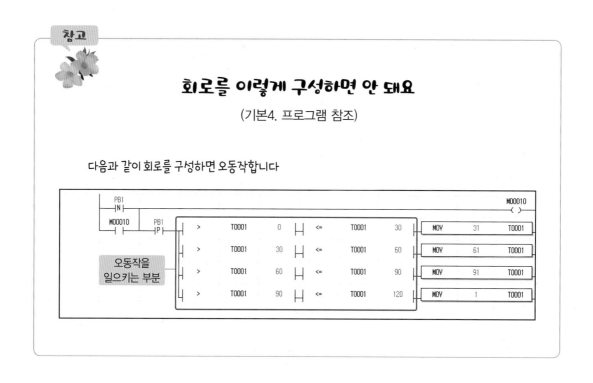

참고

회로를 이렇게 구성하면 안 돼요

(기본4. 프로그램 참조)

다음과 같이 회로를 구성하면 오동작합니다

기본 5   • 입력 : PB-A~PB-C
        • 출력 : HL1~HL3

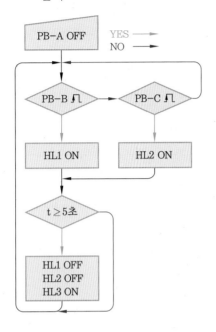

기본 6   • 입력 : PB-A~PB-C
        • 출력 : HL1~HL3

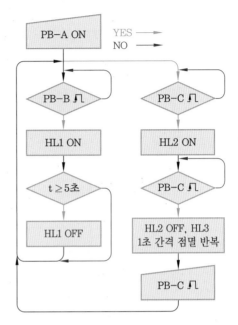

기본 7   • 입력 : PB-A~PB-C
        • 출력 : HL1~HL3

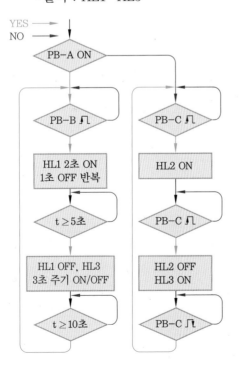

기본 8   • 입력 : PB-A~PB-C
        • 출력 : HL1~HL3, MC1

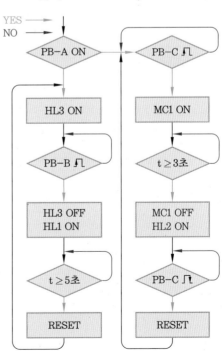

[기본 5] 5초 이상일 때 화살표 방향에 유의하세요.

[기본 6] PB-C 스위치가 연속으로 있는 회로입니다. 카운트 회로도 가능합니다.

[기본 7] 양변환 검출과 음변환 검출을 잘 확인합니다.

[기본 8] 푸시 버튼 스위치와 실렉터 스위치의 특성을 이해합니다.

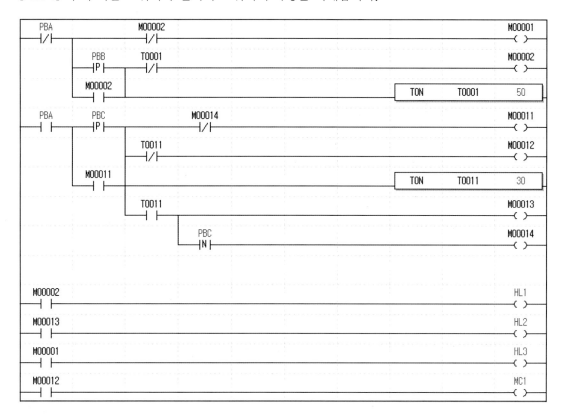

기본 9 [동작 조건]

- 카운트 스위치 : PB1
- 입력 : PB1
- 출력 : GL1~GL2, RL1~RL2

① 카운트가 0~2일 때 GL1 점등

② 카운트가 4~6일 때 GL2 점등

③ 카운트가 2~4일 때 RL1, RL2 2초 간격 번갈아 반복 점멸

④ 카운트가 5~6일 때 RL2, RL1 1초 간격 번갈아 반복 점멸

⑤ 카운트가 7일 때 RL1, RL2 1초 주기 모두 동시에 반복 점멸

⑥ 카운트가 8일 때 RESET

기본 10 [동작 조건]

- 카운트 스위치 : PB1(카운트 1), PB2(카운트 2), PB3(카운트 3)
- 입력 : PB1~PB3
- 출력 : RL1~RL3

① 카운트 1이 1~2이면 RL1 점등

② 카운트 2가 1~2이면 RL2 점등

③ 카운트 3이 1~2이면 RL3 점등

④ 카운트 1이 3 이상이면 RL1 1초 주기 반복 점멸

⑤ 카운트 2가 3 이상이면 RL2 2초 주기 반복 점멸

⑥ 카운트 3이 3 이상이면 RL3 3초 주기 반복 점멸

⑦ 카운트 1~3 중 하나라도 5 이상이면 RL1, RL2, RL3 순서대로 1초 간격 반복 점멸

⑧ 카운트가 6이면 각각의 카운트는 1부터 다시 시작합니다.

[기본 9] 카운트와 비교 명령어를 익힙니다.

PB1 ─┤P├─							CTU	C0001	8
─┤├─ <	C0001	3						M00001 ─( )─	
─┤├─ <=3	4	C0001	6					M00002 ─( )─	
─┤├─ <=3	2	C0001	4			T0001 ─┤/├─	TON	T0001	40
					<3	0	T0001	20	M00003 ─( )─
					<3	20	T0001	40	M00004 ─( )─
─┤├─ <=3	5	C0001	6			T0002 ─┤/├─	TON	T0002	20
					<3	0	T0002	10	M00005 ─( )─
					<3	10	T0002	20	M00006 ─( )─
─┤├─ =	C0001	7				T0003 ─┤/├─	TON	T0003	10
					<3	0	T0003	5	M00007 ─( )─
─┤├─ =	C0001	8						C0001 ─(R)─	
M00001 ─┤├─								GL1 ─( )─	
M00002 ─┤├─								GL2 ─( )─	
M00003 ─┤/├─	M00005 ─┤/├─	M00007 ─┤/├─					✳	RL1 ─( )─	
M00004 ─┤/├─	M00006 ─┤/├─	M00007 ─┤/├─					✳	RL2 ─( )─	

PART

2

P
L
C

[기본 10] 하나의 신호가 입력된 상태에서 다음 신호에 의한 제어동작을 배웁니다.

PB1 ─|P|─						CTU	C0001	0
PB2 ─|P|─						CTU	C0002	0
PB3 ─|P|─						CTU	C0003	0
─| <=3	1	C0001	2	M00020 ─|/|─			M00001 ─( )─
─| <=3	1	C0002	2	M00020 ─|/|─			M00002 ─( )─
─| <=3	1	C0003	2	M00020 ─|/|─			M00003 ─( )─
─| >=	C0001	3	M00020 ─|/|─	T0001 ─|/|─	TON	T0001	10
			<3	0	T0001	5		M00011 ─( )─
─| >=	C0002	3	M00020 ─|/|─	T0002 ─|/|─	TON	T0002	20
			<3	0	T0002	10		M00012 ─( )─
─| >=	C0003	3	M00020 ─|/|─	T0003 ─|/|─	TON	T0003	30
			<3	0	T0003	15		M00013 ─( )─
─| >=	C0001	5		T0011 ─|/|─	TON	T0011	30
─	>=	C0002	5	<3	0	T0011	10	M00021 ─( )─
─	>=	C0003	5	<3	10	T0011	20	M00022 ─( )─
			<3	20	T0011	30		M00023 ─( )─
								M00020 ─( )─
─	=	C0001	6			MOV	1	C0001
─	=	C0002	6			MOV	1	C0002
─	=	C0003	6			MOV	1	C0003

M00001 ─|/|─	M00011 ─|/|─	M00021 ─|/|─				✳	RL1 ─( )─
M00002 ─|/|─	M00012 ─|/|─	M00022 ─|/|─				✳	RL2 ─( )─
M00003 ─|/|─	M00013 ─|/|─	M00023 ─|/|─				✳	RL3 ─( )─

6-3 실력문제

실력 1

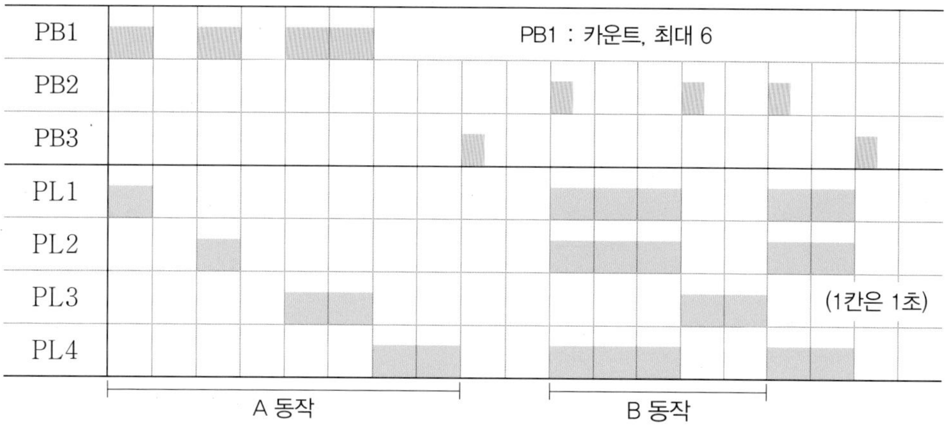
PB1
PB2
PB3
PL1
PL2
PL3
PL4
PB1 : 카운트, 최대 6
(1칸은 1초)
A 동작
B 동작

• A 동작 중에는 B 동작이 되지 않으며 B 동작 중에는 A 동작이 되지 않습니다.

실력 2

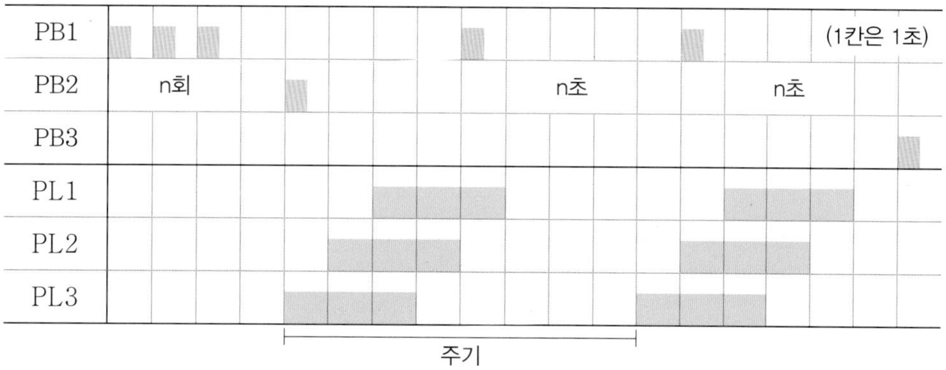
PB1
PB2
PB3
PL1
PL2
PL3
(1칸은 1초)
n회
n초
n초
주기

실력 3

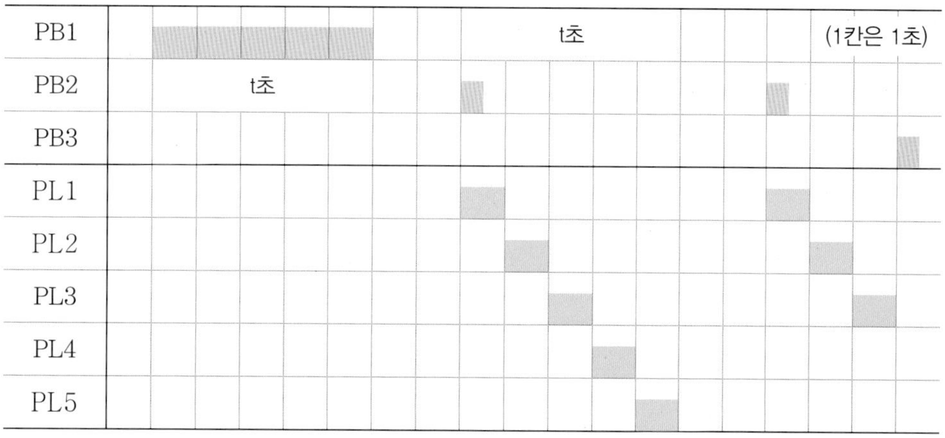
PB1
PB2
PB3
PL1
PL2
PL3
PL4
PL5
t초
t초
(1칸은 1초)

• t초의 허용 백분율 오차는 10[%]이며 프로그램 실행 중에는 입력 불가합니다.

[실력 1] 카운터 회로를 익힙니다.

[실력 2] 사칙연산을 익힙니다.

[실력 3] TMR과 사칙연산 프로그램을 구성합니다.

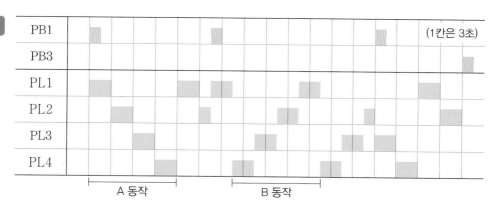

실력 4

PB1																						
PB2																						
PB3																						
PL1												PB1 합산한 초										
PL2																						
PL3																						
PL4																						
PL5								PB1 합산한 초								(1칸은 1초)						

- PB1을 누르는 시간에 따른 출력시간

  4초 미만 : 4초, 4~8초 미만 : 8초, 8초 이상 : 12초

실력 5

PB1																				
PB2																(1칸은 1초)				
PL1																				
PL2																				
PL3																				

주기

- PB2를 ON하면 프로그램 진행을 잠시 멈추고 OFF하면 프로그램을 계속 진행합니다.

실력 6

PB1														(1칸은 3초)		
PB3																
PL1																
PL2																
PL3																
PL4																

A 동작   B 동작

[실력 4] TMR과 TON의 동작사항을 익힙니다.

[실력 5] TMR과 비교명령어를 사용한 회로입니다.

[실력 6] MOV 명령어와 동작 전환을 배웁니다.

PB1 —[P]—							CTR	C0001	1

PB1 —[P]— PB3 —[/]— M00000 —( )—

M00000 —[ ]— ... T0001 —[/]— | TON | T0001 | 120 |

| <3 | 0 | T0001 | 30 | C0001 —[ ]— | M00001 —( )— |
| | | | | C0001 —[/]— | M00011 —( )— |

| <3 | 30 | T0001 | 60 | C0001 —[ ]— | M00002 —( )— |
| | | | | C0001 —[/]— | M00012 —( )— |

| <3 | 60 | T0001 | 90 | C0001 —[ ]— | M00003 —( )— |
| | | | | C0001 —[/]— | M00013 —( )— |

| <3 | 90 | T0001 | 120 | C0001 —[ ]— | M00004 —( )— |
| | | | | C0001 —[/]— | M00014 —( )— |

PB1 —[P]— PL1 —[ ]— C0001 —[ ]— | MOV | 30 | T0001 |
C0001 —[/]— | MOV | 120 | T0001 |

PL2 —[ ]— C0001 —[ ]— | MOV | 60 | T0001 |
C0001 —[/]— | MOV | 90 | T0001 |

PL3 —[ ]— C0001 —[ ]— | MOV | 90 | T0001 |
C0001 —[/]— | MOV | 60 | T0001 |

PL4 —[ ]— C0001 —[ ]— | MOV | 120 | T0001 |
C0001 —[/]— | MOV | 30 | T0001 |

PB3 —[ ]— C0001 —(R)—

M00001 —[/]— M00014 —[/]— ——*—— PL1 —( )—

M00002 —[/]— M00013 —[ ]— ——*—— PL2 —( )—

M00003 —[/]— M00012 —[/]— ——*—— PL3 —( )—

M00004 —[/]— M00011 —[/]— ——*—— PL4 —( )—

실력 7 · 입력 : PB-A~PB-C
· 출력 : HL1~HL5

실력 8 · 입력 : SS-A~SS-B, PB1~PB3
· 출력 : HL1~HL5

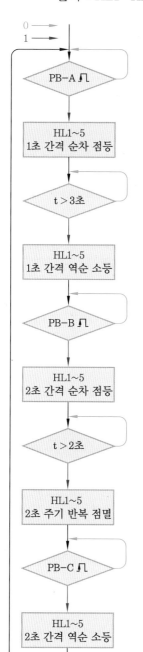

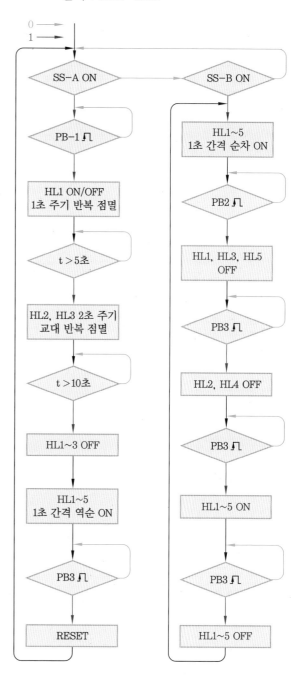

PART
2

P
L
C

[실력 7] ① '>' 비교 명령어의 유용성을 배웁니다.

② 타임시간을 어떻게 정할 것인지 잘 살펴보기 바랍니다.

```
          T0011                                          ┌─────┬───────┬─────┐
          ─┤ ├──────────────────────────────────────────│ TON │ T0012 │  21 │
                                                         └─────┴───────┴─────┘
          T0012                                 T0013    ┌─────┬───────┬─────┐
          ─┤ ├──────────────────────────────────┤/├─────│ TON │ T0013 │  20 │
                                                         └─────┴───────┴─────┘
                                     ┌──────┬────────┬────────┐   M00016
                                     │  <3  │   0    │ T0013  │ 10 ─( )─
                                     └──────┴────────┴────────┘
                      PBC                                          M00020
                     ─┤P├──────────────────────────────────────────( )─
                      M00020                              ┌─────┬───────┬─────┐
                     ─┤ ├─────────────────────────────────│ TON │ T0014 │  81 │
                                                          └─────┴───────┴─────┘
```

[실력 8] 연속된 푸시 버튼 스위치의 회로 프로그램을 배웁니다.

```
  SSA    PB1    PB3                                                M00000
 ─┤ ├───┤P├───┤/├────────────────────────────────────────────────( )─
         M00000                                T0001    ┌─────┬───────┬─────┐
        ─┤ ├────────────────────────────────────┤/├─────│ TON │ T0001 │  10 │
                                                         └─────┴───────┴─────┘
                                     ┌──────┬────────┬────────┐   M00001
                                     │  <3  │   0    │ T0001  │  5 ─( )─
                                     └──────┴────────┴────────┘
                                                         ┌─────┬───────┬─────┐
                                                         │ TON │ T0002 │  51 │
                                                         └─────┴───────┴─────┘
          T0002                                T0003    ┌─────┬───────┬─────┐
         ─┤ ├─────────────────────────────────┤/├─────│ TON │ T0003 │  20 │
                                                         └─────┴───────┴─────┘
                                     ┌──────┬────────┬────────┐   M00002
                                     │  <3  │   0    │ T0003  │ 10 ─( )─
                                     └──────┴────────┴────────┘
                                     ┌──────┬────────┬────────┐   M00003
                                     │  <3  │  10    │ T0003  │ 20 ─( )─
                                     └──────┴────────┴────────┘
                                                         ┌─────┬───────┬─────┐
                                                         │ TON │ T0004 │ 101 │
                                                         └─────┴───────┴─────┘
          T0004                                                   M00004
         ─┤ ├────────────────────────────────────────────────────( )─
                                                         ┌─────┬───────┬─────┐
                                                         │ TON │ T0005 │  40 │
                                                         └─────┴───────┴─────┘
                                     ┌──────┬────────┐            M00005
                                     │  >   │ T0005  │   0  ──────( )─
                                     └──────┴────────┘
                                     ┌──────┬────────┐            M00006
                                     │  >   │ T0005  │  10  ──────( )─
                                     └──────┴────────┘
                                     ┌──────┬────────┐            M00007
                                     │  >   │ T0005  │  20  ──────( )─
                                     └──────┴────────┘
                                     ┌──────┬────────┐            M00008
                                     │  >   │ T0005  │  30  ──────( )─
                                     └──────┴────────┘
          T0005                                                   M00009
         ─┤ ├────────────────────────────────────────────────────( )─
  M00001  M00004                                                  HL1
 ─┤ ├───┤/├─────────────────────────────────────────────────────( )─
  M00009
 ─┤ ├─
  M00011  M00010
 ─┤ ├───┤/├─
  M00022
 ─┤ ├─
```

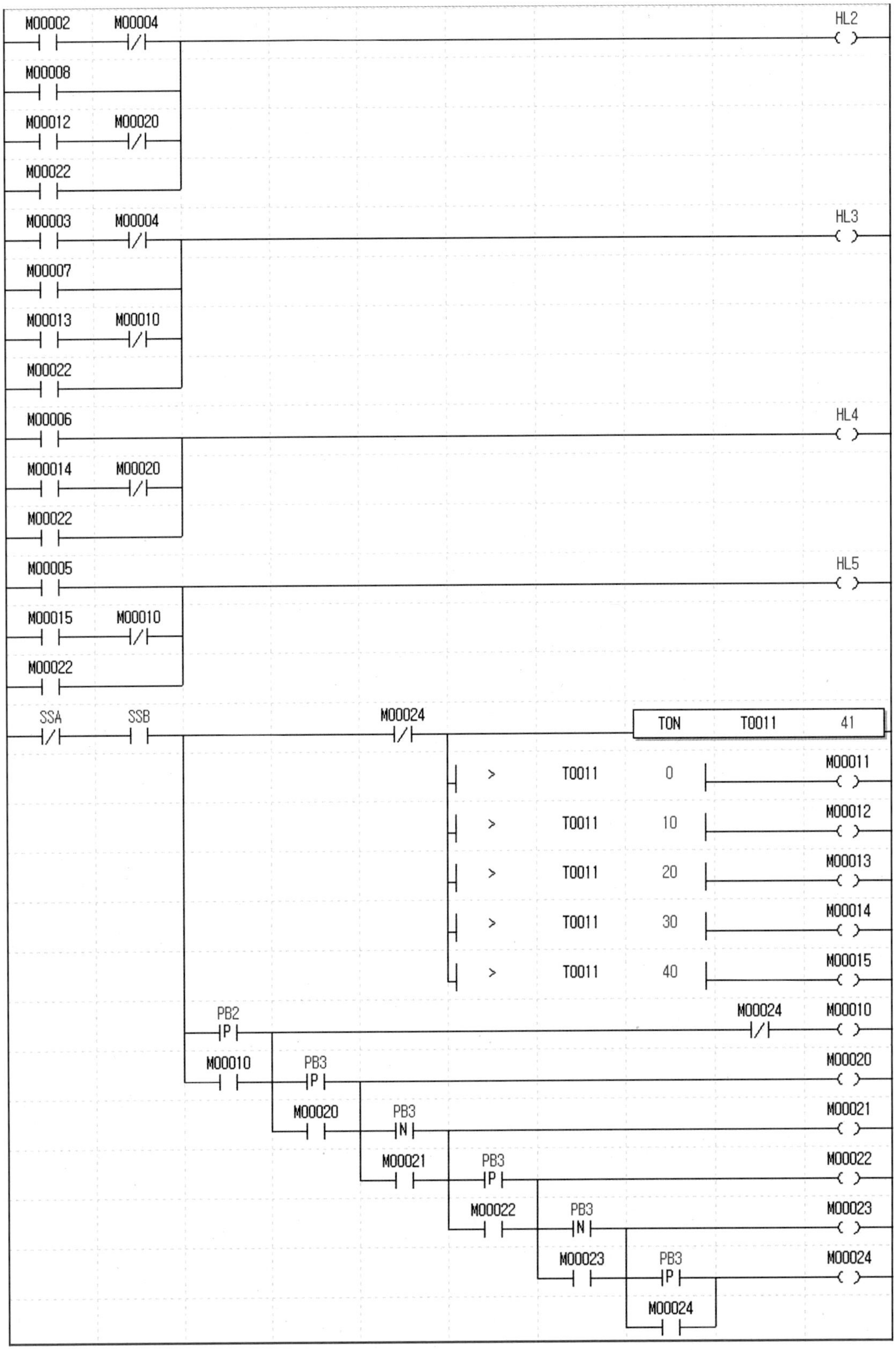

M00002 M00004 HL2
M00008
M00012 M00020
M00022

M00003 M00004 HL3
M00007
M00013 M00010
M00022

M00006 HL4
M00014 M00020
M00022

M00005 HL5
M00015 M00010
M00022

SSA SSB M00024 | TON T0011 41 |

> T0011 0 M00011
> T0011 10 M00012
> T0011 20 M00013
> T0011 30 M00014
> T0011 40 M00015

PB2 [P] M00024 M00010
M00010 PB3 [P] M00020
M00020 PB3 [N] M00021
M00021 PB3 [P] M00022
M00022 PB3 [N] M00023
M00023 PB3 [P] M00024
M00024

실력 9 ・입력 : PB1~PB3
・출력 : HL1~HL5

실력 10 ・입력 : SS-A~SS-B, PB1~PB3
・출력 : HL1~HL5

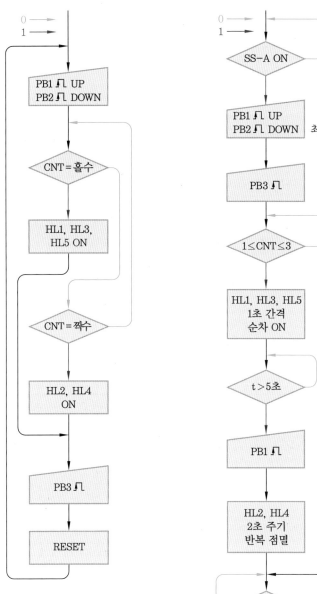

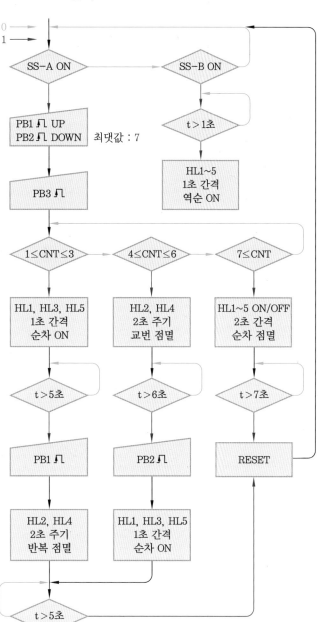

[**실력 9**] 홀수 짝수 구별하기 : 2로 나누었을 때 나머지가 1이면 홀수이고, 0이면 짝수입니다.

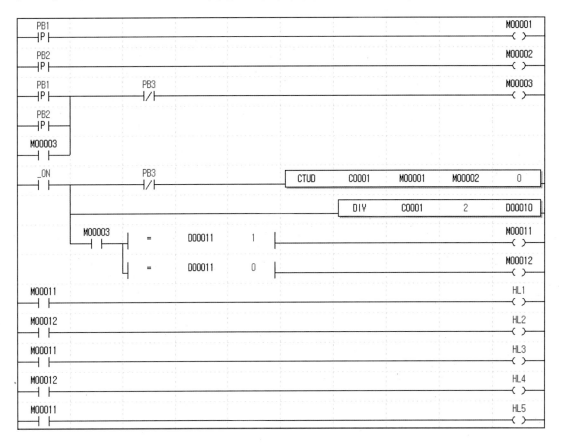

[실력 10] ① CTUD와 타이머 사용법을 익힙니다.

② 타이머와 내부 코일의 번호가 새로 시작하는 부분(다른 변화)에는 10의 단위의 숫자로 시작하는 것이 회로들 간에 서로 혼돈되지 않아서 좋습니다.

③ 프로그램을 작성하다가 가로로 길어질 경우에는 기본 가로 10개의 접점을 12개의 접점으로 늘려서 사용합니다.

다음의 자료는 12개의 접점을 사용한 프로그램입니다.

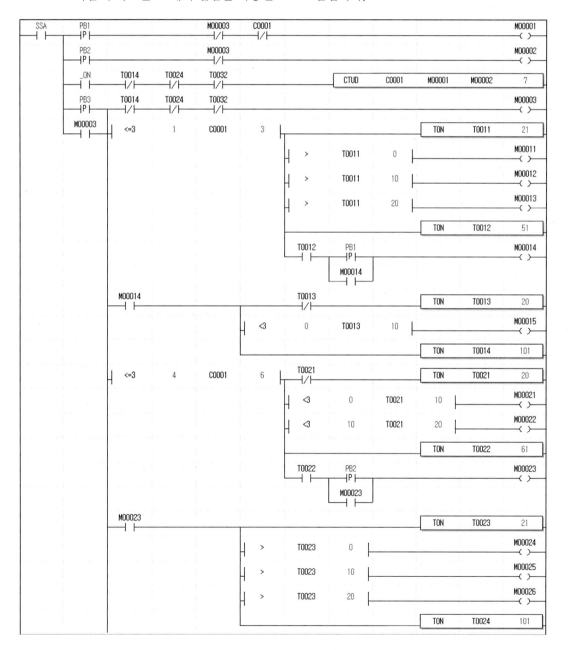

	>=	C0001	7		T0031 ┤/├				TON	T0031	100
				<3	0	T0031	20			M00031 ─( )─	
				<3	20	T0031	40			M00032 ─( )─	
				<3	40	T0031	60			M00033 ─( )─	
				<3	60	T0031	80			M00034 ─( )─	
				<3	80	T0031	100			M00035 ─( )─	
									TON	T0032	151

M00011 ┤/├	M00031 ┤/├	M00024 ┤/├	M00045 ┤/├			✳	HL1 ─( )─
M00021 ┤/├	M00032 ┤/├	M00015 ┤/├	M00044 ┤/├			✳	HL2 ─( )─
M00012 ┤/├	M00033 ┤/├	M00025 ┤/├	M00043 ┤/├			✳	HL3 ─( )─
M00022 ┤/├	M00034 ┤/├	M00015 ┤/├	M00042 ┤/├			✳	HL4 ─( )─
M00013 ┤/├	M00035 ┤/├	M00026 ┤/├	M00041 ┤/├			✳	HL5 ─( )─

SSA ┤/├	SSB ┤ ├					TON	T0041	51
		>	T0041	10			M00041 ─( )─	
		>	T0041	20			M00042 ─( )─	
		>	T0041	30			M00043 ─( )─	
		>	T0041	40			M00044 ─( )─	
		>	T0041	50			M00045 ─( )─	

6-4　실전문제

* 별도의 참고사항이 없으면 1칸은 1초입니다.

실전 1

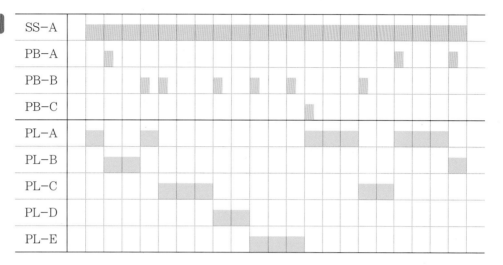

- 카운트 초기값은 3, 최댓값은 4입니다.
- 카운트값과 ON 동작

  PL-A : 3, PL-B : 4, PL-C : 2, PL-D : 1, PL-E : 0

| SS-A |
| SS-B |
| SS-C |
| PB-A |
| PB-B |
| PB-C |
| PL-A |
| PL-B |
| PL-C |
| PL-D |
| PL-E |

[실전 1]

실전 2

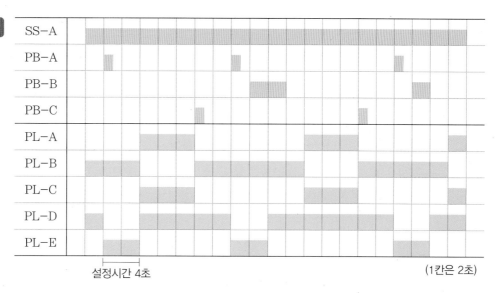

설정시간 4초　　　　　　　　　　　　　　　　(1칸은 2초)

- PB-A ON 4초 후 PL-A ON
- PB-B : 지연시간
- PB-C : 초기화

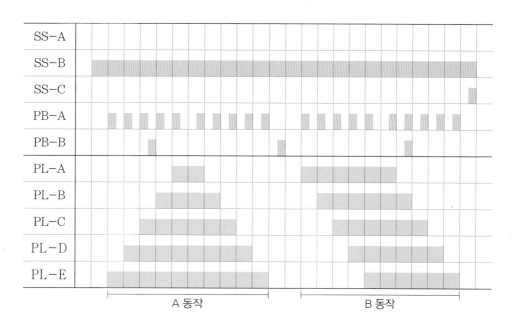

A 동작　　　　　　B 동작

- SS-C : RESET
- PB-B : 전환

　램프 동작 중에는 전환이 안 되며 2번 이상의 연결 작동은 한 번의 작동과 같습니다.

[실전 2] ① SS-A와 SS-B는 서로 동시에 작동하지 않도록 연결합니다.

② 양변환 검출 접점이나 음변환 검출 접점이 나오면 대부분 자기유지 접점을 구성하여 회로를 구성합니다.

③ TMR 타이머는 전원이 OFF되면 잠시 시간을 멈추고 있다가 전원이 다시 들어오면 시간을 진행합니다. 초기화는 RESET 코일을 사용하여(Shift + F4) 구성합니다.

④ 반전 접점은 크게 2가지에 유용하게 사용할 수 있습니다. 하나는 RESET 코일 앞에 사용하여 회로 전체를 초기화하고요, 또 하나는 여러 개의 출력 램프 제어접점을 병렬로 연결된 곳에 사용하여 모두 직렬로 만드는 곳에 사용합니다. 램프 제어접점을 직렬로 사용하면 회로가 밑으로 길지 않아서 회로 점검하는 데 편리합니다.

⑤ 위쪽의 타임차트는 얼핏 보면 램프 점등이 복잡하게 보입니다. 그렇지만 다른 회로와 별반 차이는 없습니다. PL-A와 PL-C는 같은 것이고요, PL-A와 PL-B, PL-D와 PL-E는 서로 반대로 동작함을 볼 수 있습니다. 서로 연관되는 것들은 램프 접점을 사용하여 회로를 구성하면 간단하면서 편리합니다.

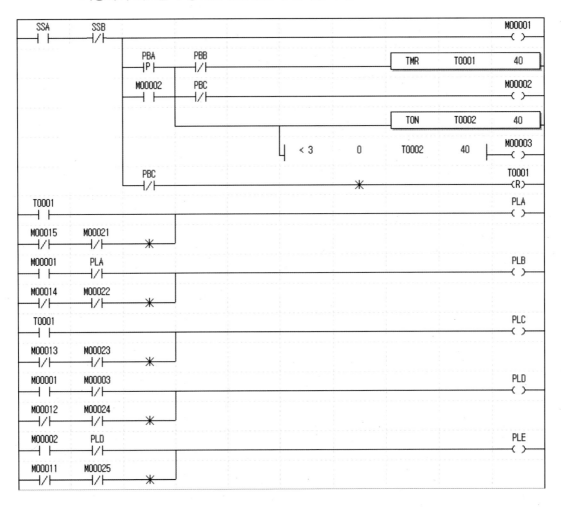

⑥ CTU 전원은 일반 접점을 통해서 연결하고요, CTUD 전원은 상시 ON 접점을 사용하여 연결합니다. 초기화에서 CTU는 리셋 코일을 사용하지만 CTUD는 전원 회로를 끊으면 됩니다.

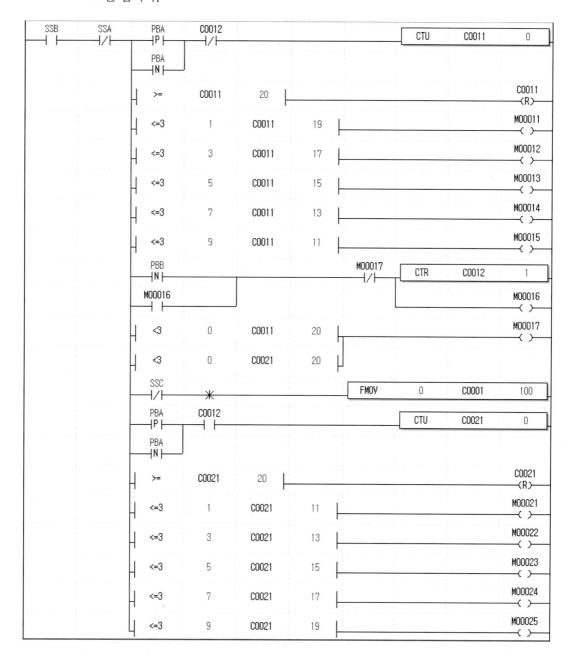

실전 3

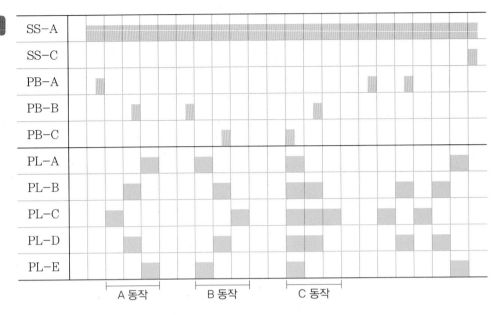

- A 동작 중 PB-A ON 작동 시 A 동작 재시작
- B 동작 중 PB-B ON 작동 시 B 동작 재시작
- C 동작 중 PB-C ON 작동 시 C 동작 재시작

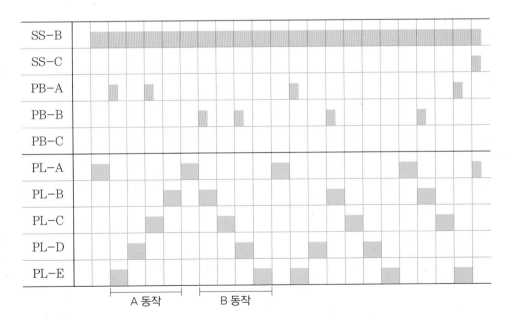

- A 동작 중에는 PB-A가 작동하지 않습니다.
- B 동작 중에는 PB-B가 작동하지 않습니다.

[실전 3] ① 검출 접점은 양변환 검출 접점을 사용했는지 음변환 검출 접점을 사용했는지 유심히 살펴봐야 합니다. 시험 때에는 경황이 없어 잘못 보는 경우가 간혹 있습니다.

② 타이머, 카운트, 내부 코일 등은 10의 단위로 구분하여 서로 번호를 일치시키는 것이 좋습니다. 그래야 회로 구분이 쉽고 찾기 편리합니다. 그림에서 위쪽은 타이머를 차례대로 번호를 붙였고요, 아래쪽은 일치시켰습니다. 이 회로는 그다지 복잡하지 않은 회로라 비교가 어렵겠지만 복잡한 회로에서는 확연한 차이를 발견할 수 있습니다.

③ 주회로와 램프 회로를 서로 구분해서 프로그램을 짜면 복잡한 회로도 정리가 잘됩니다. 램프 점등을 가운데로 모았는데요, 이유가 있습니다. 타임차트는 크게 2개로 나누어져 나오는데 그 가운데에 램프 회로를 넣으면 점검 때 한 화면에서 주회로와 램프 회로를 함께 볼 수 있습니다.

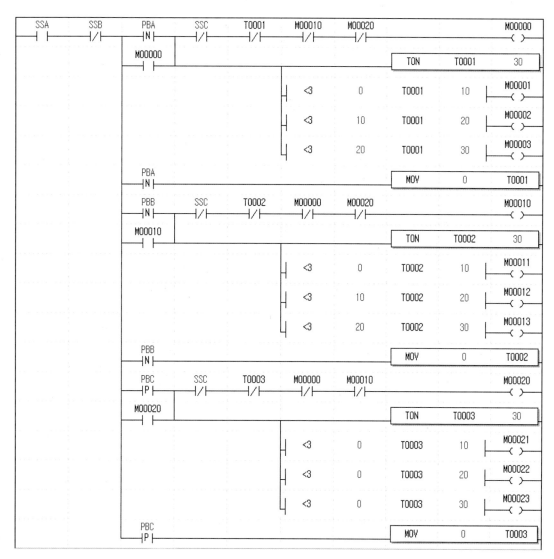

④ 램프 회로에서 반전 접점(＊)을 사용한 곳도 있고 안 한 곳도 있잖아요. 반전 접점을 사용한 곳은 병렬로 접점이 서로 같기 때문이고요, 안 한 곳은 서로 접점이 다르기 때문입니다. 반점 접점을 똑같이 사용하여 할 수도 있지만 그것까지 생각하면서 할 여유 시간이 없습니다. '접점이 서로 같은 것끼리 연결된 것은 반전 접점을 사용하고, 서로 다른 것끼리 연결된 것은 반전 접점을 사용하지 않는다.'라고 생각하면 됩니다.

⑤ 타이머의 시간 설정을 이렇게 하는 이유는 앞에서 이미 설명했습니다. 참고하세요.

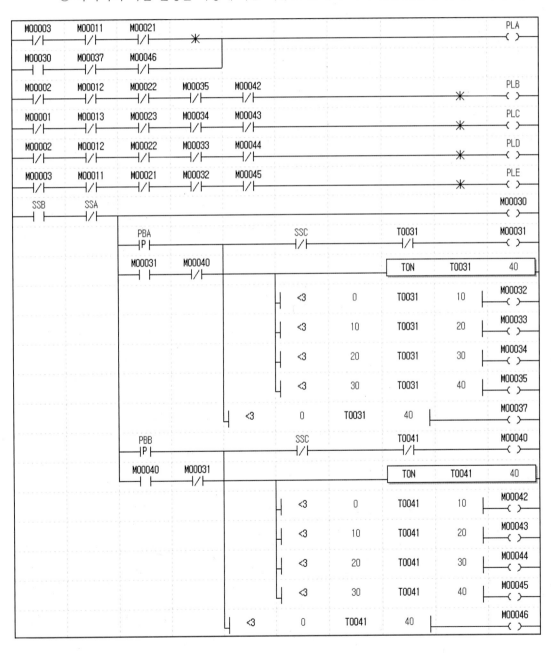

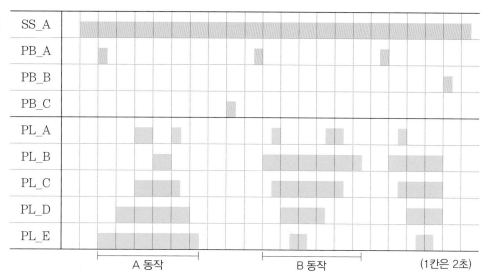

실전 4

- PB_C : 전환

  램프 동작 중에는 전환이 안 되며, 2번 이상의 연결 작동은 한 번의 작동과 같습니다.
- 프로그램 첫 동작 : A 동작부터 시작

- PL_A = PB_A − PB_B,　　PL_B = PB_A + PB_B,

  PL_C = PB_A × PB_B,　　PL_D = PB_A ÷ PB_B의 몫
- SS_C : 초기화

[실전 4]

<3	0	T0001	110	M00001
<3	20	T0001	100	M00002
<3	40	T0001	90	M00003
<3	60	T0001	80	M00004

<3	0	T0011	110	M00011
<3	10	T0011	90	M00012
<3	20	T0011	70	M00013
<3	30	T0011	50	M00014

① 변환을 위한 명령어 사용은 CTR 카운트가 좋습니다.

② CTU는 스위치 누름 숫자를 표시하는 것이지 초를 의미하는 것이 아니기 때문에 초로 환산해야 합니다. 사칙연산을 한 후 그 결괏값에 10을 곱하여 초로 환산합니다.

앞으로도 시험에서 사칙연산 문제는 계속 나올 것 같으니까 잘 익혀두세요.

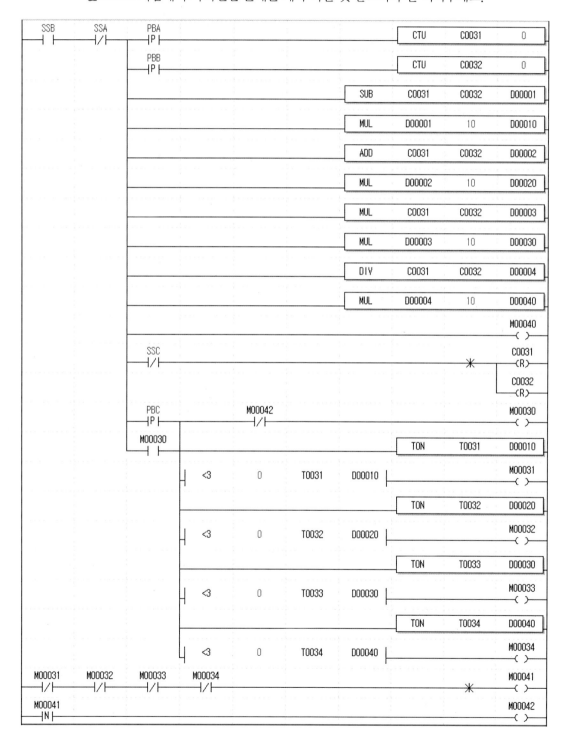

실전 5

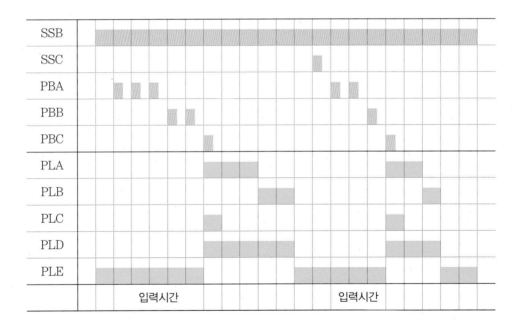

- SSC : 초기화
- 모든 램프가 모두 OFF되면 PBA가 바로 ON이 가능해야 합니다.

- PBA 카운트 수 = PLA ON 동작시간(초)
- PBB 카운트 수 = PLB ON 동작시간(초)
- PLC 동작시간 = PLA 동작시간 − PLB 동작시간
- SSC ON 또는 전원 OFF : 초기화
- 처음 입력에서부터 마지막 입력까지의 시간은 10초 이내입니다.
- PBA의 최댓값은 10, PBB의 최댓값은 5입니다.

[실전 5] 어떤 조작에 의해 잠시 멈춘다면 '아~ 그거 TMR'이라고 생각하세요. 다른 식으로 회로
를 구성해도 되겠지만 복잡합니다. 회로에 적합한 타이머가 있는데 괜히 돌아갈 필요는
없을 것 같아요.

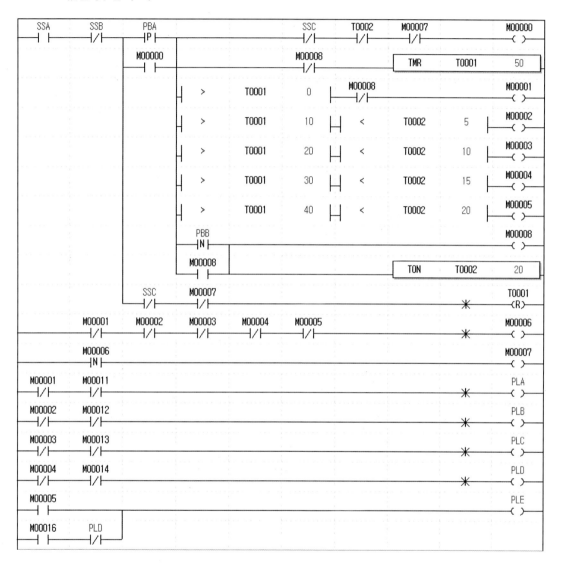

```
  SSB    SSA    PBA              C0011   T0020
 ─┤ ├───┤/├───┤P├──────────────┤/├────┤/├──────────[ CTU    C0011      10 ]

               PBB              C0012   T0020
              ─┤P├──────────────┤/├────┤/├──────────[ CTU    C0012       5 ]

               PBA              SSC                                    M00020
              ─┤P├──────┬──────┤/├───────────────────────────────────( )

               PBB      │
              ─┤P├──────┘

              M00020
              ─┤ ├─────────────────────────────────[ TON    T0020     100 ]

                                       [ MUL    C0011      10     D00010 ]

                                       [ MUL    C0012      10     D00020 ]

                                       [ SUB    D00010    D00020  D00030 ]

                                                                      M00016
                                                                      ( )

               SSC                                                    C0011
              ─┤/├──────────────────────────────────────────────✶───(R)

                                                                      C0012
                                                                      (R)

               PBC              SSC     M00015                        M00010
              ─┤P├──────┬──────┤/├────┤/├───────────────────────────( )

              M00010    │
              ─┤ ├──────┘                          [ TON    T0011    D00010 ]

       M00010                    ┤  <3      0      T0011   D00010 ├     M00011
      ─┤ ├──────────────────────                                      ( )

              T0011                                [ TON    T0012    D00020 ]
             ─┤ ├────────┐
                         │
                         └┤  >=      T0012    0    ┤ ├  <   T0012  D00020 ├  M00012
                                                                            ( )

                                                  [ TON    T0013    D00030 ]

                          ┤  <3      0      T0013   D00030 ├      M00013
                                                                  ( )

  M00011  M00012  M00013                                          M00014
 ─┤/├────┤/├────┤/├──────────────────────────────────────✶──────( )

  M00014                                                          M00015
 ─┤N├────────────────────────────────────────────────────────────( )
```

아~ TMR

제가 기능장 실기시험에서 떨어졌을 때 TMR을 사용하는 회로도 있었습니다. MOV 명령어로 해결될 것 같아서 그것만 계속 만지작거리다가 시간 다 허비하고요, 2시간 거의 다 허비할 시점에 TMR이 생각나서 회로를 구성하고 마무리를 했어요.

PLC를 2시간 만에 풀었으니 전기공사는 시간 부족으로 마무리도 못했죠^^;;

실전 6
- 입력 : SS−A~SS−C, PB−A~PB−C
- 출력 : PL−A~PL−E

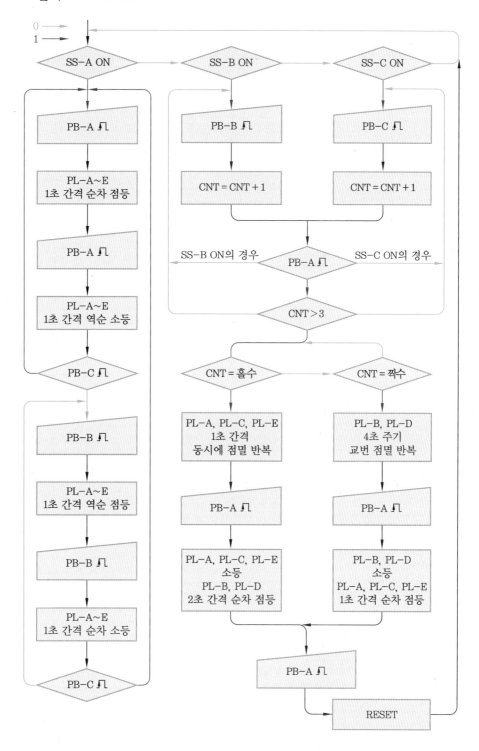

[실전 6] ① PB-A 2개의 연속한 동작 구성은 둘 사이에 음변환 접점 넣음으로 가능합니다.

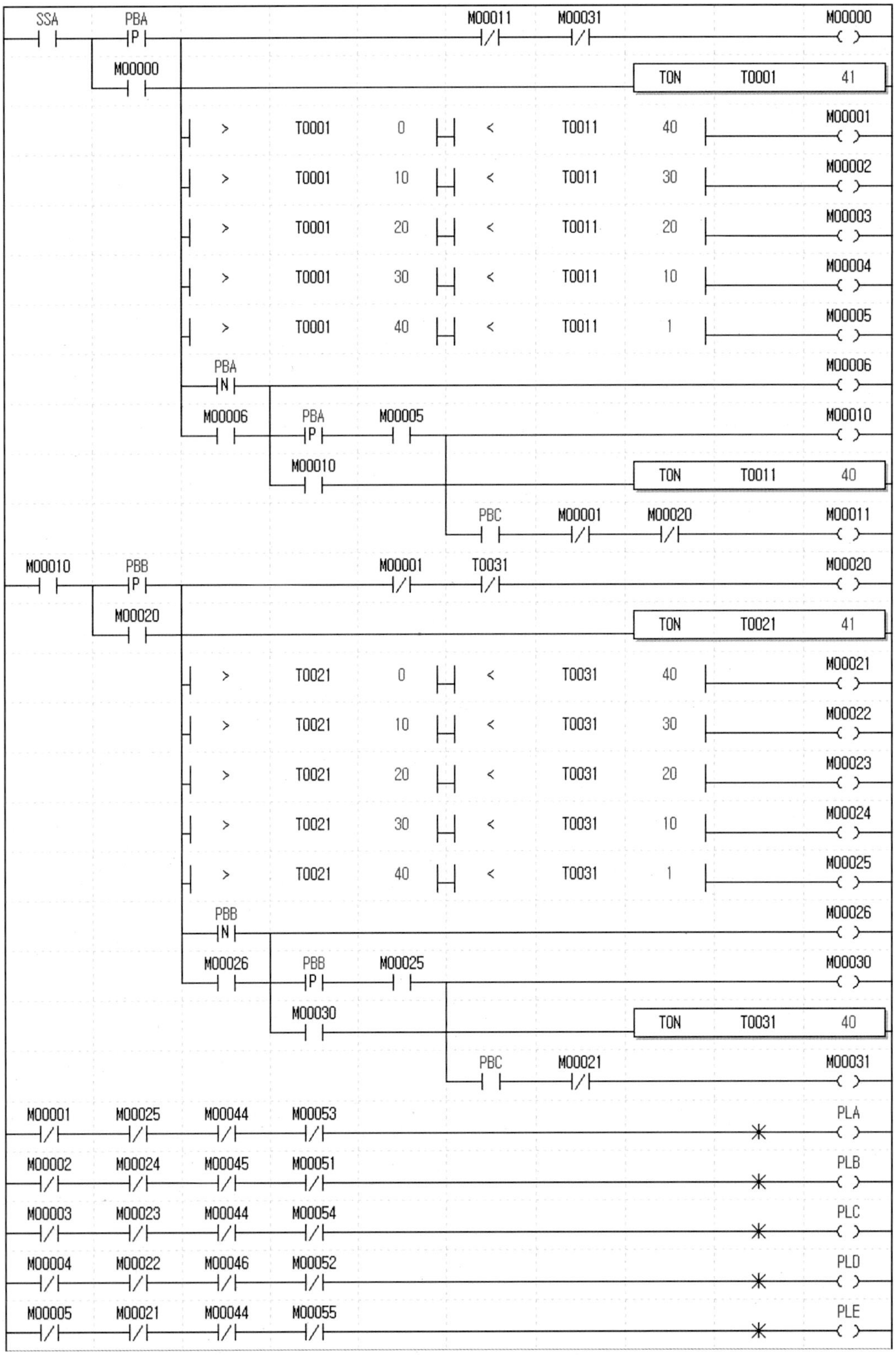

② 앞 장의 프로그램에서 비교 명령어를 한 줄에 연속으로 사용하면 회로가 한 층 간단합니다.

③ 2개의 입력을 하나의 연산 프로그램으로 이용합니다.

④ 이때는 CTU 카운트와 연산 프로그램을 따로따로 구성했습니다.

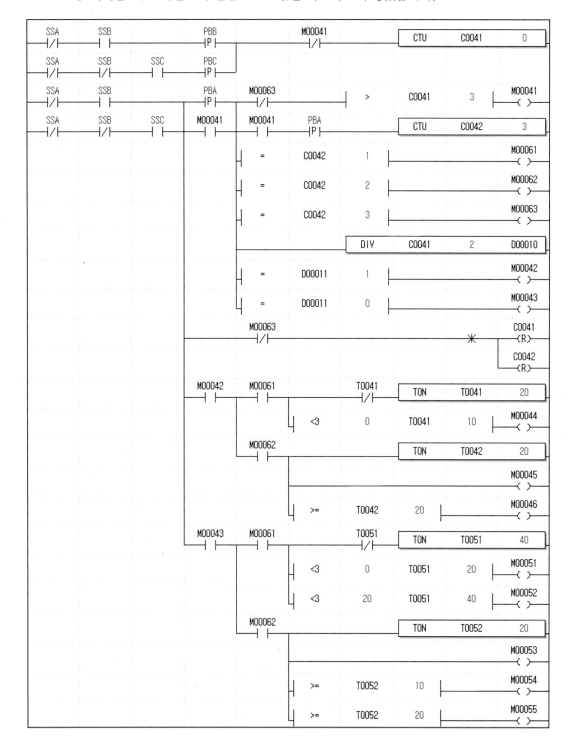

실전 7　• 입력 : SS-A~SS-C, PB-A~PB-C
　　　　• 출력 : PL-A~PL-E

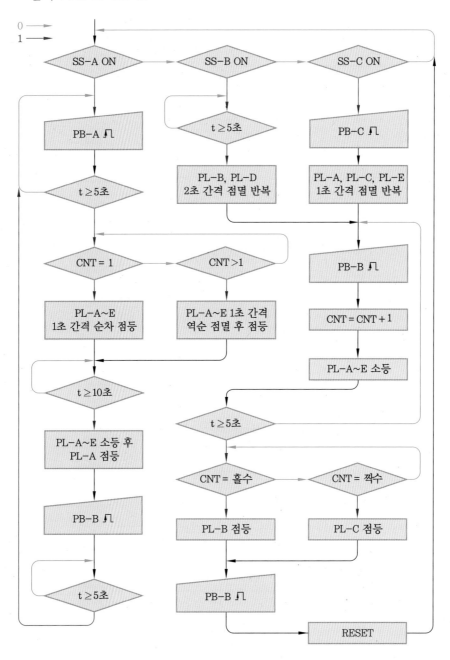

[실전 7] ① 홀수, 짝수의 프로그램 표현법을 익힙니다.

② 2로 나누어 나머지가 0이면 짝수, 1이면 홀수입니다.

③ 나눈 나머지는 몫이 D10에 저장되면 D11에 자동으로 저장됩니다.

④ 메모리 번호는 10의 단위로 입력하는 것이 좋습니다.

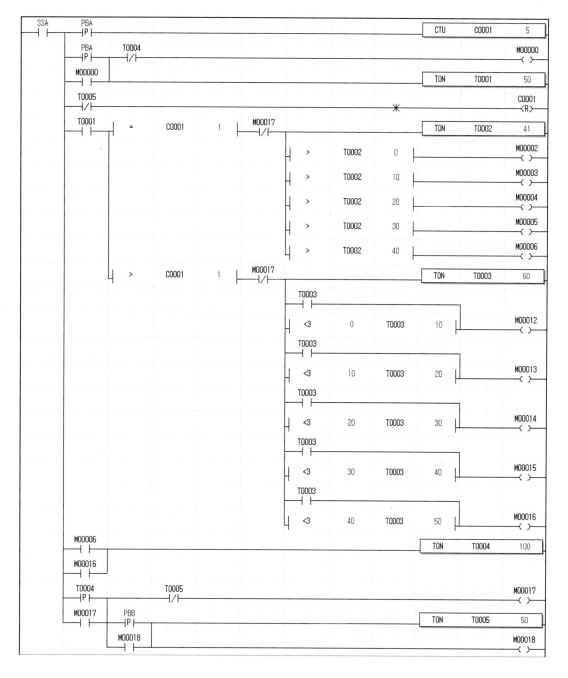

```
M00002   M00016   M00017   M00024                                              PLA
 ─┤/├──────┤/├──────┤/├──────┤/├──────────────────────────────────*──────────( )

M00003   M00015   M00021   M00027                                              PLB
 ─┤/├──────┤/├──────┤/├──────┤/├──────────────────────────────────*──────────( )

M00004   M00014   M00028   M00025                                              PLC
 ─┤/├──────┤/├──────┤/├──────┤/├──────────────────────────────────*──────────( )

M00005   M00013   M00022                                                       PLD
 ─┤/├──────┤/├──────┤/├────────────────────────────────────────────*─────────( )

M00006   M00012            M00026                                              PLE
 ─┤/├──────┤/├──────────────┤/├───────────────────────────────────*──────────( )


 SSA      SSB     M00029                                          ┌─────────────────────────┐
 ─┤/├──────┤/├──────┤/├──────────────────────────────────────────│ TON    T0011      50    │
          │                                                       └─────────────────────────┘
          │      T0011             M00030            T0012        ┌─────────────────────────┐
          └───────┤├────────┬───────┤/├───────┬──────┤/├─────────│ TON    T0012      40    │
                            │                  │                  └─────────────────────────┘
                            │  ┌┤ <3    0    T0012    20 ├┐                     M00021
                            │  │                         │                     ( )
                            │  ┌┤ <3    20   T0012    40 ├┐                     M00022
                            │  │                         │                     ( )

 SSA      SSB     M00029                                                        C0021
 ─┤/├──────┤/├──────┤/├──────────────────────────────────────────*────────────<R>
          │
          │ SSC
          └──┤├──

 SSA      SSB     SSC     PBC    M00029                                         M00023
 ─┤/├──────┤/├─────┤├──────┤P├──────┤/├───────────────────────────────────────( )
                          M00023   M00030            T0020        ┌─────────────────────────┐
                           ─┤├──────┤/├───────┬──────┤/├─────────│ TON    T0020      30    │
                                             │                   └─────────────────────────┘
                                             │  ┌┤ <3    0    T0020    10 ├┐   M00024
                                             │  │                         │   ( )
                                             │  ┌┤ <3    10   T0020    20 ├┐   M00025
                                             │  │                         │   ( )
                                             │  ┌┤ <3    20   T0020    30 ├┐   M00026
                                             │  │                         │   ( )

                          T0011    PBB                            ┌─────────────────────────┐
                           ─┤├──────┤P├──────────────────────────│ CTU    C0021      0     │
                                                                  └─────────────────────────┘
                          M00023   PBB                                          M00030
                           ─┤├──────┤P├───────────────────────────────────────( )

                                                                 ┌─────────────────────────┐
                                                                 │ TON    T0021      50    │
                                                                 └─────────────────────────┘
                          M00030   T0021                         ┌──────────────────────────────┐
                           ─┤├──────┤├───────────────────────────│ DIV   C0021   2   D00010    │
                                                                 └──────────────────────────────┘
                                           ┌┤ =   D00011    1 ├┐            M00027
                                           │                  │            ( )
                                           ┌┤ =   D00011    0 ├┐            M00028
                                           │                  │            ( )
                           PBB                                                  M00031
                           ─┤N├───────────────────────────────────────────────( )
                          M00031                            T0021    PBB        M00029
                           ─┤├──────────────────────────────┤├──────┤P├────────( )
```

실전8
- 입력 : SS−A∼SS−C, PB−A∼PB−C
- 출력 : PLA∼PLE

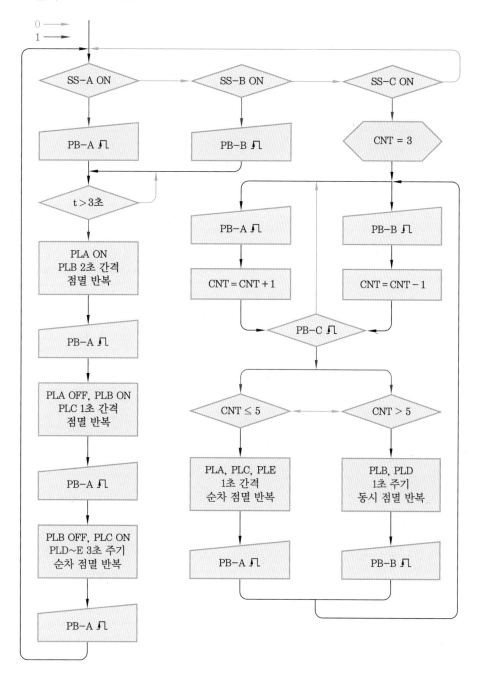

[실전 8] ① 기본 회로는 가로로 10접점의 프로그램으로 구성되어 있습니다. 프로그램을 짜다보
면 옆으로 약간 길어지는 경우가 있습니다. 그럴 때에는 다음 회로와 같이 12접점으
로 변경하여 구성하면 됩니다.

② 문제에서 좌측 그림을 보면 PB-A의 같은 접점이 같은 회로상에서 3개 이상 나열되
는 것을 볼 수 있습니다. 이런 경우 프로그램을 짤 때는 다음 프로그램과 같이 시퀀스
회로로 짜는 것보다 CTU 카운트를 사용하는 것이 더 편리합니다.

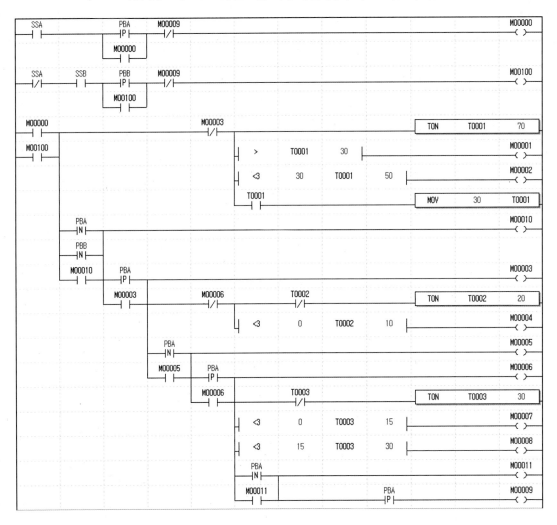

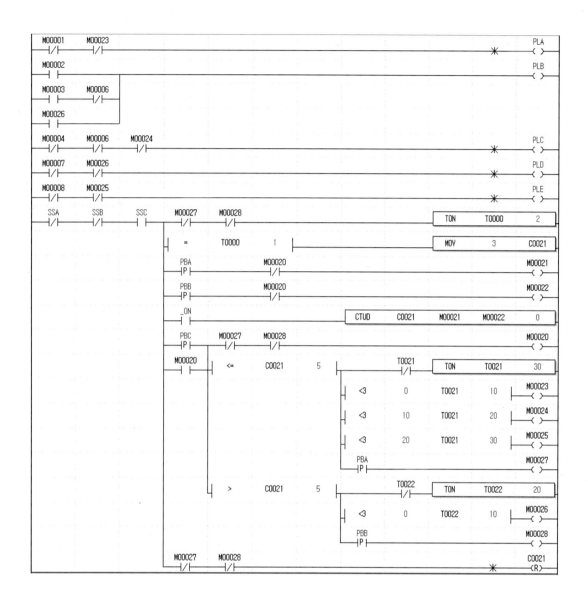

PART

2

P
L
C

실전 9   • 입력 : SS-A~SS-C, PB-A~PB-C
         • 출력 : HL1~HL5

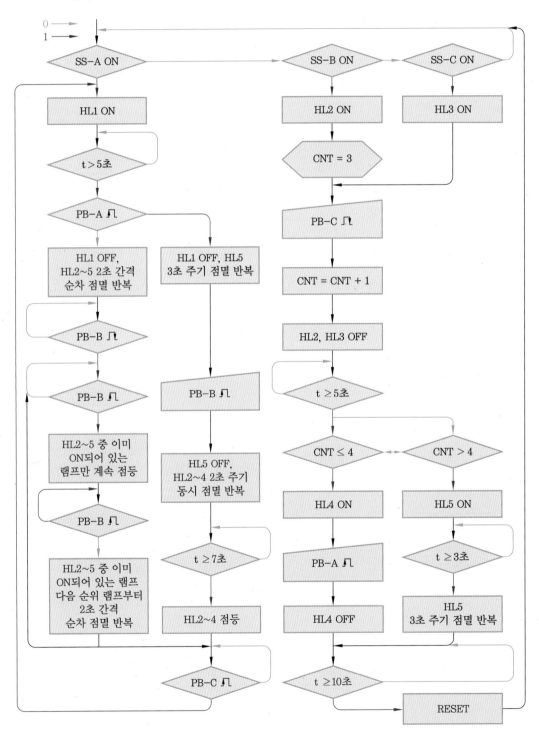

[실전 9] 순서도가 병렬 연결과 직렬 연결로 혼합된 회로입니다.

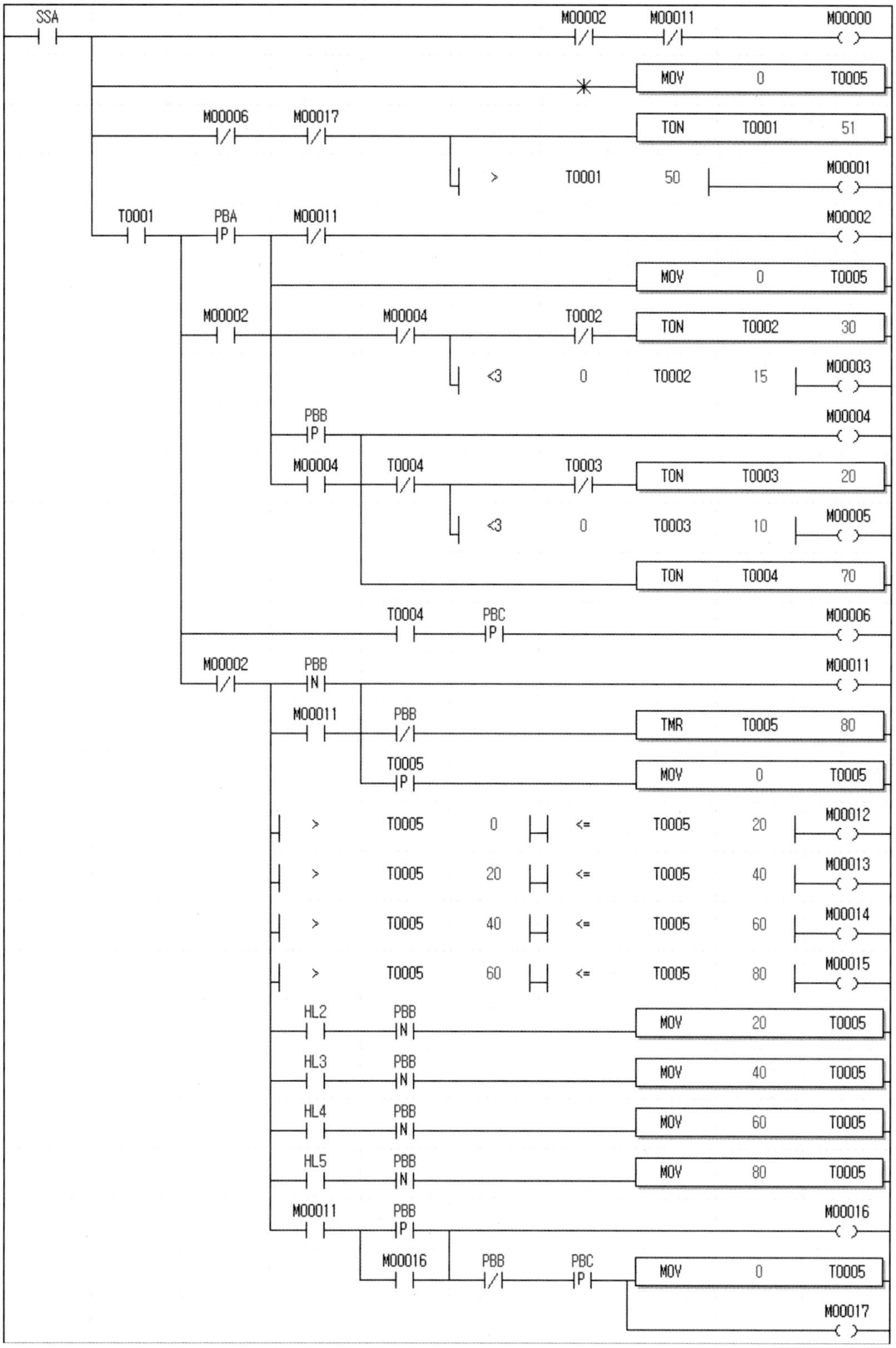

M00000   HL1

M00005 M00012 T0004   HL2
M00020 M00031

M00005 M00013 T0004   HL3
M00030 M00031

M00005 M00014 T0004   HL4
M00032 M00033

M00003 M00004   HL5
M00015
M00034 M00035

SSA SSB   M00020

T0034 | TON | T0021 | 2 |

= T0021 1 | MOV | 3 | C0031 |

SSA SSB SSC   M00030

SSA SSB T0034   C0031 (R)
SSC

M00020 PBC | CTU | C0031 | 0 |
|N|

M00030 PBC T0034   M00031
|N|

M00031 | TON | T0031 | 50 |

T0031 <= C0031 4   M00032

PBA   M00033
|P|
M00033

> C0031 4   M00034

M00034 | TON | T0032 | 30 |

T0032 T0033 | TON | T0033 | 30 |

<3 16 T0033 30   M00035

M00033 | TON | T0034 | 100 |
T0032

실전 10 · 입력 : SS-A~SS-C, PB-A~PB-C

　　　　· 출력 : PL-A~PL-E

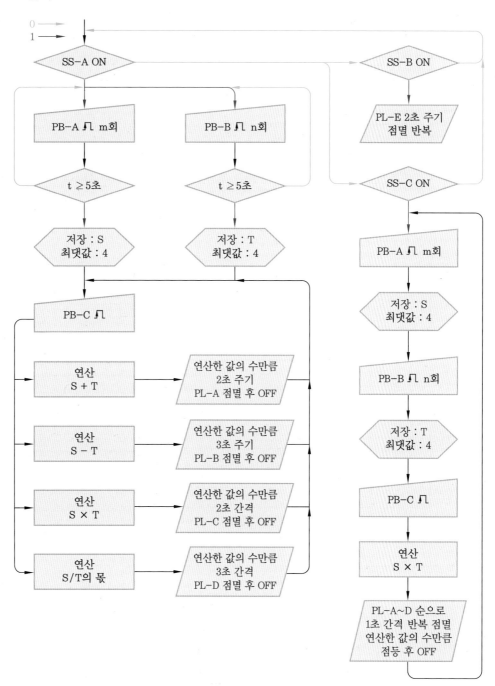

[실전 10] ① 연산 프로그램인데요, 프로그래밍 순서는 기본적으로 연산을 먼저 하고, 그 연산된
값을 초로 환산합니다. 나눗셈에서 주의하세요.

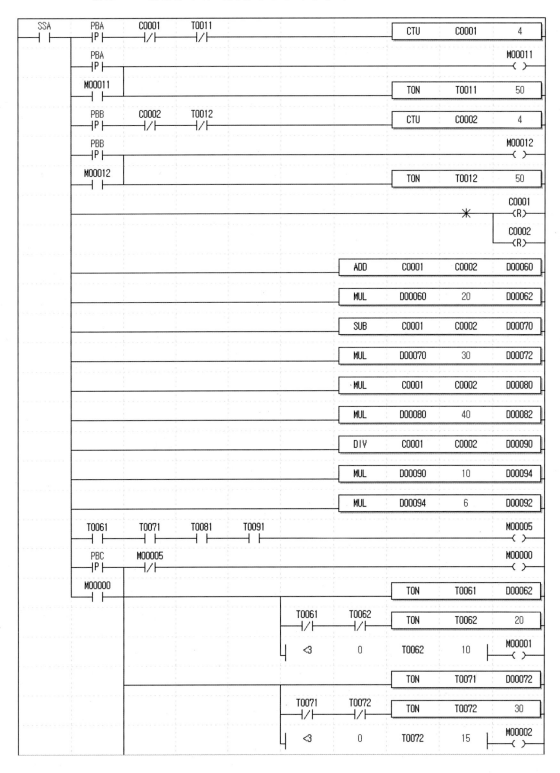

② CTU 앞의 접점은 최댓값을 나타내는 접점입니다.

③ 램프의 OFF시점을 카운트로 사용했습니다.

④ 다음 회로는 FMOV 명령어를 사용했는데요, RESET 회로를 구성하는 것이 더 좋습니다. FMOV 명령어는 그 단어를 사용하는 회로 전체의 일괄 지정 숫자를 기억하게 하는 것이지만 RESET은 말 그대로 초기화입니다. 엄밀히 따지면 초기화와 'MOV 0'은 다릅니다.

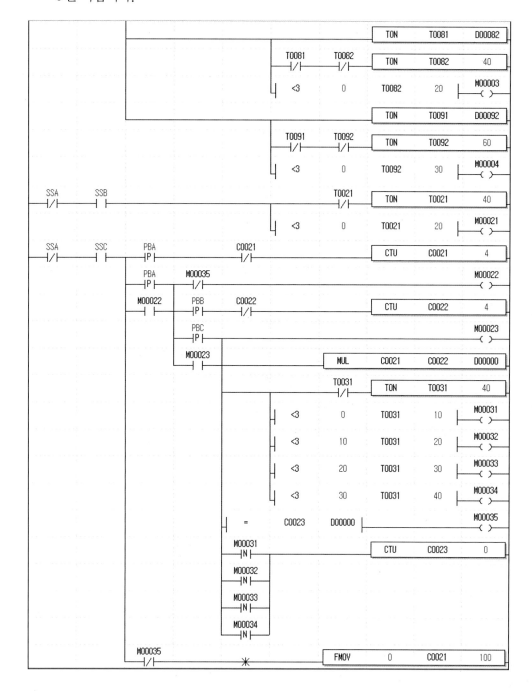

3

필답형

선택과 집중이 필요합니다

　최근 변화된 실기시험에서 필답형은 총 7회가 있었는데 회당 10문제씩 출제되었습니다. 회당 난이도 차가 너무 심해 무엇을 어떻게 준비해야 할지 감을 잡기가 어려워요. 따라서 필답형 공부를 할 때 선택과 집중이 중요해 보입니다.

　계산문제부터 살펴볼까요? 계산문제는 63회 3문제, 64회 3문제, 65회 1문제, 66회 2문제, 67회 1문제, 68회 3문제, 69회 2문제가 출제되었습니다. 평균 21.43 [%]입니다. 대부분 기사 문제보다 쉬워서 버리고 갈 수 없습니다.

　기본문제 위주로 공부하면 될 것 같아요. 어려운 계산문제는 버리세요. 나머지에서 난이도가 높은 문제는 회당 5문제일 때도 있지만 아예 없을 때도 있습니다. 이건 포기하는 겁니다. 이런 문제까지 공부하다가는 허송 세월만 보내게 됩니다.

　필답을 완벽하게 준비하는 것은 불가능합니다. 목표를 25~30점(50점 만점)으로 잡고 공부하면 좋아요. 최소한 필답에서 20점은 넘어야 합니다. 필답에 너무 많은 시간을 투자하면 PLC나 작업형에 소홀할 수 밖에 없어요. 시간을 서로 잘 안배하여 공부하시기 바랍니다.

　이 Chapter의 내용들은

　첫째, 과년도 기출문제의 풀이 및 설명

　　기출문제와 유사 문제도 출제되고 있습니다.

　둘째, 아직 출제되지 않은 중요한 것들

　　필답형을 준비하는 데 필수 사항들을 수록했습니다.

　전기기능장 시험이 쉬운 시험은 아닌 것 같아요. 그렇다고 오르지 못할 나무도 아닙니다. 열심히 노력한다면 반드시 합격할 것이고, 그 합격의 기쁨은 여러분의 것입니다. 화이팅하십시오.

이 책의 활용법(필답형)

2018년 산업통상자원부에서는 '판단기준'을 대체할 '한국전기설비규정(KEC)'의 제정과 그 시행시기를 공표했습니다. 현시대의 전기환경과 IEC 표준을 바탕으로 국내 현장의 특수성을 반영하여 KEC가 개발되었습니다.

2021년 올해가 KEC 도입의 첫해라 필답형을 준비하는 데 혼란이 많을 것 같아요. 기존의 규정들이 바뀌거나 삭제 예정인 내용이 많거든요.

KEC도 새로 생기고 필답형의 공부 범위도 너무 넓습니다. 솔직히 말해서 이 Chapter의 내용들만 공부해서는 필답형을 완벽하게 준비하는 데 부족함이 많아요. 따라서 꼭 알아야 하는 필수적인 부분들만 정리했습니다.

1. **과년도 기출문제를 심도 있게 다루었습니다.**

기출문제는 같은 형태로 출제되기도 하지만 유사한 다른 형태로도 출제되기 때문에 기출문제만큼은 폭넓게 공부해야 합니다.

2. **KEC를 반영한 필수적인 이론 내용을 수록했습니다.**

KEC의 내용을 모두 이해하면 좋겠지만 시간을 너무 허비하게 됩니다.

3. **접지와 피뢰설비 부분의 KEC 원문을 수록했습니다.**

최근에 중요시되는 접지 및 피뢰시스템 부분을 전기 심벌과 함께 부록에 수록했습니다.

효과적인 공부 방법을 제 나름의 방식으로 제시했습니다. 필답형을 준비하며 KEC 규정을 알기에도 벅찬 한 해가 될 거예요. 공부할 것은 너무 많은데 시간이 부족하죠. 비록 이 Chapter의 내용 분량은 적지만 여기저기 바뀐 필수 규정들을 정리했습니다.

기본적으로 여기 수록된 내용만이라도 완벽하게 준비한다는 마음으로 공부하시기 바랍니다.

전기기능장(필답형) ▶ 제63회

01 고조파 장애방지 대책 5가지를 써라.

정답
1. 발생원에서의 대책
   ① 콘덴서 설치 　　② 리액터 설치 　　③ 변환기의 다수 펄스화
2. 계통에서의 대책
   ① 필터 설치 　　② 계통 분리 　　③ 단락 용량 증대
3. 수용가에서의 대책
   ① 필터 설치 　　② PWM 방식 채용 　　③ 변압기 Δ결선 채용

02 LPS 회전구체 반지름과 메시 치수표이다. 빈칸을 채워라.

피뢰시스템 (LPS) 레벨	보호법		보호각
	회전구체 반지름[m]	메시 치수[m]	
Ⅰ	20	①	레벨별 보호대상, 지역, 기준 평면으로부터 높이에 따라 달라진다.
Ⅱ	30	②	
Ⅲ	45	③	
Ⅳ	60	④	

정답　① 5×5　② 10×10　③ 15×15　④ 20×20

03 설비불평률 공식과 기준을 써라.

1. 단상 3선식

　① 공식 :　　　　　　　　　　　② 기준 :

2. 3상 4선식

　① 공식 :　　　　　　　　　　　② 기준 :

정답　1. 단상 3선식

　① 공식 : $\dfrac{\text{중성선과 각 선간에 접속되는 부하설비 용량[VA]의 차}}{\text{총부하설비 용량[VA]의 } 1/2} \times 100\,[\%]$

　② 기준 : 40 [%] 이하

　2. 3상 4선식

　① 공식 : $\dfrac{\text{각 단상부하 총설비 용량[VA]의 최대와 최소의 차}}{\text{총부하설비 용량[VA]의 } 1/3} \times 100\,[\%]$

　② 기준 : 30 [%] 이하

---

04 분산형 전원의 배전계통 연계기술 기준이다. 빈칸을 채워라.

발전 용량의 합계 [kVA]	주파수 차 [Hz]	전압 차 [%]	위상각 차 [˚]
0~500	0.3	①	②
500~1,500	0.2	③	④
1,500~10,000	0.1	⑤	⑥

정답　① 10　　② 20　　③ 5　　④ 15　　⑤ 3　　⑥ 10

PART **3** 필답형

05 특고압에서 차단기와 비교하여 PF의 장점 3가지를 써라.

정답 PF의 장점
① 소형 경량으로 유지보수가 간단하다.　② 가격이 싸다.
③ 차단 용량이 크다.　④ 고속 차단한다.
⑤ 현저한 한류 특성이 있다.　⑥ 차단을 위한 계전기나 변성기가 필요 없다.
⑦ 후비 보호 기능이 뛰어나다.　⑧ 차단 시 무소음 무방출 특성이 있다.

참고 PF의 단점
① 재투입할 수 없다.
② 과도 전류에 용단될 수 있다.
③ 결상의 우려가 있다.
④ '동작시간 – 전류 특성' 조정이 불가능하다.
⑤ 고임피던스 접지계통에서 지락보호가 불가능하다.

06 전압 22.9 [kV]/0.38 [kV], 용량 500 [kVA] %Z가 5 [%]인 저압 배선용 차단기의 차단 전류를 구하라. (단, 차단 전류 2.5, 5, 10, 20, 30 [kA] 중에서 골라라.)

풀이 $I_s = \dfrac{100}{\%Z} I_n = \dfrac{100}{5} \times \dfrac{500}{\sqrt{3} \times 380} ≒ 15.193 \,[\text{kA}]$

정답 20 [kA]

07 다음의 접지계통의 이름을 써라.

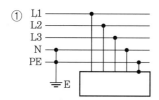

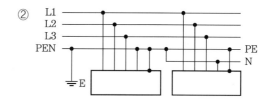

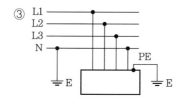

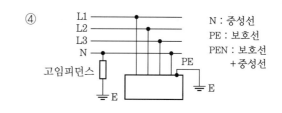

정답 ① TN-S 계통   ② TN-C-S 계통   ③ TT 계통   ④ IT 계통

저압계통 접지 방식

1. 종류 : TN-S, TN-C-S, TT, IT

2. 표시 방식

❶ 제1문자 : 전력계통과 대지의 관계   ❷ 제2문자 : 설비 노출 도전성 부분과 대지의 관계

❸ 제3 또는 제4문자 : 중성선과 보호도체의 관계

3. 문자의 의미

❶ T (Terra 접지) : 대지에 직접 접지

❷ I (Isolated, 분리된) : 대지와 절연 또는 고임피던스를 연결하여 접지

❸ N (Neutral, 중립의) : 공급하는 선을 통한 직접 접지, 중성선

❹ S (Separate, 분리된) : PE와 N을 분리   ❺ C (Combined, 결합한) : PE와 N을 결합

❻ PE (Protective Earthing, 보호접지) : 보호선

08 3상 3선식 380 [V]에서 부하 전류 250 [A], 역률 0.8인 부하가 있다. 선로 길이 200 [m], 케이블 최고 허용온도에 대한 20 [℃]의 저항온도계수 1.2751, 직류 도체저항 0.193 [Ω/km], 표피효과 1.005일 때 부하 측 전압강하는? (단, 리액턴스 무시)

풀이
- 교류 도체실효저항 $R = R_0 \times k_1 \times k_2 \,[\Omega]$

  여기서, R_0 : 직류 도체저항, k_1 : 저항온도계수, k_2 : 교류 저항과 직류 저항의 비

  $k_2 = 1 +$ 표피효과 계수비 $+$ 근접효과 계수비 $\fallingdotseq 1 + 1.005 = 2.005$

  $R = R_0 \times k_1 \times k_2 = \left(0.193 \times \dfrac{200}{1000}\right) \times 1.2751 \times 2.005$

  $\qquad \fallingdotseq 0.0987 \,[\Omega]$

- 전압강하 $e = \sqrt{3} IR \cos\theta = \sqrt{3} \times 250 \times 0.0987 \times 0.8$

  $\qquad\qquad \fallingdotseq 34.19 \,[V]$

정답 34.19 [V]

09 분로리액터, 직렬리액터, 소호리액터, 한류리액터의 설치 목적은?

정답 ① 분로리액터 : 페란티 현상 방지
② 직렬리액터 : 고조파 제거
③ 한류리액터 : 단락전류 제한
④ 소호리액터 : 지락전류 제한

암기법 한단 직고 소지 분폐
(한단 찍고, 소지하고, 분리해서 폐기한다.)

10 3상 4선식의 선로에서 전류가 39 [A], 제3고조파 성분이 40 [%]일 경우 중성선 전류 및 전선의 굵기는?

전선의 굵기 [mm²]	전류의 크기 [A]
6	41
10	57
16	76

풀이
- 중성선 전류(제3고조파 제외) $I_N = 3K_m I = 3 \times 39 \times 0.4 = 46.8 \,[A]$
- 제3고조파 환산계수를 고려한 전류 $I_{N3} = \dfrac{46.8}{0.86} \fallingdotseq 54.41 \,[A]$

정답 ① 중성선 전류 : 54.41 [A] ② 전선의 굵기 : 10 [mm²]

참고

고조파 전류가 3상 평형배선에 미치는 영향

중성선에 전류가 흐르는 것은 고조파 성분을 가지는 상전류 때문이며, 중성선 전류에서 상쇄되지 않는 가장 큰 고조파 성분은 제3고조파 성분입니다. 제3고조파 성분에 의한 중성선 전류의 진폭은 전력 주파수의 진폭보다 클 수도 있으므로 중성선 전류는 케이블 허용전류에 많은 영향을 줍니다.

4심 및 5심 케이블 고조파 전류의 환산계수

상전류의 제3고조파 성분(%)	환산계수	
	상전류를 고려한 표준의 결정	중성선 전류를 고려한 표준의 결정
0~15	1.0	–
15~33	0.86	–
33~45	–	0.86
>45	–	1.0

전기기능장(필답형)   ▶ 제64회

01 동기발전기의 병렬운전 조건 3가지를 써라.

정답 동기발전기의 병렬운전 조건 및 현상

병렬운전 조건	조건이 맞지 않을 때의 현상
① 기전력의 크기가 같을 것	무효순환 전류
② 기전력의 주파수가 같을 것	무효순환 전류
③ 기전력의 파형이 같을 것	무효 횡류
④ 상회전의 방향이 같을 것	단락
⑤ 기전력의 위상이 같을 것	동기화 전류

 암기법
- 동기발전기의 병렬운전 조건 → 크주파 방위
- 변압기의 병렬운전 조건 → 극전권 똥(%)방위
- 직류발전기의 병렬운전 조건 → 극정 왜?
  ① 극성이 같아야 한다.
  ② 정격 단자 전압이 같아야 한다.
  ③ 외부 특성 곡선이 같아야 한다.

03 매분 10 [m³]의 물을 높이 15 [m]인 탱크로 양수하는 데 필요한 전력 [kW]은? (단, 펌프와 전동기의 합성효율은 65 [%], 전동기의 역률은 90 [%], 펌프의 축동력은 15 [%]의 여유를 준다.)

풀이 $P = \dfrac{9.8 \times H \times Q \times K}{\eta} = \dfrac{9.8 \times 15 \times 10 \times 1.15}{60 \times 0.65} \fallingdotseq 43.346 \,[\mathrm{kW}]$

* 전동기 역률은 변압기 용량을 구할 때 분모에서 계산합니다.

정답 43.35 [kW]

03 태양광 모듈작업 시 감전사고 방지 대책 3가지를 써라.

정답 ① 태양광 모듈에 차광막을 씌움   ② 저압 절연장갑 착용
③ 절연공구 사용   ④ 우천 시 작업 금지

04 수용가 인입구 전압은 22.9 [kV]이고 주차단기의 차단 용량은 250 [MVA]이다. 10 [MVA], 22.9/3.3 [kV], 변압기 임피던스가 5.5 [%]일 때, 변압기 2차 측 차단기 용량을 구하여 다음 표에서 선정하라.

차단기 정격 용량 [MVA]										
20	30	50	75	100	150	250	300	400	500	750

풀이
- 단락 용량 $P_S = \dfrac{100}{\%Z} P_N$
- 변압기 전원 측 $\%Z = \dfrac{P_N}{P_S} \times 100 = \dfrac{10}{250} \times 100 = 4\,[\%]$
- 변압기 2차 측 차단 용량 $P_S = \dfrac{100}{\%Z + \%Z'} \times P_N = \dfrac{100}{4 + 5.5} \times 10 \fallingdotseq 105.263\,[\text{MVA}]$

정답 150 [MVA]

05 변압기의 과부하 운전 조건 3가지를 써라.

정답 ① 단시간 운전하는 경우
② 외부 온도가 낮은 경우
③ 외력에 의해 변압기 온도를 강제로 낮추었을 경우

06 사람이 접촉할 우려가 있는 장소의 제1종 및 제2종 접지공사의 시설 방법이다. 빈칸을 채워라.

1	접지극은 지하 (①) 이상의 깊이에 매설할 것
2	접지선은 철주 등 금속체를 따라 시설하는 경우 금속체 밑면으로부터 (②) 이상의 깊이에 매설하거나 금속체로부터 (③) 이상 떼어서 매설할 것
3	접지선은 지하 (④)부터 지표상 (⑤)까지의 부분은 합성수지관 등으로 보호할 것

풀이

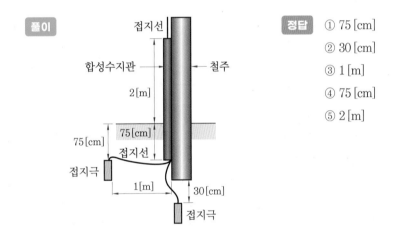

정답

① 75 [cm]

② 30 [cm]

③ 1 [m]

④ 75 [cm]

⑤ 2 [m]

07 아래 그림의 접지계통의 이름을 써라.

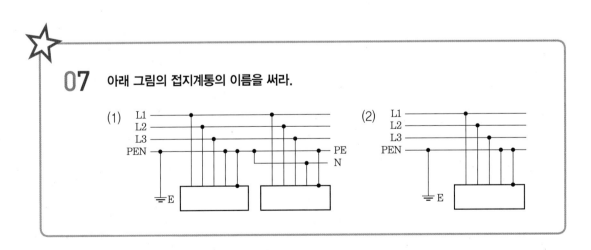

정답   (1) TN-C-S 계통   (2) TN-C 계통

08 다음 그림은 22.9 [kV-Y], 1,000 [kVA] 이하의 특고압 간이 수전설비 표준결선도이다. 각 물음에 답하라.

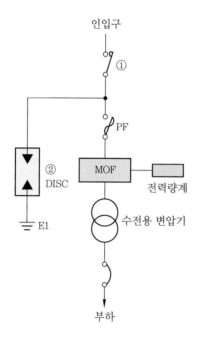

(1) 그림에서 ①의 명칭은?

(2) ②의 DISC의 의미는?

(3) 지중인입선의 경우 22.9 [kV-Y]계통에서 화재 우려가 있는 장소에는 어떤 종류의 케이블을 사용하는 것이 바람직한가?

(4) PF 용단으로 결상 사고의 우려가 있는데, 변압기 2차 측의 주차단기에는 어떤 보호장치를 설비해야 하는가?

풀이

- LA용 DS는 생략할 수 있으며, 22.9 [kV-Y]용의 LA는 Disconnector(또는 Isolator) 붙임형을 사용해야 한다.
- 지중인입선의 경우 22.9 [kV-Y]계통은 CNCV-W(수밀형) 또는 TR CNCV-W(트리 억제형) 케이블을 사용해야 한다. 다만, 화재의 우려가 있는 장소에는 FR CNCO-W(난연) 케이블을 사용하는 것이 바람직하다.
- 300 [kVA] 이하인 경우 PF 대신 COS를 사용할 수 있다.
- 결상 사고의 대책으로 변압기 2차 측 주차단기에 결상계전기 등을 설치하는 것이 바람직하다.

정답

(1) 자동고장 구분 개폐기

(2) Disconnector(단로기) 붙임형

(3) FR CNCO-W 케이블(동심 중성선 수밀형 저독성 난연 케이블)

(4) 결상계전기

09 전등만의 2군 수용가가 각각 1대씩의 변압기를 통해 전력을 공급받고 있다. 각 군 수용가의 총설비 용량은 A군 30 [kW], B군 40 [kW]라고 한다. 다음 조건으로 각 수용가에 사용할 변압기의 용량을 선정하라. 그리고 고압 간선에 걸리는 최대 부하를 구하면?

조 건	• 각 수용가의 수용률 : 0.5 • 각 군 수용가 상호 간의 부등률 : 1.2 • 변압기 상호 간의 부등률 : 1.3 • 변압기 표준 용량 [kVA] : 10, 15, 20, 25, 50, 75, 100

풀이
- A군 변압기 용량 $TR_A = \dfrac{30 \times 0.5}{1.2} = 12.5 \, [\text{kVA}]$

- B군 변압기 용량 $TR_B = \dfrac{40 \times 0.5}{1.2} ≒ 16.667 \, [\text{kVA}]$

- 최대 부하 $= \dfrac{12.5 + 16.667}{1.3} ≒ 22.436 \, [\text{kVA}]$

정답
① A군 변압기 용량 : 15 [kVA]
② B군 변압기 용량 : 20 [kVA]
③ 최대 부하 : 22.44 [kW]

10 저압 옥내배선 공사에 관한 설명이다. 맞으면 ○, 틀리면 × 표시하라.

(1) 애자사용 공사 시 전선과 조영재 간의 이격거리는 400 [V] 미만인 경우 4.5 [cm] 이상이다. (　　)

(2) 금속관 공사 시 구부러진 금속관의 굴곡 반지름은 관 안지름의 6배 이상이다. (　　)

(3) 합성수지관 공사 시 서로 다른 굵기의 절연전선을 동일관 내에 삽입하는 경우 전선 절연물을 포함한 전선이 차지하는 단면적은 관의 총 단면적의 48 [%] 이하이다. (　　)

(4) 가요전선관 공사 시 관에 삽입하는 전선은 단면적 10 [mm²]를 초과하는 연선이다. (　　)

(5) 버스덕트 공사 시 덕트의 지지점 간의 거리는 3 [m] 이하이다. (　　)

풀이　1. 애자사용 공사 저압 옥측 전선로 : 사람이 쉽게 접촉할 우려가 없도록 시설할 것

① 전선은 4 [mm²] 이상의 연동 절연전선(옥외용 비닐 절연전선 및 인입용 절연전선 제외)일 것

② 이격거리

시설 장소	전선 상호 간의 간격		전선과 조영재의 이격거리	
	400 [V] 이하	400 [V] 초과	400 [V] 이하	400 [V] 초과
비나 이슬에 젖지 않는 장소	6 [cm] 이상	6 [cm] 이상	2.5 [cm] 이상	2.5 [cm] 이상
비나 이슬에 젖는 장소	6 [cm] 이상	12 [cm] 이상	2.5 [cm] 이상	4.5 [cm] 이상

③ 전선의 지지점 간의 거리는 2 [m] 이하일 것

④ 전선이 다른 시설물과 접근하는 경우

다른 시설물의 구분	접근 형태	이격거리
조영물의 상부 조영재	위쪽	2 [m] 이상
	옆쪽 또는 아래쪽	60 [cm] 이상
조영물의 상부 조영재 이외의 부분 또는 조영물 이외의 시설물	–	60 [cm] 이상

⑤ 식물 사이의 이격거리는 20 [cm] 이상일 것

2. 관의 굵기 선정

관의 굵기는 전선 및 케이블의 피복 절연물 등을 포함한 단면적의 총합계가 관내 단면적의 1/3
을 초과하지 않도록 하는 것이 바람직하다. ← 개정된 부분

3. 각종 공사의 지지점간의 최대거리

공 사	이격거리 [m]	공 사	이격거리 [m]
금속관 공사	2	합성수지관 공사	1.5
애자 공사	2(1)	가요전선관 공사	1
케이블 공사	1(1)	라이팅덕트 공사	2
금속덕트 공사	3	버스덕트 공사	3

주) (1) 규정이 조금 복잡하므로 Chapter 5와 함께 확인하세요.

정답　(1) ×　　　(2) ○　　　(3) ×　　　(4) ○　　　(5) ○

01 **다음 물음에 답하라.**

(1) 스트레스 전압의 정의를 써라.

(2) 빈칸을 채워라.

저압설비의 허용 스트레스 전압 (V)	차단시간 (초)
U_0 + (①)	> 5
U_0 + (②)	≤ 5
중성선 도체가 없는 계통에서 U_0는 선간 전압을 말한다.	

정답 (1) 스트레스 전압 : 변전소 또는 변압기에서 고압 측의 1선 지락으로 저압계통의 노출 도전성 부분과 전로 간에 발생하는 상용 주파 과전압

(2) ① 250　　② 1,200

02 **600/5 [A]인 CT를 사용하여 2차 측을 측정하면 4.9 [A]이다. 비오차는?**

풀이
- 비오차 : 공칭 변류비와 실제 변류비와의 차를 실제 변류비와 비교한 백분율 오차
- 비오차 $= \dfrac{\text{공칭 변류비} - \text{측정 변류비}}{\text{측정 변류비}} \times 100\,[\%]$

$= \dfrac{5 - 4.9}{4.9} \times 100 ≒ 2.041\,[\%]$

정답 2.04 [%]

03 다음은 GPT의 회로도이다. 그림을 보고 답하라.

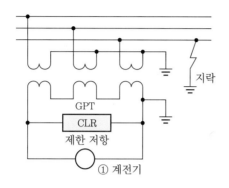

(1) CLR의 설치 목적을 2가지 써라.

(2) ①번 기기의 명칭을 쓰고 사용 목적을 써라.

정답 (1) CLR의 설치 목적

① 지락 전류 제한

② 계전기에 유효 전류 공급

③ 제3고조파 억제 및 계통의 안정화

(2) • 기기의 명칭 : 지락 과전압 계전기(OVGR)

  • 사용 목적 : 지락 사고 시 발생하는 과전압(영상 전압) 검출

04 축전지실에 관한 사항이다. 빈칸을 채워라.

(①)[V]를 초과하는 축전지는 비접지 측 도체에 쉽게 차단할 수 있는 곳에 (②)를(을) 시설하여야 한다. 옥내 전로에 연계되는 축전지는 비접지 측 도체에 (③)를(을) 시설하여야 한다. 축전지실 등은 폭발성 가스가 축적되지 않도록 (④) 등을 시설하여야 한다.

정답 ① 30   ② 개폐기   ③ 과전류 차단장치   ④ 환기장치

05 피뢰기를 시설해야 하는 장소 4가지를 써라.

정답 ① 발전소, 변전소의 가공 전선 인입구 및 인출구

② 가공 전선로에 접속하는 배전용 변압기의 고압 측 및 특고압 측

③ 고압 및 특고압 가공 전선로로부터 공급받는 수용가의 인입구

④ 가공 전선로와 지중 전선로가 접속되는 곳

06 그림은 A형 콘크리트주(높이 10 [m]) 공사 그림이다. 물음에 답하라.

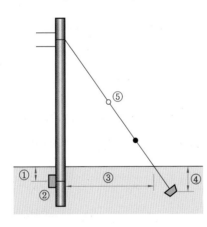

(1) ①의 깊이와 ②의 명칭은?

(2) ③의 간격은?

(3) ④의 깊이는 최소 몇 [m] 이상인가?

(4) ⑤의 명칭은?

(5) 콘크리트주의 근입 깊이는 최소 몇 [m] 이상인가?

풀이 (2) 전봇대(전주)의 길이 $\times \dfrac{1}{2} = 10 \times \dfrac{1}{2} = 5\,[\mathrm{m}]$

(5) 전봇대의 길이 $\times \dfrac{1}{6} = 10 \times \dfrac{1}{6} \fallingdotseq 1.667\,[\mathrm{m}]$

정답 (1) ① 0.5 [m]   ② 근가

(2) 5 [m]   (3) 1.5 [m]

(4) 지선애자   (5) 1.67 [m]

07 금속관 공사 시 관내에 수용할 수 있는 전선 단면적을 백분율 [%]로 써라.

(1) 굵기가 같은 절연전선을 동일관 내에 넣을 경우 관의 굵기는 전선의 피복 절연물을 포함한 단면적의 총합계가 관내 단면적의 (　　) 이하가 되도록 선정하여야 한다.

(2) 굵기가 다른 절연전선을 동일관 내에 넣을 경우 관의 굵기는 전선의 피복 절연물을 포함한 단면적의 총합계가 관내 단면적의 (　　) 이하가 되도록 선정하여야 한다.

풀이 금속관 공사

- 절연전선(OW 전선은 제외)
- 전선은 연선일 것(단, 10 [mm²](알루미늄선은 16 [mm²]) 이하 제외)
- 금속관 안에서 접속점이 없도록 할 것
- 관 두께 : 콘크리트에 매설하는 것은 1.2 [mm] 이상(이외의 것은 1 [mm] 이상)
- 지지점 간의 거리 : 2 [m] 이하
- 관내 전선의 단면적 : 1/3(33.33 [%]) 이하 ← 개정된 부분

정답 (1) 33.33 [%]　　　　　　　　　　　　　　(2) 33.33 [%]

08 수변전 설비에서 고장 전류를 구하는 목적 3가지를 써라.

정답 ① 차단기의 차단 용량 및 퓨즈의 차단 용량 선정
② 전력기기의 기계적, 열적 강도 선정
③ 보호계전기 동작 정정값 결정

PART **3**

필답형

09 200 [AT]의 간선을 95 [mm²], 접지선을 16 [mm²]로 선정했다. 그런데 전압강하의 원인으로 간선 규격을 120 [mm²]로 굵게 선정할 경우 접지선의 굵기를 아래 표에서 선정하라.

접지선의 굵기 [mm²]	6	16	25	35	55

풀이 전압강하 등의 사유로 간선 규격을 상위 규격으로 선정할 경우 접지선의 규격도 간선의 굵기에 비례하여 상위 규격으로 선정합니다.

$95 : 16 = 120 : x$

$x = 20.211 \, [\text{mm}^2]$

정답 $25 \, [\text{mm}^2]$

10 3상 유도전동기 기동장치에 관한 설명이다. 빈칸을 채워라.

(1) 정격 출력이 수전용 변압기 용량 [kVA]의 (   )을 초과하는 3상 유도전동기는 기동장치를 사용하여 기동하여야 한다.

(2) 기동장치에 Y-Δ 기동기를 사용하는 경우 기동기와 전동기 간의 배선은 해당 전동기 분기회로 배선의 (   ) 이상의 허용전류를 가지는 전선을 사용하여야 한다.

풀이 단상 전동기의 기동전류

• 전등과 병용하는 단상 유도전동기를 일반 전기설비로 시설할 경우 기동전류는 전기사업자와 협의한 경우를 제외하고는 원칙적으로 37 [A] 이하로 하여야 합니다.

• 단, 룸쿨러에 한하여 110 [V]용은 45 [A], 220 [V]용은 60 [A] 이하로 제한할 수 있습니다.

정답 (1) 1/10   (2) 60 [%]

전기기능장(필답형)   ▶ 제66회

01 전기 안전관리자의 직무 5가지를 써라.

정답 ① 전기설비의 공사 · 유지 및 운용에 관한 업무 및 이에 종사하는 자에 대한 안전교육

② 전기설비의 안전관리를 위한 확인 · 점검 및 이에 대한 업무의 감독

③ 전기설비의 운전 · 조작 또는 이에 대한 업무의 감독

④ 전기설비의 안전 관리에 관한 기록, 보존 및 비치

⑤ 공사계획의 인가 신청 또는 신고에 필요한 서류의 검토

⑥ 다음 각 목의 어느 하나에 해당하는 공사의 감리 업무

　(개) 비상용 예비 발전설비의 설치 · 변경 공사로서 총공사비가 1억 원 미만인 공사

　(내) 전기 수용설비의 증설 또는 변경 공사로서 총공사비가 5천만 원 미만인 공사

⑦ 전기설비의 일상점검 · 정기점검 · 정밀점검의 절차, 방법 및 기준에 대한 안전관리 규정의 작성

⑧ 전기재해의 발생을 예방하거나 그 피해를 줄이기 위하여 필요한 응급조치

02 접지공사 시 접지저항을 저감할 수 있는 방법 3가지를 써라.

정답 ① 접지극의 표면적을 크게 한다.

② 접지극의 매설 깊이를 깊게 한다.

③ 접지극을 병렬로 다수 설치한다.

④ 화학적 저감재를 접지극 주위에 뿌린다.

⑤ 메시공법이나 매설지선을 사용한다.

03 다음은 반감산기 논리회로이다. 물음에 답하라.

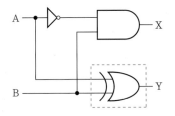

(1) 출력 X, Y에 대한 각각의 논리식을 써라.
(2) 점선 안의 논리기호를 AND, OR, NOT 게이트를 사용하여 완성하라.
(3) 그림을 유접점 회로로 그려라.

 (1) $X = \overline{A}B$, $Y = \overline{A}B + A\overline{B}$

(2)

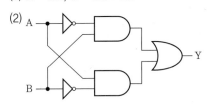

(3)

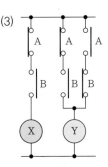

04 금속덕트 내의 내부 단면적에 관한 설명이다. 빈칸을 채워라.

금속덕트에 넣는 전선의 단면적(절연피복 포함)의 합계는 덕트의 내부 단면적의 (①) [%] 이하이어야 한다. 하지만 전광 표시장치, 출퇴 표시등 기타 이와 유사한 장치 또는 제어회로 등의 배선만 넣을 경우는 (②) [%] 이하가 되어야 한다.

정답 ① 20   ② 50

05 케이블에서 발생하는 전기적 손실 3가지를 써라.

풀이

1. 저항손 : 도체에서 발생되는 손실(전력 손실 중 가장 큽니다.)

$$P_l = I^2 R = I^2 \times \rho \frac{l}{A} = I^2 \times \frac{1}{58} \times \frac{100}{C} \times \frac{l}{A}$$

여기서, ρ : 고유저항(동 : 1/58)

C : 도전율(연동선 : 100 [%], 경동선 : 97 [%])

2. 유전체손 : 절연체(유전체)에서 발생하는 손실

① 절연체를 전극 간에 끼우고 교류 전압을 인가했을 때 발생하는 손실입니다.

② 이상적인 유전체는 전압과 전류의 위상이 90° 차이라 손실이 없지만 실제 유전체는 누설전류, 유전분극, 부분방전 등의 원인으로 90°에 가까운 진상 전류가 흐릅니다(G성분 존재).

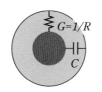

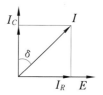

③ $P_d = EI_R = \omega c E^2 \tan\delta = 2\pi f c E^2 \tan\delta$

여기서, δ : 유전체 손실각(유전체 역률)

3. 연피손 : 도전성 외피를 갖는 케이블에서 발생하는 손실

① 도체에 전류가 흐르면 전자유도작용으로 도체 주위에 자계가 형성되어 자속이 쇄교되고 도전성 외피에 전압이 유기됩니다. 이때 와전류에 의해 손실이 발생합니다.

② 도전성 외피의 저항률이 클수록, 전류나 주파수가 클수록, 단심 케이블의 이격거리가 클수록 연피손은 큰 값을 나타냅니다.

③ 저감 대책으로는 연가를 하거나 차폐층을 접지하고, 케이블을 근접 시공합니다.

정답 저항손, 유전체손, 연피손

06 비접지 계통에서 지락사고 발생 시 전력설비를 보호하기 위해 전류제한 저항기(CLR)를 설치한다. 물음에 답하라.

(1) CLR의 설치 위치는?
(2) CLR의 설치 목적 3가지를 써라.

정답 (1) 설치 위치 : 접지형 계기용 변압기에서 개방 $\varDelta$결선의 3차 권선에 설치

(2) 설치 목적

① 지락 전류 제한   ② 계전기에 유효 전류 공급

③ 제3고조파 억제 및 계통의 안정화

07 수전전압 22.9 [kV], 용량 1,000 [kW], 역률 90 [%]인 수전설비가 있다. MOF 내의 CT 비, PT비를 구하라.

CT 1차 정격전류	5	10	15	20	30	40	50

풀이 1. CT의 여유율

- MOF : 계산한 전류값 바로 위의 것 선정   • 전동기 : 2~2.5배
- 일반 선로(수전설비, 변압기 등) : 1.25~1.5배

2. CT비

- $P = \sqrt{3}\,VI\cos\theta$

- $I = \dfrac{P}{\sqrt{3} \times V \times \cos\theta} = \dfrac{1,000}{\sqrt{3} \times 22.9 \times 0.9} \fallingdotseq 28.013 \fallingdotseq 30$

3. PT비 : 상전압으로 계산

$\dfrac{22900}{\sqrt{3}} \fallingdotseq 13,221.321 \fallingdotseq 13,200$

정답 ① CT비 : 30/5   ② PT비 : 13,200/110

08 3상 4선식 선로에서 a상은 200 [A], b상은 160 [A], c상은 180 [A]의 전류가 흐른다. 중성선에 흐르는 전류는? (단, 역률은 1이다.)

풀이 $I_N = \dot{I}_A + \dot{I}_B + \dot{I}_C = I_A + a^2 I_B + a I_C$

$$= 200 + \left(-\frac{1}{2} - j\frac{\sqrt{3}}{2}\right) \times 160 + \left(-\frac{1}{2} + j\frac{\sqrt{3}}{2}\right) \times 180 = 30 + j10\sqrt{3}$$

$$= \sqrt{30^2 + (10\sqrt{3})^2} \fallingdotseq 34.641 \,[\text{A}]$$

정답 34.64 [A]

09 수전설비에서 전력용 콘덴서를 이용하여 역률을 개선한다. 다음의 물음에 답하라.

(1) 역률을 과보상했을 때의 문제점 3가지를 써라.
(2) 전압과 전류로서 지상 역률과 진상 역률을 설명하라.

정답 (1) 문제점

　① 전기요금 증가　　　② 전력손실 증가　　　③ 전기설비 용량 증가

(2) ① 지상 역률 : 인덕턴스 성분이 많은 회로에서 전압보다 전류의 위상이 뒤져서 생기는 역률

　② 진상 역률 : 커패시턴스 성분이 많은 회로에서 전압보다 전류의 위상이 앞서서 생기는 역률

10 전기설비의 접지 방식에서 전력설비, 통신설비, 피뢰설비까지 함께 묶어서 접지하는 방식의 접지는?

풀이 접지시스템의 종류

- 단독접지 : 접지의 종별로 또는 피뢰설비 및 정보통신설비 등을 따로따로 접지하는 방식
- 공통접지 : 전력계통과 정보통신설비, 피뢰설비를 따로따로 접지하는 방식
- 통합접지 : 전체를 하나에 접지하는 방식 (목적 : 단순화, 편리성, 경제성 고려)

정답 통합접지

PART

3

필
답
형

전기기능장(필답형)   ▶ 제67회

01 지락전류(영상전류)의 검출 방법 3가지는?

[풀이] 지락전류(영상전류)의 검출 방법

검출 방법	그림
영상 변류기를 이용한 방식	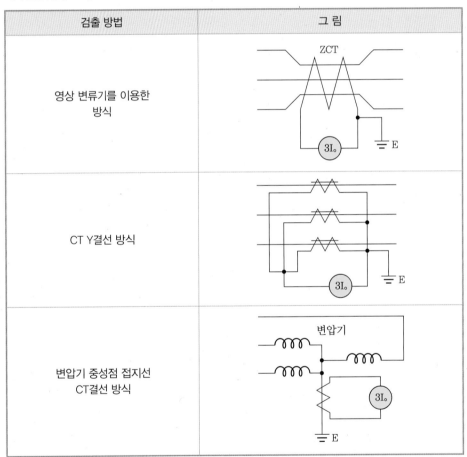
CT Y결선 방식	
변압기 중성점 접지선 CT결선 방식	

[정답] ① 영상 변류기(ZCT)를 이용한 방식
② CT Y결선 방식(CT 3대 사용)
③ 변압기 중성점 접지선 CT결선 방식

02 **저압 옥내배선에 관한 내용이다. 괄호 안을 채워라.**

(1) 옥외배선에서 절연 부분의 전선과 대지간 및 전선의 심선 상호 간의 절연저항은 사용전압에 대한 누설전류가 최대 공급전류의 (   ) (1조당)을 초과하지 않도록 유지하여야 한다.

(2) 단상 2선식인 경우 전선을 일괄한 것과 대지 사이의 절연저항은 사용전압에 대한 누설전류가 최대 공급전류의 (   ) 이하이어야 한다.

(3) 저압전로 중 정전이 어려운 경우 등 절연저항 측정이 곤란한 경우는 누설전류를 (   ) 이하로 유지하여야 한다.

(4) 사용전압이 380 [V]일 때 선로의 절연저항값은 (   ) 이상이어야 한다.

풀이 저압전로의 절연저항값 ← 개정된 부분(2021년부터는 문제 (4)의 규정이 다음과 같습니다.)

전로의 사용전압	DC 시험전압[V]	절연저항[MΩ]
SELV, PELV	250	0.5 이상
FELV, 500 [V] 이하	500	1.0 이상
500 [V] 초과	1000	1.0 이상

* 특별저압(ELV ; Extra Law Voltage)
  ① 인체에 위험을 초래하지 않을 정도의 저압
  ② 2차 전압이 AC 50 [V] 이하, DC 120 [V] 이하
    • 1차와 2차가 절연 : SELV(비접지), PELV(접지)
    • 1차와 2차가 비절연 : FELV

정답 (1) 1/2,000   (2) 1/1,000

(3) 1 [mA]   (4) 1 [MΩ]

03 각 분기회로에 설치되는 옥내간선의 최소 굵기를 써라.

(1) 15 [A] 과전류 차단기 분기회로 　　(2) 20 [A] 배선용 차단기 분기회로

(3) 20 [A] 과전류 차단기 분기회로 　　(4) 30 [A] 과전류 차단기 분기회로

(5) 40 [A] 과전류 차단기 분기회로 　　(6) 50 [A] 과전류 차단기 분기회로

풀이 정격전류별 전선의 최소 굵기

차단기	정격전류						전선의 최소 굵기 [mm²]
	0 [A]	15 [A]	20 [A]	30 [A]	40 [A]	50 [A]	
과전류 차단기	●———●						2.5
배선용 차단기		○———●					2.5
과전류 차단기		○———●					4
과전류 차단기			○———●				6
과전류 차단기				○———●			10
과전류 차단기					○———●		16

정답　(1) 2.5 [mm²]　　　　(2) 2.5 [mm²]　　　　(3) 4 [mm²]

(4) 6 [mm²]　　　　(5) 10 [mm²]　　　　(6) 16 [mm²]

04 다음 전력용 퓨즈에 대한 물음에 답하라.

(1) 소호방식에 따른 퓨즈의 종류 　　(2) 전압이 '0'인 점에서 작동하는 퓨즈

(3) 전류가 '0'인 점에서 작동하는 퓨즈 　　(4) 전력용 퓨즈의 설치 목적

정답　(1) 한류형 퓨즈와 비한류형 퓨즈

(2) 한류형 퓨즈

(3) 비한류형 퓨즈

(4) 부하전류 통전 및 단락전류 차단. 보통 선로상 후비 보호용으로 차단기와 협조하여 동작한다.

05 뇌서지와 같은 과도한 이상전압으로부터 기기를 보호하기 위해 SPD(Surge Protector Device : 서지보호기)가 설치된다. 상전선과 접지단자 사이에 설치되는 최대길이는?

풀이 SPD 연결도체는 단면적 $10\,[\mathrm{mm}^2]$ 이상의 동선과 동등 이상의 전선이어야 합니다. 단, 건축물에 피뢰설비가 없는 경우는 단면적 $4\,[\mathrm{mm}^2]$ 이상도 가능합니다.

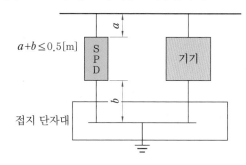

정답 $50\,[\mathrm{cm}]$

06 논리회로를 보고 논리식을 간단히 만들고 유접점 회로를 구성하라.

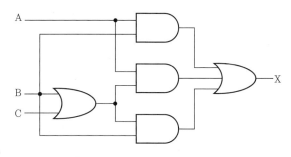

정답 ① 논리식

$$X = AB + A(B + C) + B(B + C)$$
$$= AB + AB + AC + BB + BC$$
$$= AB + B + BC + AC$$
$$= B(A + 1 + C) + AC$$
$$= B + AC$$

② 유접점 회로

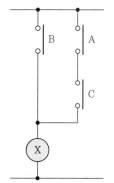

07 UPS 동작 방식 중에서 상용전원 인가 시에는 다이오드로 충전하고 정전 시에는 인버터로 동작하는 방식으로, 오프라인 방식이지만 일정 전압이 자동으로 조정되는 기능을 가진 UPS 동작 방식은?

풀이   • 온라인 방식

• 오프라인 방식

• 라인 인터액티브 방식

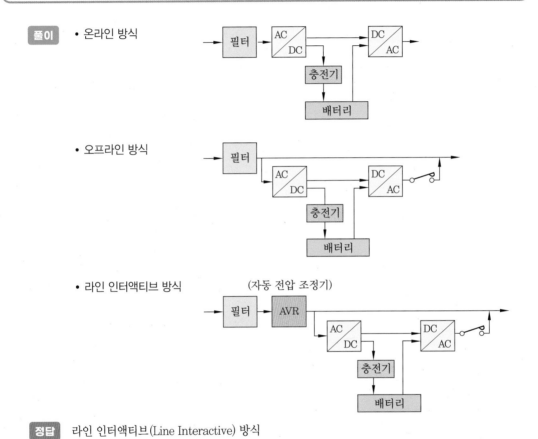

정답   라인 인터액티브(Line Interactive) 방식

08 다음 전로에서 ACB1, ACB2 차단기의 최소 차단용량은?

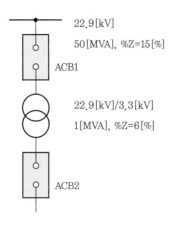

22.9[kV]

50[MVA], %Z=15[%]

ACB1

22.9[kV]/3.3[kV]

1[MVA], %Z=6[%]

ACB2

풀이 1. ACB1 차단기의 정격용량 $P_S = \dfrac{100}{\%Z}P_n = \dfrac{100}{15} \times 50 \fallingdotseq 333.333\,[\text{MVA}]$

2. ACB2 차단기의 정격용량

- 전원 측 $\%Z$를 1[MVA] 기준으로 환산한 $\%Z = \dfrac{1}{50} \times 15 = 0.3\,[\%]$

- 차단기 정격용량 $P_S = \dfrac{100}{\%Z}P_n = \dfrac{100}{0.3+6} \times 1 \fallingdotseq 15.873\,[\text{MVA}]$

정답 ① ACB1 : 333.33[MVA]

② ACB2 : 15.87[MVA]

PART 3

필답형

참고

$\%Z$ 관련식

❶ $\%Z = \dfrac{ZI_n}{E} \times 100\,[\%]$ (E : 대지전압)

❸ $I_S = \dfrac{100}{\%Z}I_n\,[\text{A}]$

❷ $\%Z = \dfrac{ZP_n}{10V^2}\,[\%]$ ($P_n = \sqrt{3}\,VI_n\,[\text{kVA}]$, V : 선간전압)

❹ $P_S = \dfrac{100}{\%Z}P_n\,[\text{kVA}]$

❺ 기준용량으로 환산하는 $\%Z = \dfrac{\text{기준 용량}}{\text{자기 용량}} \times \text{자기}\,\%Z$

09 피뢰설비에 대한 내용이다. 빈칸을 채워라.

(1) 낙뢰의 우려가 있는 건축물 또는 높이 (   ) [m] 이상의 건축물에는 현행법상 반드시 피뢰설비를 하여야 한다.

(2) 피뢰설비는 한국산업규격이 정하는 보호 등급의 피뢰설비일 것. 다만, 위험물 저장 및 처리시설의 설치는 피뢰설비가 한국산업규격이 정하는 보호 등급 (   ) 이상이어야 한다.

(3) 돌침은 건축물의 맨 윗부분으로부터 (   ) [cm] 이상 돌출시켜 설치하되 건축물의 구조기준 등의 규정에 의한 풍압하중에 견딜 수 있는 구조일 것

(4) 피뢰설비의 재료는 최소 단면적이 피복이 없는 동선을 기준으로 수뢰부, 인하도선, 접지극은 (   ) [mm²]이거나 이와 동등 이상의 성능을 갖출 것

(5) 피뢰설비의 인하도선을 대신하여 철골조의 철골구조물과 철근콘크리트조의 철근구조체 등을 사용하는 경우에는 전기적 연속성이 보장될 것. 이 경우 전기적 연속성이 있다고 판단되기 위해서는 건축물 금속 구조체의 상단부와 하단부 사이의 전기저항이 (   ) [Ω] 이하이어야 한다.

(6) 측면 낙뢰를 방지하기 위하여 높이가 (   ) [m]를 초과하는 건축물 등에는 지면에서 건축물 높이의 5분의 4가 되는 지점부터 상단 부분까지의 측면에 수뢰부를 설치할 것

풀이 **건축물의 설비기준 등에 관한 규칙**

제20조(피뢰설비) 영 제87조 제2항에 따라 낙뢰의 우려가 있는 건축물, 높이 20 [m] 이상의 건축물 또는 영 제118조 제1항에 따른 공작물로서 높이 20 [m] 이상의 공작물(건축물에 영 제118조 제1항에 따른 공작물을 설치하여 그 전체 높이가 20 [m] 이상인 것을 포함한다)에는 다음 각 호의 기준에 적합하게 피뢰설비를 설치하여야 한다. [개정 2010. 11. 5., 2012. 4. 30.]

1. 피뢰설비는 한국산업표준이 규정하는 피뢰레벨 등급에 적합한 피뢰설비일 것. 다만, 위험물 저장 및 처리시설에 설치하는 피뢰설비는 한국산업표준이 정하는 피뢰시스템 레벨 II 이상이어야 한다.

2. 돌침은 건축물의 맨 윗부분으로부터 25 [cm] 이상 돌출시켜 설치하되, 「건축물의 구조기준 등에 관한 규칙」 제9조에 따른 설계하중에 견딜 수 있는 구조일 것

3. 피뢰설비의 재료는 최소 단면적이 피복 없는 동선을 기준으로 수뢰부, 인하도선 및 접지극은 50 [mm²] 이상이거나 이와 동등 이상의 성능을 갖출 것

4. 피뢰설비의 인하도선을 대신하여 철골조의 철골구조물과 철근콘크리트조의 철근구조체 등을 사용하는 경우에는 전기적 연속성이 보장될 것. 이 경우 전기적 연속성이 있다고 판단되기 위하여 건축물 금속 구조체의 최상단부와 지표 레벨 사이의 전기저항이 0.2 [Ω] 이하이어야 한다.

5. 측면 낙뢰를 방지하기 위하여 높이가 60 [m]를 초과하는 건축물 등에는 지면에서 건축물 높이의 5분의 4가 되는 지점부터 최상단 부분까지의 측면에 수뢰부를 설치하여야 하며, 지표 레벨에서 최상단부의 높이가 150 [m]를 초과하는 건축물은 120 [m] 지점부터 최상단 부분까지의 측면에 수뢰부를 설치할 것. 다만, 건축물의 외벽이 금속부재로 마감되고 금속부재 상호 간에 제4호 후단에 적합한 전기적 연속성이 보장되며, 피뢰시스템 레벨 등급에 적합하게 설치하여 인하도선에 연결한 경우에는 측면 수뢰부가 설치된 것으로 본다.

6. 접지는 환경오염을 일으킬 수 있는 시공 방법이나 화학 첨가물 등을 사용하지 아니할 것

7. 급수·급탕·난방·가스 등을 공급하기 위하여 건축물에 설치하는 금속배관 및 금속재 설비는 전위가 균등하게 이루어지도록 전기적으로 접속할 것

8. 전기설비의 접지계통과 건축물의 피뢰설비 및 통신설비 등의 접지극을 공용하는 통합접지공사를 하는 경우에는 낙뢰 등으로 인한 과전압으로부터 전기설비 등을 보호하기 위하여 한국산업표준에 적합한 서지보호장치(SPD)를 설치할 것

9. 그 밖에 피뢰설비와 관련된 사항은 한국산업표준에 적합하게 설치할 것

정답 (1) 20　　(2) 피뢰시스템 레벨 Ⅱ　　(3) 25　　(4) 50　　(5) 0.2　　(6) 60

---

10 누전차단기의 감도별 종류에서 고감도형의 종류 3가지를 쓰고 정격감도 전류에서 동작시간을 각각 써라.

정답 누전차단기의 정격감도별 분류

구 분		정격감도 전류 [mA]	동작시간
고감도형	고속형	5, 10, 15, 30	• 정격감도 전류에서 0.1초 이내 • 인체감전 보호형은 0.03초 이내
	시연형		• 정격감도 전류에서 0.1초 초과 2초 이내
	반한시형		• 정격감도 전류에서 0.2초 초과 1초 이내 • 정격감도 전류 1.4배 전류에서 0.1초 초과 0.5초 이내 • 정격감도 전류 4.4배 전류에서 0.05초 이내
중감도형	고속형	50, 100, 200, 500, 1000.	• 정격감도 전류에서 0.1초 이내
	시연형		• 정격감도 전류에서 0.1초 초과 2초 이내

참고
• 고속형 : 감전 방지가 주목적
• 시연형 : 동작시한의 임의 조정이 가능하여 보안상 즉시 차단해서는 안 되는 시설물
• 반한시형 : 지락전류에 비례하여 동작 접촉전압의 상승을 억제하는 것이 주목적

접지, 단락, 지락, 누전의 차이점

접지는 정상적인 전기 설비의 한 부분이고 단락, 지락, 누전은 사고 전류의 한 형태입니다.

접지란 전기회로나 기기의 외함 등을 전기적으로 대지와 접속하는 것을 말합니다. 인체의 감전 보호와 기기 및 설비 등을 보호하기 위한 기본 전기 설비랍니다. 현장에서는 단락, 지락, 누전을 '어서' 또는 '접지'라고 표현하는 경우가 있는데 이는 잘못 사용하고 있는 말입니다.

단락은 임피던스가 낮은 상태로 상이 다른 두 전극이 만나는 것을 말합니다. 직류에서 저항의 개념을 교류에서는 임피던스라고 표현합니다. 직류로 쉽게 표현을 하면 +, − 두 선이 붙는 것을 말하죠.

지락은 '지'를 '地(땅 지)'로, '락'을 '絡(이을 락)'으로 사용하는데 저는 쉽게 암기하기 위하여 락을 '落(떨어질 락)'으로 생각을 바꾸었죠. 예를 들면, 전봇대 전선의 한 선이 끊어져 땅으로 떨어지면서 전기가 땅으로 흐르는 것이라고 이해했답니다.

누전은 '누'를 '漏(샐 루)'로 사용하는데 원래 전기가 흐르지 말아야 하는 곳으로 전기가 흐르는 것을 말합니다. 여기서 흐르는 전류를 누설 전류라고 하는데, 누설 전류는 전기가 있는 곳에는 정도의 차이는 있지만 어디에나 있습니다. 전기기기에서 누설 전류가 낮은 것이 절연 계급이 높은 기기이며, 절연 계급이 높을수록 기기의 가격이 높습니다.

임피던스의 정도에 따라 살펴보면 다음과 같습니다.

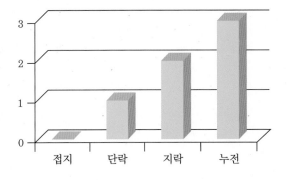

전기기능장(필답형) ▶ 제68회

01 차단기와 비교하여 PF의 기능상 장점 5가지를 써라.

정답
① 차단용량이 크다.　　　　　　② 고속 차단한다.
③ 계전기나 변성기가 필요 없다.　　④ 현저한 한류 특성을 지닌다.
⑤ 후비 보호 기능이 뛰어나다.　　　⑥ 차단 시 무소음, 무방출 특성이 있다.

02 3상 4선식 선로에서 케이블의 허용전류가 39 [A]이고 제3고조파 성분이 40 [%]일 경우 다음의 물음에 답하라.

전선 규격 [mm^2]	허용전류 [A]
6	41
10	67
16	76

(1) 중성선에 흐르는 전류는?
(2) 전선의 굵기를 선정하면?

풀이
• 중성선 전류 $I_N = 3K_m I_1 = 3 \times 39 \times 0.4 = 46.80\,[\text{A}]$

• 제3고조파 환산계수를 고려한 전류 $I_{N3} = \dfrac{46.80}{0.86} \fallingdotseq 54.418\,[\text{A}]$

• 허용전류 : 54.418보다 큰 67 [A] 선택 → 전선 규격 : 10 [mm^2]

정답　(1) 46.80 [A]　　　　　　　　(2) 10 [mm^2]

03 분산형 전원의 배전계통 연계 기술기준이다. 빈칸에 알맞은 답을 써라.

분산형 전원 정격용량 합계 (kW)	주파수 차 (Δf, Hz)	전압 차 (ΔV, %)	위상각 차 ($\Delta \Phi$, °)
0~500	0.3	①	②
500 초과~1,500	③	5	④
1,500 초과~20,000 미만	⑤	⑥	⑦

풀이 **분산형 전원 배전계통 연계 기술기준**

1. 분산형 전원(DER, Distributed Energy Resources)

   대규모 집중형 전원이 아니라 소규모로 분산하여 배치한 전원

2. 동기화

   분산형 전원과 한전계통에 대한 연계에 대하여 병렬 연계장치의 투입 순간에 모든 동기화 변수들이 제시된 제한범위 이내에 있어야 합니다.

계통 연계를 위한 동기화 변수의 제한범위

분산형 전원 정격용량 합계 (kW)	주파수 차 (Δf, Hz)	전압 차 (ΔV, %)	위상각 차 ($\Delta \Phi$, °)
0~500	0.3	10	20
500 초과~1,500	0.2	5	15
1,500 초과 20,000 미만	0.1	3	10

정답 ① 10 ② 20 ③ 0.2 ④ 15
       ⑤ 0.1 ⑥ 3 ⑦ 10

04 22.9 [kV-Y], 용량 500 [kVA]의 변압기 2차 측 모선에 연결되어 있는 배선용 차단기의 차단전류 용량을 구하라. 단, 변압기 %Z는 5 [%], 2차 전압은 380 [V], 선로 임피던스는 무시한다. (차단기의 차단전류 용량은 2.5 [kA], 5 [kA], 10 [kA], 20 [kA], 30 [kA]에서 선택한다.)

풀이 $I_n = \dfrac{500 \times 10^3}{\sqrt{3} \times 380} \fallingdotseq 759.671 \,[\mathrm{A}]$

$I_0 = \dfrac{100}{\%Z} \times I_n = \dfrac{100}{5} \times 759.671 \times 10^{-3} \fallingdotseq 15.193 \,[\mathrm{kA}]$

정답 20 [kA]

05 변압기의 병렬운전 조건을 5가지 써라.

정답 변압기의 병렬운전 조건 및 현상

병렬운전 조건	조건이 알맞지 않을 때의 현상
① 극성이 같을 것	순환전류, 변압기 소손
② 정격전압 및 권수 비가 같을 것	순환전류, 변압기 소손
③ %임피던스가 같을 것	부하분담 불균형
④ 상회전의 방향이 같을 것	순환전류, 단락
⑤ 위상이 같을 것	순환전류, 단락
⑥ 내부 저항, 누설리액턴스 비가 같을 것	위상차, 동손 증가

암기법 변압기의 병렬운전 조건 → 극전권 똥(%)방위

06 비상콘센트 설비에서 비상콘센트 전원은 ①_____ [V], 공급 용량은 ②_____ [kVA] 이상인 것으로 한다. 하나의 전원회로에 설치할 수 있는 비상콘센트 수는 ③_____ [개] 이하이어야 한다. ①~③에 알맞은 답을 써라.

풀이 비상콘센트 설비의 화재안전기준(NFSC 504) - 일부 정리한 자료

제4조(전원 및 콘센트 등)

1. 상용전원회로의 배선은 저압수전인 경우에는 인입개폐기의 직후에서, 고압수전 또는 특고압수전인 경우에는 전력용 변압기 2차 측의 주차단기 1차 측 또는 2차 측에서 분기하여 전용배선으로 할 것

2. 지하층을 제외한 층수가 7층 이상으로서 연면적이 2,000 [m²] 이상이거나 지하층의 바닥면적의 합계가 3,000 [m²] 이상인 특정 소방대상물의 비상콘센트 설비에는 자가발전설비, 비상전원 수전설비 또는 전기저장장치를 비상전원으로 설치할 것

3. 자가발전설비는 다음 각 목의 기준에 따라 설치할 것

   가. 점검에 편리하고 화재 및 침수 등의 재해로 인한 피해를 받을 우려가 없는 곳에 설치할 것

   나. 비상콘센트 설비를 유효하게 20분 이상 작동시킬 수 있는 용량으로 할 것

   다. 상용전원으로부터 전력의 공급이 중단된 때에는 자동으로 비상전원으로부터 전력을 공급받을 수 있도록 할 것

   라. 비상전원의 설치장소는 다른 장소와 방화구획 할 것

   마. 비상전원을 실내에 설치하는 때에는 그 실내에 비상조명등을 설치할 것

4. 비상콘센트 설비의 전원회로는 단상교류 220 [V]인 것으로, 그 공급 용량은 1.5 [kVA] 이상인 것으로 할 것

5. 전원회로는 각 층에 2 이상 되도록 설치할 것

6. 전원회로는 주배전반에서 전용회로로 할 것

7. 전원으로부터 각 층의 비상콘센트에 분기되는 경우에는 분기배선용 차단기를 보호함 안에 설치할 것

8. 콘센트마다 배선용 차단기(KS C 8321)를 설치하여야 하며 충전부가 노출되지 아니하도록 할 것

9. 개폐기에는 '비상콘센트'라고 표시한 표지를 할 것

10. 비상콘센트용의 풀박스 등은 방청도장을 한 것으로 두께 1.6 [mm] 이상의 철판으로 할 것

11. 하나의 전용회로에 설치하는 비상콘센트는 10개 이하로 할 것

12. 비상콘센트의 플러그접속기는 접지형 2극 플러그접속기를 사용하여야 한다.

13. 비상콘센트는 다음 각 호의 기준에 따라 설치하여야 한다.

    가. 바닥으로부터 높이 0.8 [m] 이상 1.5 [m] 이하의 위치에 설치할 것

    나. 비상콘센트의 배치는 아파트 또는 바닥면적이 1,000 [m²] 미만인 층은 계단의 출입구로부터 5 [m] 이내에, 바닥면적이 1,000 [m²] 이상인 층은 각 계단의 출입구 또는 계단 부속

실의 출입구로부터 5 [m] 이내에 설치할 것

14. 비상콘센트 설비의 전원부와 외함 사이의 절연저항 및 절연내력은 다음 각 호의 기준에 적합하여야 한다.

　가. 절연저항은 전원부와 외함 사이를 500 [V] 절연저항계로 측정할 때 20 [MΩ] 이상일 것

　나. 절연내력은 전원부와 외함 사이에 정격전압이 150 [V] 이하인 경우에는 1,000 [V]의 실효전압을, 정격전압이 150 [V] 이상인 경우에는 그 정격전압에 2를 곱하여 1,000을 더한 실효전압을 가하는 시험에서 1분 이상 견디는 것으로 할 것

제5조(보호함)

1. 보호함에는 쉽게 개폐할 수 있는 문을 설치할 것

2. 보호함 표면에 '비상콘센트'라고 표시한 표지를 할 것

3. 보호함 상부에 적색의 표시등을 설치할 것. 다만, 비상콘센트의 보호함을 옥내 소화전함 등과 접속하여 설치하는 경우는 옥내 소화전함 등의 표시등과 겸용할 수 있다.

제6조(배선)

1. 전원회로의 배선은 내화배선으로, 그 밖의 배선은 내화배선 또는 내열배선으로 할 것

2. 제1호에 따른 내화배선 및 내열배선에 사용하는 전선 및 설치방법은 「옥내소화전설비의 화재안전기준(NFSC 102)」 별표 1의 기준에 따를 것

정답　① 220　　② 1.5　　③ 10

PART **3** 필답형

---

07 단상 전파정류회로에서 인덕터 L과 커패시터 C의 역할은?

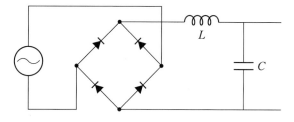

정답　① L의 역할 : 교류에서 직류로 변환된 노이즈 제거 및 돌입 전류를 제한한다.

　② C의 역할 : 교류에서 직류로 변환된 출력 전압을 평활화한다.

08 어떤 수용가에서 60 [kW], 뒤진 역률 80 [%]로 사용하고 있다. 여기에 새로이 40 [kW], 뒤진 역률 60[%]의 부하를 추가하였다. 이때 합성 역률을 90 [%]로 개선하기 위한 전력용 콘덴서의 용량 [kVA]을 구하라.

풀이

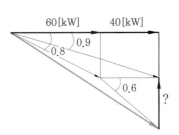

- 무효전력 $P_r = P \times \dfrac{\sin \theta}{\cos \theta}$

- 합성 무효전력 $P_r = 60 \times \dfrac{0.6}{0.8} + 40 \times \dfrac{0.8}{0.6}$
  $\fallingdotseq 98.333$

- 합성 유효전력 $P = 60 + 40 = 100$

- 합성 역률 90 [%]일 때 무효전력
  $$P_r{'} = 100 \times \frac{\sqrt{1-0.9^2}}{0.9} \fallingdotseq 48.432$$

- 보상해야 할 무효전력
  $$P_r - P_r{'} = 98.333 - 48.432$$
  $$= 49.901 \, [\text{kVA}]$$

정답 49.90 [kVA]

---

09 토양이 접지저항에 미치는 변수를 5가지 써라.

정답 ① 지역에 따른 대지저항률(강, 바다, 산 등)
② 수분 함유량에 따른 대지저항률
③ 토양의 화학 성분에 따른 대지저항률
④ 온도에 따른 대지저항률
⑤ 광물의 종류에 따른 대지저항률

10 다음은 제3종 접지공사 및 특별 제3종 접지공사의 특례이다. 아래 ①~⑥의 빈칸에 알맞은 답을 써라.

> 저압 전로에서 지락이 발생했을 경우 0.5초 이내에 전로를 자동으로 차단하는 장치를 시설한 경우 제3종 접지공사와 특별 제3종 접지공사를 하여야 한다. 접지저항값은 자동차단기의 정격 감도전류에 따라 다음 표에 정한 값 이하이어야 한다.

정격감도 전류 [mA]	접지저항값	
	물기가 있는 장소, 위험도가 높은 장소	그 외의 다른 장소
30	500 [Ω] 이하	④
50	①	⑤
100	②	500 [Ω] 이하
200	③	250 [Ω] 이하
300	50 [Ω] 이하	⑥
500	30 [Ω] 이하	100 [Ω] 이하

풀이 전동차단기의 정격감도 전류에 따른 접지저항값

정격감도 전류 [mA]	접지저항값	
	물기가 있는 장소, 위험도가 높은 장소	그 외의 다른 장소
30	500 [Ω] 이하	500 [Ω] 이하
50	300 [Ω] 이하	500 [Ω] 이하
100	150 [Ω] 이하	500 [Ω] 이하
200	75 [Ω] 이하	250 [Ω] 이하
300	50 [Ω] 이하	166 [Ω] 이하
500	30 [Ω] 이하	100 [Ω] 이하

정답　① 300 [Ω] 이하　　　　② 150 [Ω] 이하
③ 75 [Ω] 이하　　　　④ 500 [Ω] 이하
⑤ 500 [Ω] 이하　　　　⑥ 166 [Ω] 이하

PART **3**

필답형

전기기능장(필답형) ▶ 제69회

01 변압기의 내부 고장에 대한 것이다. 기계적 보호장치와 전기적 보호장치에 대하여 3가지씩 써라.

풀이
- 부흐홀쯔 계전기 : 가스의 부력과 절연유의 유속을 이용
  변압기와 컨서베이터 사이에 설치
- 비율차동 계전기

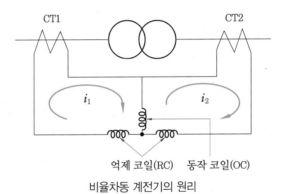

비율차동 계전기의 원리

정답
1. 기계적 보호장치
   ① 방출안전장치   ② 부흐홀쯔 계전기
   ③ 유면계   ④ 충격압력 계전기
   ⑤ 가스검출 계전기   ⑥ 방압장치
   ⑦ 온도계
2. 전기적 보호장치
   ① 과전류 계전기(OCR)   ② 차동전류 계전기
   ③ 비율차동 계전기

암기법
방부유충 가방은 과차비
(방부제 뿌린 벌레를 담은 가방을 가지고 차를 타면 차비를 더 많이 내야 한다.)

02 **다음은 안전장구류에 관한 것이다. 권장 교정 및 시험주기는 각각 얼마인가?**

(1) 특고압 COS 조작봉   (2) 저압검전기

(3) 절연장화   (4) 고압절연장갑

(5) 절연안전모

풀이 전기안전관리자의 직무 제9조(계측장비 교정 등)

전기안전관리자는 전기설비의 유지 운용 업무를 위해 계측장비를 주기적으로 교정하고, 안전장구의 성능을 적정하게 유지할 수 있도록 시험하여야 한다.

→ 계측장비 및 안전장구류의 교정 및 시험주기 : 1년

정답 (1)~(5) 1년

03 **비상전원으로서 유도등의 전원은 다음과 같이 설치해야 한다. 괄호 안에 알맞은 답을 써라.**

(1) (   )로 할 것

(2) 유도등을 (①   ) 이상 유효하게 작동시킬 수 있는 용량으로 할 것. 다만, 다음 각 목의 특정 소방대상물의 경우 그 부분에서 피난층에 이르는 부분의 유도등을 (②   ) 이상 유효하게 작동시킬 수 있는 용량으로 하여야 한다.

가. 지하층을 제외한 층수가 11층 이상인 층

나. 지하층 또는 무창층으로서 용도가 도매시장, 소매시장, 여객자동차터미널, 지하역사 또는 지하상가

정답 (1) 축전지   (2) ① 20분   ② 60분

참고 유도등 및 유도표지의 화재안전기준 제9조(유도등의 전원)

04 전기 저장장치의 2차 전지에 자동으로 전로를 차단하는 경우를 3가지 써라.

정답 ① 과전압 또는 과전류가 발생한 경우
② 제어장치에 이상이 발생한 경우
③ 2차 전지 모듈의 내부 온도가 급격히 상승할 경우

참고 KEC 512.2.2 제어 및 보호장치

05 전로에는 이상 현상으로부터 기기 보호를 위하여 서지보호기(SPD)를 설치한다. 이를 유지 보수하기 위한 육안검사 항목 5가지를 써라.

풀이 1. 서지보호기의 시험 방법(전원용)
• 절연저항 측정 시험   • 최대 임펄스 전류 시험
• 최대 방전 전류 시험   • 조합파 시험
• 제한전압 측정 시험   • 일시적 과전압 내성 시험
• 열폭주 반응 시험

2. 유지 보수 시 점검 방법
• 육안검사
• 누설전류 측정 : PE 도선으로 흐르는 전류를 측정하는데 초기 설치 시 전류값보다 30 [%]
  이상 흐르면 불량 판정

정답 ① 접속점의 조임 상태   ② 도체와 접속점의 파손 상태
③ 외관상 이상 유무 판단   ④ LED 표시장치 상태
⑤ 도체의 피복 상태

06 다음 물음에 답하라.

(1) 전원 측의 한 점을 직접 접지하고 설비의 노출도전부를 보호도체로 접속하는 방식으로, 계통 전체에 대해 별도의 중성선 또는 PE 도체를 사용하는 계통은 무엇인가?

(2) 피뢰기접지, 전력계통접지, 통신접지 등을 하나의 접지로 묶는 접지 시스템의 종류는 무엇인가?

(3) 접지방식과 연계하여 과도 전압을 제한하고 서지 전류를 분류하기 위하여 설치하는 기기는 무엇인가?

정답 (1) TN-S 계통　　　(2) 통합접지　　　(3) 서지보호기(SPD)

07 동기발전기 병렬운전 조건을 3가지 써라.

정답 ① 기전력의 크기가 같을 것　　② 기전력의 주파수가 같을 것
③ 기전력의 파형이 같을 것　　④ 상회전의 방향이 같을 것
⑤ 기전력의 위상이 같을 것

암기법 크주파방위

08 15 [m] 높이에 수조가 있다. 이 수조에 분당 10 [m³]의 물을 양수한다면 여유계수가 1.15, 펌프의 효율이 65 [%]인 전동기 용량을 구하라.

풀이 $P = \dfrac{9.8HQK}{\eta} = \dfrac{9.8 \times 15 \times 10/60 \times 1.15}{0.65} \fallingdotseq 43.346 \,[\text{kW}]$

여기서, H : 수조의 높이 [m], Q : 양수량 [m³/s]
　　　　K : 여유계수, η : 펌프의 효율

정답 43.35 [kW]

09 수변전 계통도에서 변압기 2차 측의 차단기 용량을 구하라.

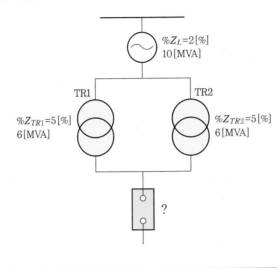

풀이 2가지 방법으로 풀어 보려고 합니다. 답은 같게 나와요.

1. 10 [MVA] 기준으로 TR1, TR2 측을 환산하면

$$기준\ 용량으로\ 환산한\ \%Z = \frac{기준\ 용량}{자기\ 용량} \times 자기\ \%Z$$

$$\%Z_{TR1} = \%Z_{TR2} = \frac{10}{6} \times 5 ≒ 8.333 [\%]$$

$$변압기의\ 합성\ \%Z = \frac{8.333 \times 8.333}{8.333 + 8.333} ≒ 4.167$$

$$차단기의\ 용량\ P_S = \frac{100}{\%Z} \times P_n = \frac{100}{2 + 4.167} \times 10$$
$$≒ 162.153 [MVA]$$
$$(변압기의\ 합성\ \%Z에서\ 오차가\ 발생)$$

2. 6 [MVA] 기준으로 전원 측을 환산하면

$$\%Z_L = \frac{6}{10} \times 2 = 1.2 [\%]$$

$$변압기의\ 합성\ \%Z = \frac{5}{2} = 2.5 [\%]$$

$$차단기의\ 용량\ P_S = \frac{100}{\%Z} \times P_n = \frac{100}{1.2 + 2.5} \times 6$$
$$≒ 162.162 [MVA]$$

정답 162.16 [MVA] 이상

10 진리표를 보고 다음 물음에 답하라.

X1	X2	X3	RL	YL	GL
0	0	0	0	0	1
0	0	1	0	1	0
0	1	0	1	0	0
0	1	1	0	1	0
1	0	0	0	0	1
1	0	1	0	1	0
1	1	0	1	0	0
1	1	1	1	1	1

(1) 최소로 간소화된 논리식을 써라.

① RL =   ② YL =

③ GL =

(2) (1)의 논리식에 따라 시퀀스 회로도를 완성하라.

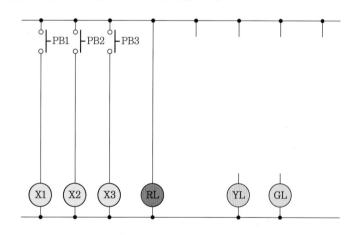

풀이 (1) ① $RL = \overline{X1} \cdot X2 \cdot \overline{X3} + X1 \cdot X2 \cdot \overline{X3} + X1 \cdot X2 \cdot X3$

$\qquad = (\overline{X1} + X1) \cdot (X2 + \overline{X3}) + X1 \cdot X2 \cdot X3$

$\qquad = X2 \cdot \overline{X3} + X1 \cdot X2 \cdot X3$

$\qquad = X2(\overline{X3} + X1 \cdot X3)$

$\qquad = X2((\overline{X3} + X1) \cdot (\overline{X3} \cdot X3))$

$\qquad = X2(\overline{X3} + X1)$

② YL = X3

③ GL = $\overline{X1} \cdot \overline{X2} \cdot \overline{X3} + X1 \cdot \overline{X2} \cdot \overline{X3} + X1 \cdot X2 \cdot X3$

$\qquad = (\overline{X1} + X1) \cdot (\overline{X2} + \overline{X3}) + X1 \cdot X2 \cdot X3$

$\qquad = (\overline{X2} \cdot \overline{X3}) + X1 \cdot X2 \cdot X3$

정답 (1) ① RL = $X2(\overline{X3} + X1)$

② YL = X3

③ GL = $(\overline{X2} \cdot \overline{X3}) + X1 \cdot X2 \cdot X3$

(2)

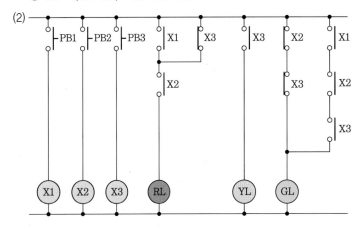

참고

[kW]와 [kVA]의 차이

단위	[kW]	[kVA]
전력 명칭	유효 전력	피상 전력
계산식	전압 × 전류 × 역률	전압 × 전류
사용되는 곳	전동기, 변압기, 발전기	변압기, 발전기
결정 용량	출력 용량	설계 용량

* 역률 : 전압과 전류의 위상차

전선의 약호

■ 전선의 약호 및 품명

구 분	약 호	품 명
A	A	연동선
	A-Al	연알루미늄선
	ABC-W	특고압 수밀형 가공케이블
	ACSR	강심알루미늄 연선
	ACSR-DV	인입용 강심 알루미늄도체 비닐 절연전선
	ACSR-OC	옥외용 강심 알루미늄도체 가교 폴리에틸렌 절연전선
	ACSR-OE	옥외용 강심 알루미늄도체 폴리에틸렌 절연전선
	Al-OC	옥외용 알루미늄도체 가교 폴리에틸렌 절연전선
	Al-OE	옥외용 알루미늄도체 폴리에틸렌 절연전선
	Al-OW	옥외용 알루미늄도체 비닐 절연전선
	AWP	클로로프렌, 천연 합성고무 시스 용접용 케이블
	AWR	고무 시스 용접용 케이블
B	BL	300/500 [V] 편조 리프트 케이블
	BRC	300/500 [V] 편조 고무코드
C	CA	강복알루미늄선
	CB-EV	콘크리트 직매용 폴리에틸렌 절연 비닐 시스 케이블(환형)
	CB-EVF	콘크리트 직매용 폴리에틸렌 절연 비닐 시스 케이블(평형)
	CCE	0.6/1 [kV] 제어용 가교 폴리에틸렌 절연 폴리에틸렌 시스 케이블
	CCV	0.6/1 [kV] 제어용 가교 폴리에틸렌 절연 비닐 시스 케이블
	CD-C	가교 폴리에틸렌 절연 CD 케이블
	CE	0.6/1 [kV] 가교 폴리에틸렌 절연 폴리에틸렌 시스 케이블
	CE10	6/10 [kV] 가교 폴리에틸렌 절연 폴리에틸렌 시스 케이블
	CET	6/10 [kV] 트리플렉스형 가교 폴리에틸렌 시스 케이블
	CLF	300/300 [V] 유연성 가교 비닐 절연 가교 비닐 시스 코드
	CNCV	동심중성선 차수형 전력 케이블
	CNCV-W	동심중성선 수밀형 전력 케이블 • TR-CNCV-W : 트리억제형 동심중성선 수밀형 전력 케이블 • FR-CNCO-W : 동심중성선 수밀형 저독성 난연 전력 케이블

구 분	약 호	품 명
C	CSL	원형 비닐 시스 리프트 케이블
	CV	0.6/1 [kV] 가교 폴리에틸렌 절연 비닐 시스 케이블
	CV10	6/10 [kV] 가교 폴리에틸렌 절연 비닐 시스 케이블
	CVV	0.6/1 [kV] 비닐 절연 비닐 시스 제어 케이블
	CVT	6/10 [kV] 트리플렉스형 가교 폴리에틸렌 절연 비닐 시스 케이블
	CIC	300/300 [V] 실내 장식 전등 기구용 코드
D	DV	인입용 비닐 절연전선
E	EE	폴리에틸렌 절연 폴리에틸렌 시스 케이블
	EV	폴리에틸렌 절연 비닐 시스 케이블
H	H	경동선
	HA	반경동선
	HAL	경알루미늄선
	HFCCO	0.6/1 [kV] 가교 폴리에틸렌 절연 저독성 난연 폴리올레핀 시스 제어 케이블
	HFCO	0.6/1 [kV] 가교 폴리에틸렌 절연 저독성 난연 폴리올레핀 시스 전력 케이블
	HLPC	300/300 [V] 내열성 연질 비닐 시스 코드(90℃)
	HOPC	300/500 [V] 내열성 범용 비닐 시스 코드(90℃)
	HPSC	450/750 [V] 경질 클로로프렌, 합성고무 시스 유연성 케이블
	HR(0.5)	500 [V] 내열성 고무 절연전선(110℃)
	HR(0.75)	750 [V] 내열성 고무 절연전선(110℃)
	HRF(0.5)	500 [V] 내열성 유연성 고무 절연전선(110℃)
	HRF(0.75)	750 [V] 내열성 유연성 고무 절연전선(110℃)
	HRS	300/500 [V] 내열 실리콘 고무 절연전선(180℃)
I	IACSR	강심 알루미늄 합금 연선
L	LPS	300/500 [V] 연질 비닐 시스 케이블
	LPC	300/500 [V] 연질 비닐 시스 코드
M	MI	미네랄 인슈레이션 케이블
N	NEV	폴리에틸렌 절연 비닐 시스 네온전선
	NF	450/750 [V] 일반용 유연성 단심 비닐 절연전선

구 분	약 호	품 명
N	NFI(70)	300/500 [V] 기기 배선용 유연성 단심 비닐 절연전선(70℃)
	NFI(90)	300/500 [V] 기기 배선용 유연성 단심 절연전선(90℃)
	NR	450/750 [V] 일반용 단심 비닐 절연전선
	NRC	고무 절연 클로로프렌 시스 네온전선
	NRI(70)	300/500 [V] 기기 배선용 단심 비닐 절연전선(70℃)
	NRI(90)	300/500 [V] 기기 배선용 단심 비닐 절연전선(90℃)
	NRV	고무 절연 비닐 시스 네온전선
	NV	비닐 절연 네온전선
O	OC	옥외용 가교 폴리에틸렌 절연전선
	OE	옥외용 폴리에틸렌 절연전선
	OPC	300/500 [V] 범용 비닐 시스 코드
	OPSC	300/500 [V] 범용 클로로프렌, 합성고무 시스 코드
	ORPSF	300/500 [V] 오일내성 비닐 절연 비닐 시스 차폐 유연성 케이블
	ORPUF	300/500 [V] 오일내성 비닐 절연 비닐 시스 비차폐 유연성 케이블
	ORSC	300/500 [V] 범용 고무 시스 코드
	OW	옥외용 비닐 절연전선
P	PCSC	300/500 [V] 장식 전등 지구용 클로로프렌, 합성고무 시스 케이블(원형)
	PCSCF	300/500 [V] 장식 전등 지구용 클로로프렌, 합성고무 시스 케이블(평면)
	PDC	6/10 [kV] 고압 인하용 가교 폴리에틸렌 절연전선
	PDP	6/10 [kV] 고압 인하용 가교 EP 고무 절연전선
	PL	300/500 [V] 폴리클로로프렌, 합성고무 시스 리프트 케이블
	PN	0.6/1 [kV] EP 고무 절연 클로로프렌 시스 케이블
	PNCT	0.6/1 [kV] EP 고무 절연 클로로프렌 캡타이어 케이블
	PV	0.6/1 [kV] EP 고무 절연 비닐 시스 케이블
R	RIF	300/300 [V] 유연성 고무 절연 고무 시스 코드
	RICLF	300/300 [V] 유연성 고무 절연 가교 폴리에틸렌 비닐 시스 코드
	RL	300/300 [V] 고무 시스 리프트 케이블
	RV	고무 절연 비닐 시스 케이블
V	VCT	0.6/1 [kV] 비닐 절연 비닐 캡타이어 케이블
	VV	0.6/1 [kV] 비닐 절연 비닐 시스 케이블
	VVF	비닐 절연 비닐 외장 평형 케이블

PART 3

필답형

접지 및 피뢰시스템

3-1 접지시스템

1 접지시스템의 분류

(1) 구분

    ① 계통접지 : 전력계통의 이상현상으로 인한 전기설비를 보호하기 위해 접지하는 방식

    ② 보호접지 : 감전사고 방지를 위해 접지하는 방식

    ③ 피뢰시스템접지 : 건축구조물 및 설비의 뇌전류를 대지로 보내기 위해 접지하는 방식

(2) 종류

    ① 단독접지 : 접지의 종별 또는 피뢰설비 및 정보통신설비 등을 따로따로 접지하는 방식

    ② 공통접지 : 전력계통과 정보통신설비, 피뢰설비를 따로따로 접지하는 방식

    ③ 통합접지 : 전체를 하나에 접지하는 방식(목적 : 단순화, 편리성, 경제성 고려)

접지시스템의 분류

분류 방법	종 류
구 분	계통접지, 보호접지, 피뢰시스템접지 등
종 류	단독접지, 공통접지, 통합접지
구 성	접지극, 접지도체, 보호 도체, 기타 설비

2 접지선의 굵기

기존의 접지 (구)		접지선의 최소 굵기(KEC) (개정)
구 분	접지선의 굵기	
1종 접지	6 [mm²] 이상	• 구리 : 6 [mm²] 이상 　피뢰시스템이 접속되는 경우는 16 [mm²] 이상 • 철 : 50 [mm²] 이상 　피뢰시스템이 접속되는 경우는 50 [mm²] 이상 • 기타
2종 접지	1 [mm²] 이상	
3종 접지	2.5 [mm²] 이상	
특별 3종 접지	2.5 [mm²] 이상	

* 기존의 접지 구분이 없어져 굵기 선정에 관한 내용이 바뀌었어요. 구체적인 것은 KEC 규정을 살펴보시기 바랍니다.

3 접지선 굵기 선정의 3요소

   ① 기계적 강도   ② 내식성   ③ 전류 용량

   주의 전선 굵기 선정의 3요소

      • 허용전류   • 기계적 강도   • 전압강하

4 보호 도체 또는 보호본딩 도체로 사용 금지

   ① 금속 수도관

   ② 가스 · 액체 · 분말과 같은 잠재적인 인화성 물질을 포함하는 금속관

   ③ 상시 기계적 응력을 받는 지지 구조물의 일부

   ④ 가요성 금속배관(보호 도체의 목적으로 설계된 경우는 예외)

   ⑤ 가요성 금속전선관

   ⑥ 지지선, 케이블 트레이 및 이와 비슷한 것

5 지락 사고 시 저압설비 허용 상용주파 과전압

저압설비 허용 상용주파 과전압

고압계통에서 지작고장시간 (초)	저압설비 허용 상용주파 과전압 (V)	비 고
> 5	$U_0 + 250$	U_0 : 중성선 도체가 없는 계통에서 선간전압
≤ 5	$U_0 + 1,200$	

6 등전위본딩 도체의 최소 단면적

   설비 내의 가장 큰 보호접지 도체 단면적의 1/2 이상

   ① 구리 : 6 [mm²] 이상   ② 강철 : 50 [mm²] 이상

   ③ 알루미늄 : 16 [mm²] 이상

7 접지 저감제의 구비 조건

   ① 접지전극을 부식시키지 않을 것

   ② 안전할 것

   ③ 전기적으로 양도체일 것

   ④ 토양을 오염시키지 않을 것

   ⑤ 지속성이 있을 것

 접지저항을 저감시키려면
접지는 안전토지에!!

8 접지저항 측정법

종 류	그 림	설 명
웨너 4전극법		대지의 고유저항률 측정 $\rho = \dfrac{2\pi a V}{I}\,[\Omega \cdot \mathrm{m}]$
콜라우시 브리지법		$R_a = \dfrac{1}{2}(R_{ab} + R_{ac} - R_{bc})$
전위 강하법		접지저항계를 사용하여 측정

9 중성점 접지의 목적

① 건전상의 전위 상승 억제   ② 전선로 및 기기의 절연 레벨 경감

③ 보호 계전기의 원활한 동작   ④ 개폐서지에 의한 이상전압의 억제

⑤ 과도 안정도 증진

접지저항 테스트

 접지극을 매설하고 접지저항기를 사용하여 접지저항을 측정하고 있습니다.

3-2 피뢰시스템

1 피뢰시스템의 적용 범위

① 지상으로부터 높이가 20 [m] 이상인 건축물 또는 구조물
② 전기설비 및 전자설비 등 낙뢰로부터 보호가 필요한 설비

2 외부 피뢰시스템의 구성요소

① 수뢰부
② 인하도선
③ 접지시스템

3 외부 피뢰시스템에서 수뢰부 시스템의 배치 방법

① 보호각법 : 간단한 형상의 건물에 적용
② 회전구체법 : 모든 경우에 적용
③ 메시법 : 보호대상 구조물의 표면이 평평한 경우에 적용

피뢰설비

변압기의 용량

1 수용률과 부하율 및 부등률

(1) 수용률

수용설비가 동시에 사용되는 정도

$$수용률 = \frac{최대 \ 수용전력(1시간 \ 평균)}{수전설비 \ 용량} \times 100 \ [\%]$$

(2) 부하율

일정 시간 중에서 부하 변동의 정도

$$부하율 = \frac{평균 \ 수용전력}{최대 \ 수용전력} \times 100 \ [\%]$$

(3) 부등률

다수의 수용가에서 전력 발생 부하가 동시에 사용되는 정도

$$부등률 = \frac{각 \ 최대 \ 수용전력의 \ 합}{합성 \ 최대 \ 수용전력}$$

 최용수 의등합 평하최 → 최용수의 등합은 평화가 최고

2 변압기의 용량

$$변압기의 \ 용량 = \frac{합성 \ 최대 \ 수용전력 \ [kW]}{역률}$$

$$= \frac{\Sigma(수용률 \times 수전설비 \ 용량 \ [kW])}{부등률 \times 역률 \times 효율} \times 여유율 \ [kVA]$$

예제 다음 설비의 부등률은 1.20이고 종합 역률은 90 [%]이며, 여유율은 1.20이다. 변압기의 용량은?

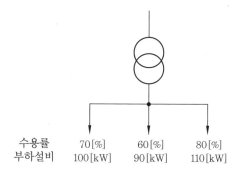

| 수용률 | 70[%] | 60[%] | 80[%] |
| 부하설비 | 100[kW] | 90[kW] | 110[kW] |

풀이 변압기 용량 $= \dfrac{100 \times 0.7 + 90 \times 0.6 + 110 \times 0.8}{1.2 \times 0.9} \times 1.2$

$\fallingdotseq 196.30 \times 1.2$

$= 235.560 \,[\text{kVA}]$

정답 235.56 [kVA]

철탑

• 장력을 많이 받는 부분인데 철탑의 형태가 정말 특이합니다.

저압 옥내 공사

1 시설 장소별 공사의 종류

합성수지관, 금속관, 가요전선관, 케이블 공사는 모든 장소에 사용 가능합니다.

시설 장소별 공사

장소		400 [V] 이하	400 [V] 초과
전개 장소	건조 장소	애자사용 공사, 합성수지몰드 공사, 금속몰드 공사, 금속덕트 공사, 버스덕트 공사 또는 라이팅덕트 공사	애자사용 공사, 금속덕트 공사 또는 버스덕트 공사
	기타 장소	애자사용 공사, 버스덕트 공사	애자사용 공사
점검 가능 은폐 장소	건조 장소	애자사용 공사, 합성수지몰드 공사, 금속몰드 공사, 금속덕트 공사, 버스덕트 공사, 셀룰라덕트 공사 또는 라이팅덕트 공사	애자사용 공사, 금속덕트 공사 또는 버스덕트 공사
	기타 장소	애자사용 공사	애자사용 공사
점검 불가 은폐 장소	건조 장소	플로어덕트 공사 또는 셀룰라덕트 공사	

* 400 [V] 미만이 400 [V] 이하로 바뀌었습니다. ← 개정된 부분

배관 공사
● 건물이 한층한층 올라가면서 건축물 구조물에 전기배관 공사를 하고 있습니다.

2 애자사용 공사

① 절연전선(OW, DV 전선은 제외)　　② 전선 상호 간의 간격 : 6 [cm] 이상

③ 전선 지지점 간의 거리(고압 애자 공사와 같음)

　㈎ 조영재의 윗면 또는 옆면 : 2 [m] 이하

　㈏ 400 [V] 초과 조영재 윗면 또는 옆면 이외 : 6 [m] 이하

전선과 조영재 간의 이격거리

전 압	시설 장소	이격거리
400 [V] 이하	–	2.5 [cm] 이상
400 [V] 초과	물기, 습기 있는 곳	4.5 [cm] 이상
	건조 장소	2.5 [cm] 이상

3 합성수지몰드 공사

① 절연전선(OW, DV 전선은 제외)

② 합성수지 몰드 안에는 전선에 접속점이 없도록 할 것

③ 홈의 폭 및 깊이 : 3.5 [cm] 이하(단, 접촉할 우려가 없는 경우 : 폭 5 [cm] 이하)

4 합성수지관 공사

① 절연전선(OW 전선은 제외)

② 전선은 연선일 것(단, 10 [mm^2](알루미늄선은 단면적 16 [mm^2]) 이하 제외)

③ 합성수지관 안에서 접속점이 없도록 할 것

④ 관 상호 간 및 박스와 관을 삽입하는 깊이 : 관의 바깥지름의 1.2배 이상

　(접착제를 사용하는 경우에는 0.8배 이상)

⑤ 지지점 간의 거리 : 1.5 [m] 이하

⑥ 관내 전선의 단면적 : 1/3(33.3%) 이하 ← 개정된 부분

5 금속관 공사

① 절연전선(OW 전선은 제외)

② 전선은 연선일 것(단, 10 [mm^2](알루미늄선은 단면적 16 [mm^2]) 이하 제외)

③ 금속관 안에서 접속점이 없도록 할 것

④ 관 두께 : 콘크리트에 매설하는 것은 1.2 [mm] 이상(이외의 것은 1 [mm] 이상)

⑤ 지지점 간의 거리 : 2 [m] 이하

⑥ 관내 전선의 단면적 : 1/3(33.3%) 이하 ← 개정된 부분

PART 3　필답형

6 가요전선관 공사

① 절연전선(OW 전선은 제외)

② 전선은 연선일 것(단, 10 [mm²](알루미늄선은 단면적 16 [mm²]) 이하 제외)

③ 가요전선관 안에서 접속점이 없도록 할 것

④ 가요전선관은 2종 금속제 가요전선관일 것(단, 전개된 장소 또는 점검할 수 있는 은폐된 장소에는 1종 가요전선관 사용 가능)

⑤ 관내 전선의 단면적 : 1/3(33.3%) 이하 ← 개정된 부분

⑥ 지지점 간의 거리 : 1 [m] 이하

가요전선관 공사

● 천장고가 높은 경우에는 배관 공사와 기구 사이가 멀기 때문에 그 사이를 가요
전선관으로 공사를 시행합니다.

7 금속덕트 공사

① 절연전선(OW 전선은 제외)

② 관내 전선의 단면적 : 20 [%] 이하(단, 전광 표시장치, 출퇴 표시등 또는 제어회로 등의 배선만 넣는 경우에는 50 [%] 이하)

③ 덕트 안에서 접속점이 없도록 할 것(단, 분기하는 경우 접속점을 쉽게 점검할 수 있을 때는 제외)

④ 두께 : 1.2 [mm] 이상, 폭 : 40 [mm] 이상 ← 개정된 부분

⑤ 지지점 간의 거리 : 3 [m] 이하(취급자 이외 출입 불가, 수직 배선 : 6 [m] 이하)

8 금속몰드 공사

① 절연전선(OW 전선은 제외)

② 금속 몰드 안에서 접속점이 없도록 할 것

9 플로어덕트 공사

① 절연전선(OW 전선은 제외)

② 전선은 연선일 것(단, $10\,[\mathrm{mm^2}]$(알루미늄선은 단면적 $16\,[\mathrm{mm^2}]$) 이하 제외)

③ 덕트 안에서 접속점이 없도록 할 것(단, 접속점을 쉽게 점검할 수 있을 때는 제외)

④ 사용 전압 : $400\,[\mathrm{V}]$ 이하

10 버스덕트 공사

지지점 간의 거리는 $3\,[\mathrm{m}]$ 이하(취급자 이외 출입 불가, 수직 배선 : $6\,[\mathrm{m}]$ 이하)

11 라이팅덕트 공사

① 지지점 간의 거리 : $2\,[\mathrm{m}]$ 이하　　　② 사용 전압 : $400\,[\mathrm{V}]$ 이하

12 셀룰라덕트 공사

① 절연전선(OW 전선은 제외)

② 전선은 연선일 것(단, $10\,[\mathrm{mm^2}]$(알루미늄선은 단면적 $16\,[\mathrm{mm^2}]$) 이하 제외)

③ 덕트 안에서 접속점이 없게 할 것(분기 시 접속점을 쉽게 점검할 수 있을 때는 제외)

13 케이블 공사(저압 옥내 배선)

① 케이블 및 캡타이어 케이블

② 지지점 간의 거리

　㈎ 조영재의 아랫면 또는 옆면 : $2\,[\mathrm{m}]$ 이하　　㈏ 캡타이어 케이블 : $1\,[\mathrm{m}]$ 이하

　㈐ 사람이 접촉할 우려가 없는 곳에서 수직 배선 : $6\,[\mathrm{m}]$ 이하

③ 전선 및 지지 부분의 안전율 : 4 이상

④ 조가용선의 인장강도 : 케이블 무게(조가용선의 무게는 제외)의 4배 이상

⑤ 굴곡 반지름 : 바깥지름의 12배 이상(가요성 알루미늄피 케이블 : 바깥지름의 7배 이상)

각종 공사의 지지점 간의 최대거리

공사 종류	이격거리 [m]	공사 종류	이격거리 [m]	공사 종류	이격거리 [m]	공사 종류	이격거리 [m]
금속관	2	케이블	2[1]	합성수지관	1.5	라이팅덕트	2
애자	2[1]	금속덕트	3	가요전선관	1	버스덕트	3

주) (1) 규정이 조금 복잡하므로 정확한 것은 앞의 자료를 확인하세요.

절연내력

1 전로의 절연내력

전로와 대지 간, 변압기는 권선과 다른 권선, 철심 및 외함 간에 10분간 시험합니다.
(단, 직류는 교류의 2배)

번 호	전로의 종류 (최대 사용 전압)	시험 전압	
		최대 사용 전압의 배수	최저 전압
1	7 [kV] 이하인 전로	1.5배	500 [V]
2	7 [kV] 초과 25 [kV] 이하인 중성점 접지식 전로 (중성선을 다중 접지하는 것)	0.92배	
3	7 [kV] 초과 60 [kV] 이하인 전로 (2의 것 제외)	1.25배	10,500 [V]
4	60 [kV] 초과 중성점 비접지식 전로	1.25배	
5	60 [kV] 초과 중성점 접지식 전로 (6과 7의 것 제외)	1.1배	75 [kV]
6	60 [kV] 초과 중성점 직접 접지식 전로 (7의 것 제외)	0.72배	
7	170 [kV] 초과 중성점 직접 접지식 전로	0.64배	
8	60 [kV] 초과 정류기 접속 전로	1.1배의 직류전압	

2 회전기 및 정류기의 절연내력 – 10분간 시험

기기의 종류 (최대 사용 전압)			시험 전압		시험 방법
			최대 사용 전압의 배수	최저 전압	
회전기	발전기, 전동기, 조상기	7 [kV] 이하	1.5배	500 [V]	권선과 대지 간
		7 [kV] 초과	1.25배	10,500 [V]	
	회전 변류기		직류 측의 1배 교류전압	500 [V]	
정류기	60 [kV] 이하		직류 측의 1배 교류전압	500 [V]	충전 부분과 외함 간
	60 [kV] 초과		교류 측의 1.1배 교류전압 또는 직류 측의 1.1배 직류 전압		교류 측 및 직류 고압 측 단자와 대지 간

계통접지의 방식

1 계통접지의 구성

(1) 접지계통의 분류 – 저압 전로의 보호도체 및 중성선의 접속 방식에 따라

　① TN 계통

　② TT 계통

　③ IT 계통

(2) 계통접지에서 사용되는 문자의 정의

　① 제1문자 : 전원계통과 대지의 관계

　　(개) T : 한 점을 대지에 직접 접속

　　(내) I : 모든 충전부를 대지와 절연시키거나 높은 임피던스를 통해 한 점을 대지에 직접
　　　　 접속

　② 제2문자 : 전기설비의 노출 도전부와 대지의 관계

　　(개) T : 노출 도전부를 대지로 직접 접속. 전원계통의 접지와는 무관

　　(내) N : 노출 도전부를 전원계통의 접지점(교류계통에서는 통상적으로 중성점, 중성점
　　　　 이 없을 경우는 선도체)에 직접 접속

　③ 그 다음 문자(문자가 있을 경우) : 중성선과 보호도체의 배치

　　(개) S : 중성선 또는 접지된 선도체 외 별도의 도체에 의해 제공되는 보호 기능

　　(내) C : 중성선과 보호 기능을 한 개의 도체로 겸용(PEN 도체)

(3) 각 계통에서 나타내는 그림의 기호

기 호	설 명
	중선선(N), 중간도체(M)
	보호도체(PE)
	중성선과 보호도체겸용(PEN)

2 TN 계통

전원 측의 한 점을 직접 접지하고 설비의 노출 도전부를 보호도체로 접속시키는 방식으로, 중성선 및 보호도체(PE 도체)의 배치 및 접속방식에 따라 다음과 같이 분류한다.

(1) TN-S 계통

계통 전체에 대하여 별도의 중성선 또는 PE 도체를 사용한다. 배전계통에서 PE 도체를 추가로 접지할 수 있다.

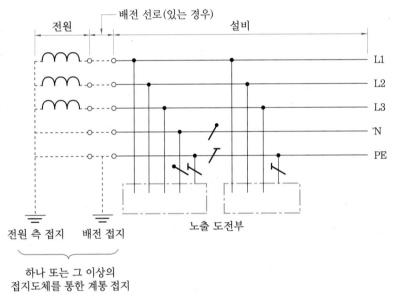

계통 내에서 별도의 중성선과 보호도체가 있는 TN-S 계통

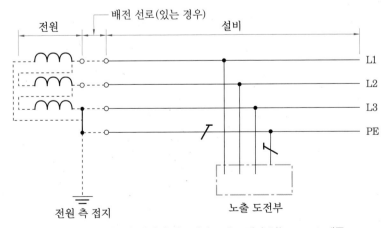

계통 내에서 별도의 접지된 선도체와 보호도체가 있는 TN-S 계통

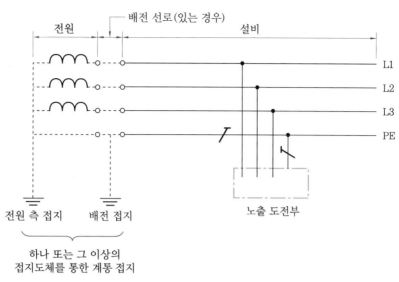

계통 내에서 접지된 보호도체는 있으나 중성선의 배선이 없는 TN-S 계통

(2) TN-C 계통

　　계통 전체에 대해 중성선과 보호도체의 기능을 동일 도체로 겸용한 PEN 도체를 사용한다. 배전계통에서 PEN 도체를 추가로 접지할 수 있다.

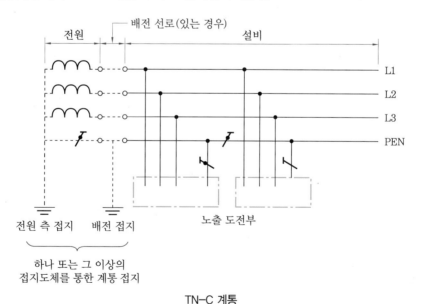

TN-C 계통

(3) TN-C-S 계통

　　계통의 일부분에서 PEN 도체를 사용하거나, 중성선과 별도의 PE 도체를 사용하는 방식이 있다. 배전계통에서 PEN 도체와 PE 도체를 추가로 접지할 수 있다.

③ TT 계통

전원의 한 점을 직접 접지하고 설비의 노출 도전부는 전원의 접지전극과 전기적으로 독립적인 접지극에 접속시킨다. 배전계통에서 PE 도체를 추가로 접지할 수 있다.

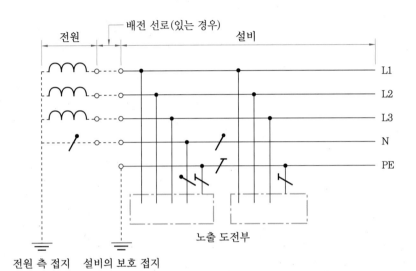

설비 전체에서 별도의 중성선과 보호도체가 있는 TT 계통

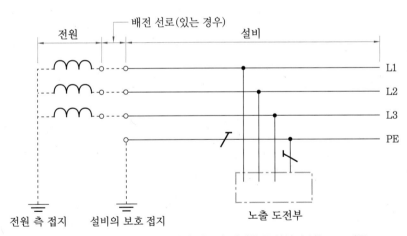

설비 전체에서 접지된 보호도체가 있으나 배전용 중성선이 없는 TT 계통

4 IT 계통

① 충전부 전체를 대지로부터 절연시키거나, 한 점을 임피던스를 통해 대지에 접속시킨다. 전기설비의 노출 도전부를 단독 또는 일괄적으로 계통의 PE 도체에 접속시킨다. 배전계통에서 추가 접지가 가능하다.

② 계통은 충분히 높은 임피던스를 통하여 접지할 수 있다. 이 접속은 중성점, 인위적 중성점, 선도체 등에서 할 수 있으며, 중성선은 배선할 수도 있고 배선하지 않을 수도 있다.

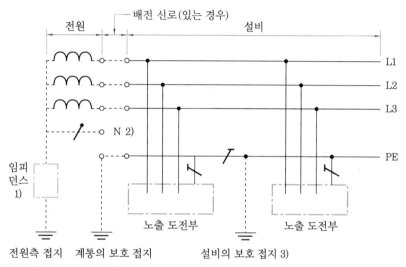

계통 내의 모든 노출 도전부가 보호도체에 의해 접속되어 일괄 접지된 IT 계통

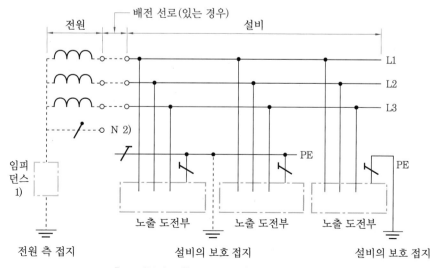

노출 도전부가 조합으로 또는 개별로 접지된 IT 계통

전압 체계

1 전기사업법 시행규칙의 개정

전압 체계

전압 구분	이 전	현 행(개정)
저압	DC 750 [V] 이하	DC 1,500 [V] 이하
	AC 600 [V] 이하	AC 1,000 [V] 이하
고압	DC 750 [V] 초과 7,000 [V] 이하	DC 1,500 [V] 초과 7,000 [V] 이하
	AC 600 [V] 초과 7,000 [V] 이하	AC 1,000 [V] 초과 7,000 [V] 이하
특고압	7,000 [V] 초과	7,000 [V] 초과

S자 형태의 전봇대

● 주택 밀집지역에서는 기존의 1자형 전봇대가 아니라 S
자 형태의 전봇대가 사용되고 있습니다.

부록

국가기술자격 실기시험문제

자격종목	전기기능장	과제명	전동기 정역회로 제어

* 수험자들의 경험담을 토대로 복원하였으므로 실제 문제와 서로 다를 수 있습니다.

1 작업형 (3일차)

재료 목록

재료명	수 량	재료명	수 량
전선(갈흑회녹) 2.5 [mm^2]	1롤	실렉터 스위치(2단)	7개
전선(황색) 1.5 [mm^2]	1롤	푸시 버튼(적색)	2개
PE관	1롤	푸시 버튼(녹색)	2개
CD관	1롤	푸시 버튼(청색)	3개
PVC 덕트	1개	파워릴레이 단자대(12P)	5개
퓨즈	2개	릴레이 단자대(14p)	5개
케이블타이	10개	타이머 단자대(8P)	2개
나사못(대중소)	120개	단자대(20P)	2개
새들	60개	단자대(4P)	7개
PE 커넥터	10개	퓨즈홀더	2개
CD 커넥터	10개	합판(500 × 450 [mm])	1개
스위치박스(3구)	5개	파일럿 램프(백색)	5개
스위치박스(2구)	4개	파일럿 램프(적색)	4개
정션박스	1개	버저	1개

1 제1과제 : PLC 프로그램

(1) 요구사항

① 제한시간 내에 주어진 동작사항에 적합한 프로그램을 완성하시오.

② 수험자가 지참한 PLC에 알맞은 프로그램을 이용하여 프로그램을 완성하시오.

③ PLC의 접지는 제어판 내의 단자대에 단독 접지하고, RUN모드 상태로 부착하시오.

④ 준비된 PLC의 단자에는 접속된 배선이 없는 상태이어야 합니다.

(2) 동작사항 – PLC 과제의 설명입니다.

① 차트1 프로그램 설명

(가) SS-A를 ON, SS-B를 OFF한 상태에서만 차트1이 동작되고, SS-A를 OFF하거나 SS-B를 ON하면 정지 및 초기화됩니다.

(나) PB-A를 입력(Falling Edge)하면 PL-E부터 PL-A까지 1초 간격으로 순차 점등됩니다.

(다) PL-E부터 PL-A까지 모두 점등이 된 상태에서 PB-B를 입력(Rising Edge)하면 PL-E부터 PL-A까지 2초 간격으로 순차 소등됩니다.

(라) 순차 점등 중에 PB-B를 입력(Rising Edge)하면 점등되는 순서는 멈추고, 그 상태에서 PL-E부터 2초 간격으로 점등된 램프까지 순차 소등됩니다.

(마) 순차 점등 중에는 PB-A의 동작에 회로는 영향을 받지 않으며, 순차 소등 중에는 PB-A 또는 PB-B의 동작에 회로는 영향을 받지 않습니다.

(바) 회로 동작 중에 PB-C를 ON하면 모든 회로는 초기화됩니다.

② 차트2 프로그램 설명

(가) SS-B를 ON, SS-A를 OFF한 상태에서만 차트2가 동작되고, SS-B를 OFF하거나 SS-A를 ON하면 정지 및 초기화됩니다.

(나) PB-A를 m회 입력(Falling Edge)하고

• PB-B를 입력(Rising Edge)하면 PL-A부터 PL-E까지 m차례의 순까지 모두 점등되고 1초 후, 1초 간격으로 차례의 역순으로 소등됩니다.

• PB-C를 입력(Falling Edge)하면 PL-A부터 PL-E까지 m차례의 순부터 이후의 램프는 모두 점등되고 1초 후, 1초 간격으로 차례의 순으로 소등됩니다.

• PB-B 또는 PB-C에 의한 회로 동작은 다른 회로가 동작 중에는 실행되지 않으며, 모든 램프가 소등되면 회로의 동작은 멈춥니다.

• PB-A의 입력은 처음 입력되고 회로의 동작이 진행되면 초기화 전에는 입력이 되지 않습니다.

부록

• m의 최댓값은 5입니다.

㈐ SS-C의 입력으로 모든 회로는 초기화됩니다.

(3) 입력신호 확인

점프선 등을 활용하여 신호를 확인할 수 있으나, 과제 완료(감독위원에게 1과제 완료를 확인받은 시점) 이후에는 프로그램을 재작업할 수 없습니다.

2 제2과제 : 전기공사

(1) 요구사항

① 지급된 재료를 사용하여 제한된 시간 내에 도면의 공사를 내선공사 방법에 따라 완성하시오.

② 전원 방식 : 3상 3선식 220 [V]

③ 공사 방법 : PE 전선관, 플렉시블 전선관, 40×40 PVC 덕트

④ 도면 및 유의사항 등에 표현되지 않은 것은 KEC 규정에 따릅니다.

(2) 동작사항 − 시퀀스 과제에 대한 설명으로 동작순서는 차례대로 진행됩니다.

① PB1을 누르면 MC1이 동작하고 PL1이 점등됩니다.

② S1을 ON하면 MC1, PL1은 복귀됩니다.

③ PS1을 ON하면 T1 설정시간 후 MC2가 동작하고 PL2가 점등됩니다.

④ S1과 PS1을 복귀하면 MC2, PL2는 복귀됩니다.

⑤ PB2를 누르면 MC3가 동작하고 PL3가 점등됩니다.

⑥ S2를 ON하면 MC3, PL3는 복귀됩니다.

⑦ PS2를 ON하면 T2 설정시간 후 MC4가 동작하고 PL4가 점등됩니다.

⑧ S2와 PS2를 복귀하면 MC4, PL4는 복귀됩니다.

⑨ MC1과 MC2, MC3와 MC4는 서로 동시에 ON 동작을 하지 않습니다.

3 유의사항

① 총 시험시간은 5시간으로 연장 시간 없이 과제를 완료해야 합니다.

② 제1과제(PLC 프로그램)는 처음 작업을 시작한 시간부터 2시간 이내에 완료해야 합니다.

③ 시험시간 내에 주어진 요구사항을 완료하지 못한 경우에는 채점대상에서 제외됩니다.

④ 지급된 재료는 시험 시작 전에 목록의 개수와 이상 유무를 확인하여야 합니다.

⑤ 제어판의 허용오차는 ±5 [mm]이고 작업판의 허용오차는 ±30 [mm]입니다.

⑥ 제어판 내의 부품들은 시험할 수 있는 기구들이 부착 가능해야 합니다.

⑦ 퓨즈의 1차 측 전선은 갈색, 회색인 2.5 [mm] 굵기의 선으로 배선하여야 합니다.

⑧ 제어판과 전선관이 접속하는 소켓은 5 [mm] 정도 제어판 위로 걸쳐져야 합니다.

⑨ 전선은 표기된 색상으로 배선되어야 하며, 표기되지 않은 선들의 주제어선은 RST(PE) (갈흑회녹−황) 2.5 [mm²], 보조제어선(노랑)은 1.5 [mm²] 선으로 배선하여야 합니다.

⑩ 단자와 전선의 접속은 한 단자에 3선 이상 물릴 수 없으며, 접속된 전선의 벗겨진 피복 은 2 [mm] 이하이어야 합니다.

⑪ PLC의 전원선은 노이즈 방지 대책으로 5회 이상 꼬아서 배선합니다.

⑫ 제어판과 전선관은 수직과 수평이 조화를 이루어야 합니다.

⑬ 전선관의 굴곡 반지름은 전선관 안지름의 6~8배입니다.

⑭ 정선박스 내의 전선 여유는 100~150 [mm] 정도의 여유를 주어야 합니다.

⑮ 접지는 비어있는 단자대에 접속하고, 이후의 배선은 결선하지 않습니다.

⑯ 전동기 결선은 입력 단자대까지만 배선하고, 이후의 배선은 결선하지 않습니다.

⑰ 덕트와 덕트의 연결 배관은 45° 각도를 유지합니다.

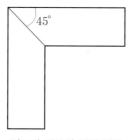

덕트와 덕트의 연결 배관

⑱ 회로의 점검은 벨 시험기 이외의 기구는 사용할 수 없습니다.

⑲ 회로시험을 위한 전원선은 TB1 단자대의 R상과 T상에 길이 100 [mm], 굵기 2.5 [mm²] 의 전선으로 결선하고, 외부 전원과 결합하는 전선에는 10 [mm] 정도 전선 피복을 벗겨 둡니다.

⑳ 지급된 재료 이외의 재료는 감독위원의 허락 없이 사용해서는 안 됩니다.

㉑ 시험 문제지는 작업이 종료되면 반드시 반납하여야 합니다.

㉒ 시험 종료 후에는 감독위원으로부터 과제의 작동 여부를 확인받아야 합니다.

㉓ 기타 필요한 사항들은 감독위원의 설명에 따릅니다.

부록

4 도면

(1) PLC 프로그램

① 입출력 단자의 배선은 배치도와 같이 배치합니다.

② 지급 재료 외의 부품은 PLC 내부 회로를 이용합니다.

③ PLC 도면의 동작사항과 일치하는 프로그램을 완성하시오.

■ PLC 입출력 단자 배치도

입 력	SS-A	SS-B	SS-C	PB-A	PB-B	PB-C		
	0	1	2	3	4	5	6	7
PLC								
출 력	0	1	2	3	4	5	6	7
	PL-A	PL-B	PL-C	PL-D	PL-E			

■ PLC 프로그램도

■ **PLC 프로그램**

● 차트 1

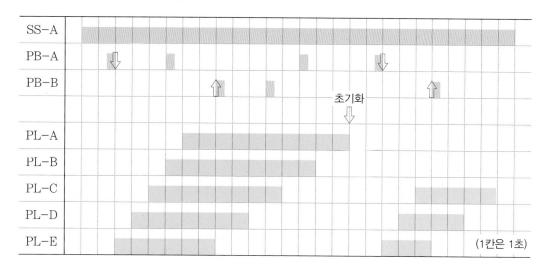

● 차트 2

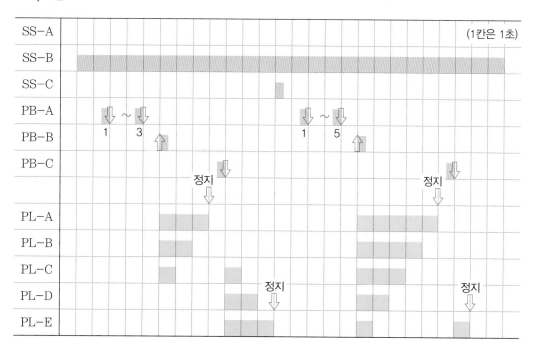

부록

(2) 전기공사

■ 배관 및 기구 배치도

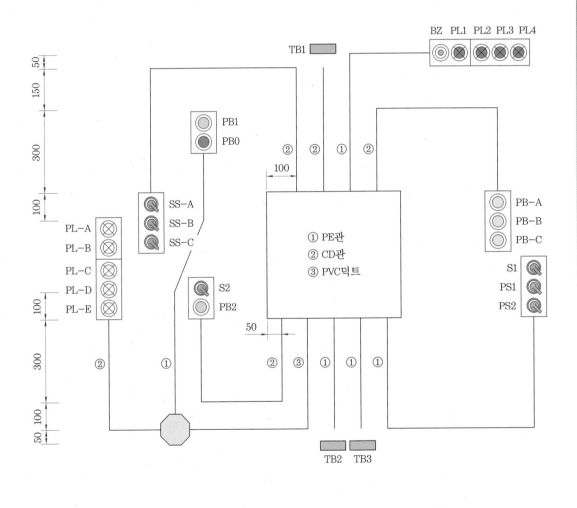

■ 제어판 내부 기구 배치도 및 범례

① 제어판 내부 기구 배치도

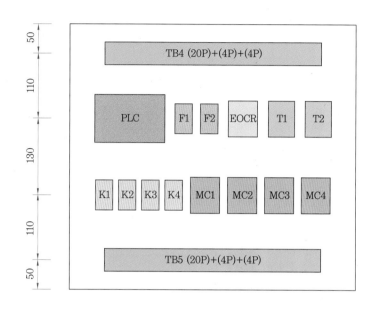

② 범례

기 호	명 칭	기 호	명 칭	기 호	명 칭
MC1~4	파워릴레이(12P)	SS-A~C	실렉터(2단)	PL-A~E	파일럿 램프(백)
K1~4	릴레이(14P)	PB1~2	푸시 버튼(녹)	TB4~5	단자대
T1~2	타이머(8P)	EOCR	과부하계전기(12P)	PB-A~C	푸시 버튼(청)
F1~2	퓨즈홀더(2P)	BZ	버저	TB1~3	단자대(4P)
PB0	푸시 버튼(적)	PL1~4	파일럿 램프(적)		
PS1~2	실렉터(2단)	S1~2	실렉터(2단)		

■ 시퀀스 도면

5 계전기 내부 회로도

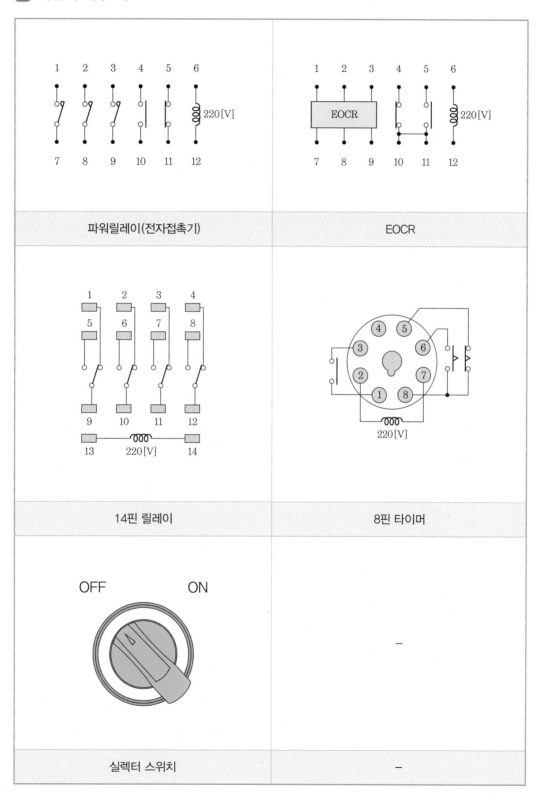

파워릴레이(전자접촉기)	EOCR
14핀 릴레이	8핀 타이머
실렉터 스위치	–

2 작업형(1~2일차 PLC)

* 입출력 단자 배치도는 3일차 것을 사용합니다.

1 1일차

● 차트 1

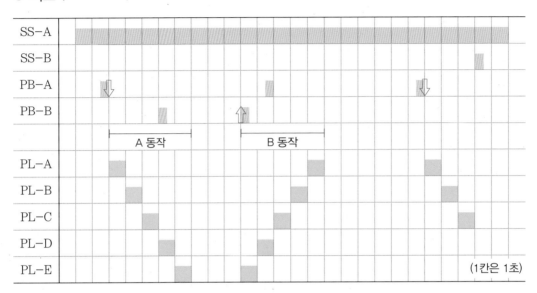

(1칸은 1초)

● 차트 2

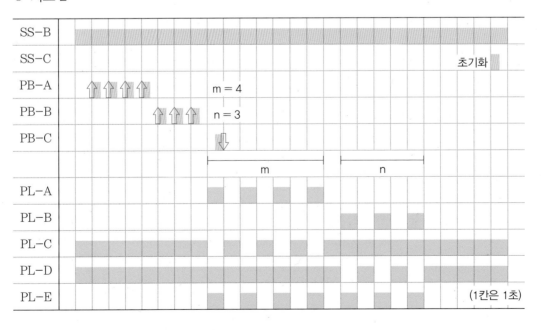

(1칸은 1초)

2 2일차

● 차트 1

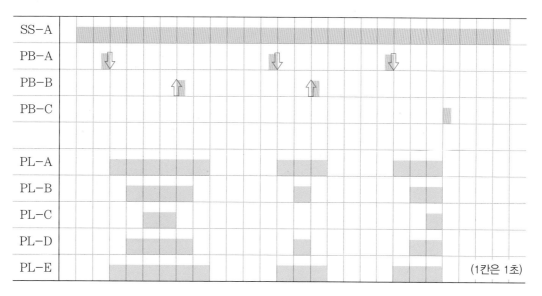

(1칸은 1초)

● 차트 2

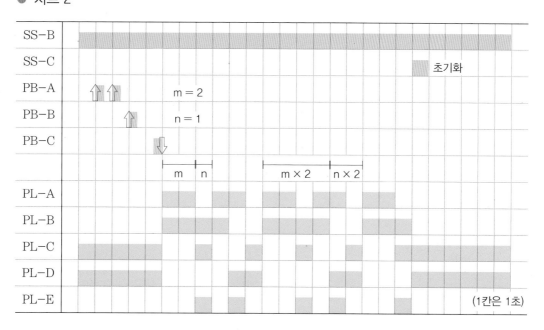

(1칸은 1초)

■ PLC Programming(69회 1일차)

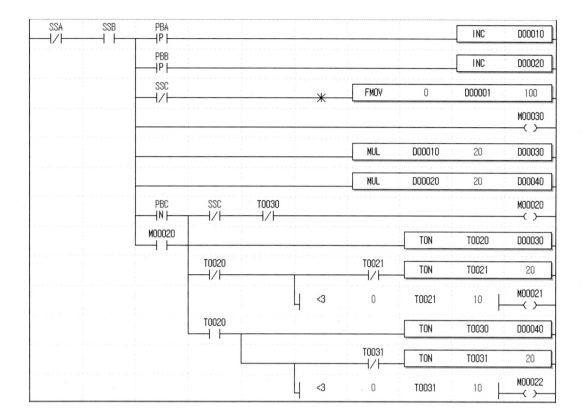

```
 SSA      SSB      PBA      T0011                                                    M00000
 ┤├──────┤/├──────┤N├──────┤/├                                                      ─( )─

                   M00000            M00010
                   ┤├                ┤/├                                   TMR    T0001    21

                          ┤├  >   T0001    0  └┤  <   T0011    20              M00001
                                                                              ─( )─

                          ┤├  >   T0001    10 └┤  <   T0011    10              M00002
                                                                              ─( )─

                          ┤├  >   T0001    20 └┤  <   T0011    1               M00003
                                                                              ─( )─

                          PBB      T0011                                       M00010
                          ┤P├      ┤/├                                        ─( )─

                          M00010                                   TON    T0011    20
                          ┤├

 SSA      SSB      T0011                                                            T0001
 ┤├──────┤/├──────┤/├                                                        ✳──────(R)─

 PBB
 ┤P├─┬─  >   T0001    0  └┤  <=  T0001    10       MOV    20    T0011

     ├─  >   T0001    10 └┤  <=  T0001    20       MOV    10    T0011

     └─  >   T0001    20 └                         MOV    0     T0011

 M00001   M00021                                                                    PLA
 ┤/├──────┤/├                                                                ✳──────( )─

 M00002   M00022                                                                    PLB
 ┤/├──────┤/├                                                                ✳──────( )─

 M00003                                                                             PLC
 ┤├                                                                                ─( )─

 M00040   PLA
 ┤├───────┤/├─┐

 M00002                                                                             PLD
 ┤├                                                                                ─( )─

 M00040   PLB
 ┤├───────┤/├─┐

 M00001                                                                             PLE
 ┤├                                                                                ─( )─

 PLA      PLB
 ┤/├──────┤├─┐

 PLA      PLB
 ┤├───────┤/├
```

SSA ─|/|─	SSB ─| |─	PBA ─|P|─	INC	D00010
		PBB ─|P|─	INC	D00020
			MUL D00010 10	D00011
			MUL D00020 10	D00021
			MUL D00010 20	D00030
			MUL D00020 20	D00040
	SSC ─|/|─	✳	FMOV 0 D00000	100
				M00040 ─( )─
	PBC ─|N|─	SSC ─|/|─		M00020 ─( )─
M00020 ─| |─	T0022 ─|/|─		TON T0021	D00011
	T0021 ─| |─		TON T0022	D00021
	<3 0 T0021 D00011			M00021 ─( )─
	T0024 ─|/|─		TON T0023	D00030
	T0023 ─| |─		TON T0024	D00040
	<3 0 T0023 D00030			M00022 ─( )─

■ PLC Programming(69회 3일차)

* 문제는 345쪽에 수록되어 있습니다.

Rung 1:

SSA	SSB	PBA	T0010	PBC		M00000
─┤ ├─	─┤/├─	─┤N├─	─┤/├─	─┤/├─		─( )─

| | | M00000 | | | | | | TON | T0000 | 41 |
| | | ─┤ ├─ | | | | | | | | |

			─┤ <	0	T0000 ├─	>	1	T0010 ├─	M00001 ─( )─
			─┤ <	10	T0000 ├─	>	20	T0010 ├─	M00002 ─( )─
			─┤ <	20	T0000 ├─	>	40	T0010 ├─	M00003 ─( )─
			─┤ <	30	T0000 ├─	>	60	T0010 ├─	M00004 ─( )─
			─┤ <	40	T0000 ├─	>	80	T0010 ├─	M00005 ─( )─

| | | | PBB ─┤P├─ | | | | | | | M00010 ─( )─ |
| | | | M00010 ─┤ ├─ | | | | | TON | T0010 | 80 |

Rung 2:

M00005	M00021	M00022	M00024	M00027	M00031	M00055			PLA
─┤/├─	─┤/├─	─┤/├─	─┤/├─	─┤/├─	─┤/├─	─┤/├─		─✱─	─( )─
M00004	M00023	M00025	M00028	M00032	M00050	M00054			PLB
─┤/├─	─┤/├─	─┤/├─	─┤/├─	─┤/├─	─┤/├─	─┤/├─		─✱─	─( )─
M00003	M00026	M00029	M00033	M00046	M00049	M00053			PLC
─┤/├─	─┤/├─	─┤/├─	─┤/├─	─┤/├─	─┤/├─	─┤/├─		─✱─	─( )─
M00002	M00030	M00034	M00043	M00045	M00048	M00052			PLD
─┤/├─	─┤/├─	─┤/├─	─┤/├─	─┤/├─	─┤/├─	─┤/├─		─✱─	─( )─
M00001	M00035	M00041	M00042	M00044	M00047	M00051			PLE
─┤/├─	─┤/├─	─┤/├─	─┤/├─	─┤/├─	─┤/├─	─┤/├─		─✱─	─( )─

Rung 3:

SSA	SSB	PBA				INC	D00010
─┤/├─	─┤ ├─	─┤N├─					

| | | | ─┤ > | D00010 | 5 ├─ | MOV | 5 | D00010 |
| | | | SSC ─┤/├─ | | ─✱─ | MOV | 0 | D00010 |

| | | | PBB ─┤P├─ | T0020 ─┤/├─ | SSC ─┤/├─ | M00040 ─┤/├─ | | M00020 ─( )─ |
| | | | M00020 ─┤ ├─ | | | | TON | T0020 | D00020 |

| | | | PBC ─┤N├─ | T0040 ─┤/├─ | SSC ─┤/├─ | M00020 ─┤/├─ | | M00040 ─( )─ |
| | | | M00040 ─┤ ├─ | | | | TON | T0040 | D00030 |

| | | | ─┤ = | D00010 | 1 ├─ | MOV | 10 | D00020 |

							MOV	50	D00030
	=	D00010	2				MOV	20	D00020
							MOV	40	D00030
	=	D00010	3				MOV	30	D00020
							MOV	30	D00030
	=	D00010	4				MOV	40	D00020
							MOV	20	D00030
	=	D00010	5				MOV	50	D00020
							MOV	10	D00030

M00020	=	D00010	1	<3	0	T0020	10	M00021 ( )
M00040				<3	0	T0040	50	M00051 ( )
				<3	0	T0040	40	M00052 ( )
				<3	0	T0040	30	M00053 ( )
				<3	0	T0040	20	M00054 ( )
				<3	0	T0040	10	M00055 ( )
	=	D00010	2	<3	0	T0020	20	M00022 ( )
				<3	0	T0020	10	M00023 ( )
				<3	0	T0040	40	M00047 ( )
				<3	0	T0040	30	M00048 ( )
				<3	0	T0040	20	M00049 ( )
				<3	0	T0040	10	M00050 ( )
	=	D00010	3	<3	0	T0020	30	M00024 ( )
				<3	0	T0020	20	M00025 ( )
				<3	0	T0020	10	M00026 ( )
				<3	0	T0040	30	M00044 ( )
				<3	0	T0040	20	M00045 ( )
				<3	0	T0040	10	M00046 ( )

⊣⊢	=	D00010	4	<3	0	T0020	40	M00027 —( )—
				<3	0	T0020	30	M00028 —( )—
				<3	0	T0020	20	M00029 —( )—
				<3	0	T0020	10	M00030 —( )—
				<3	0	T0040	20	M00042 —( )—
				<3	0	T0040	10	M00043 —( )—
⊣⊢	=	D00010	5	<3	0	T0020	50	M00031 —( )—
				<3	0	T0020	40	M00032 —( )—
				<3	0	T0020	30	M00033 —( )—
				<3	0	T0020	20	M00034 —( )—
				<3	0	T0020	10	M00035 —( )—
				<3	0	T0040	10	M00041 —( )—

3 **필답형** * 필답형 풀이와 정답은 3편에 수록되어 있습니다.

01 변압기의 내부 고장에 대한 것이다. 기계적 보호장치와 전기적 보호장치에 대하여 3가지씩 써라.

02 다음은 안전장구류에 관한 것이다. 권장 교정 및 시험주기는 각각 얼마인가?

(1) 특고압 COS 조작봉 (2) 저압검전기

(3) 절연장화 (4) 고압절연장갑

(5) 절연안전모

03 비상전원으로서 유도등의 전원은 다음과 같이 설치해야 한다. 괄호 안에 알맞은 답을 써라.

(1) (   )로 할 것

(2) 유도등을 (   ) 이상 유효하게 작동시킬 수 있는 용량으로 할 것. 다만, 다음 각 목의 특정 소방대상물의 경우 그 부분에서 피난층에 이르는 부분의 유도등을 (   ) 이상 유효하게 작동시킬 수 있는 용량으로 하여야 한다.

가. 지하층을 제외한 층수가 11층 이상의 층

나. 지하층 또는 무창층으로서 용도가 도매시장, 소매시장, 여객자동차터미널, 지하역사 또는 지하상가

04 전기 저장장치의 2차 전지에 자동으로 전로를 차단하는 경우를 3가지 써라.

05 전로에는 이상 현상으로부터 기기 보호를 위하여 서지보호기(SPD)를 설치한다. 이를 유지 보수하기 위한 육안검사 항목 5가지를 써라.

부록

06 **다음 물음에 답하라.**

(1) 전원 측의 한 점을 직접 접지하고 설비의 노출도전부를 보호도체로 접속하는 방식으로, 계통 전체에 대해 별도의 중성선 또는 PE 도체를 사용하는 계통은 무엇인가?

(2) 피뢰기접지, 전력계통접지, 통신접지 등을 하나의 접지로 묶는 접지 시스템의 종류는 무엇인가?

(3) 접지방식과 연계하여 과도 전압을 제한하고 서지 전류를 분류하기 위하여 설치하는 기기는 무엇인가?

07 **동기발전기의 병렬운전 조건을 3가지 써라.**

08 15 [m] 높이에 수조가 있다. 이 수조에 분당 10 [m³]의 물을 양수한다면 여유계수가 1.15, 펌프의 효율이 65 [%]인 전동기 용량을 구하라.

09 **수변전 계통도에서 변압기 2차 측의 차단기 용량을 구하라.**

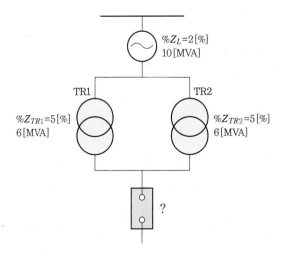

10　**진리표를 보고 다음 물음에 답하라.**

X1	X2	X3	RL	YL	GL
0	0	0	0	0	1
0	0	1	0	1	0
0	1	0	1	0	0
0	1	1	0	1	0
1	0	0	0	0	1
1	0	1	0	1	0
1	1	0	1	0	0
1	1	1	1	1	1

(1) 최소로 간소화된 논리식을 써라.

①　RL =

②　YL =

③　GL =

(2) (1)의 논리식에 따라 시퀀스 회로도를 완성하라.

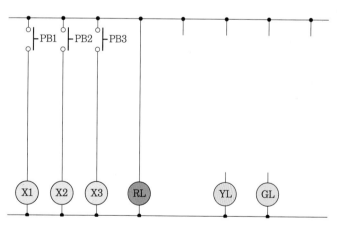

1 배선 심벌

1 일반 배선(배관, 덕트, 금속선 홈통 등을 포함)

명 칭	기 호	설 명
천장 은폐 배선	—————	① 천장 은폐 배선 중 천장 속의 배선을 구별하는 경우는 천장 속의 배선에 ——————을 사용해도 좋다. ② 노출 배선 중 바닥면 노출 배선을 구별하는 경우는 바닥면 노출 배선에 ——————을 사용해도 좋다. ③ 전선의 종류를 표시할 필요가 있는 경우는 기호를 기입한다. 예 • 600V 비닐 절연 전선 : IV 　• 600V 2종 비닐 절연 전선 : HIV 　• 가교 폴리에틸렌 절연 비닐 시스 케이블 : CV 　• 600V 비닐 절연 시스 케이블(평형) : VVF 　• 내화 케이블 : FP 　• 내열 전선 : HP 　• 통신용 PVC 옥내선 : TIV ④ 절연 전선의 굵기 및 전선 수는 다음과 같이 기입한다.
바닥 은폐 배선	— — —	
바닥 노출 배선	— — —	
노출 배선	- - - - - - -	
지중 매설 배선	— — —	

④ 절연 전선의 굵기 및 전선 수는 다음과 같이 기입한다.

예 $\dfrac{/\!/\!/}{1.6}$　$\dfrac{/\!/}{2}$　$\dfrac{/\!/}{2\text{mm}^2}$　$\dfrac{/\!/\!/}{8}$

숫자 표기의 예) $\overline{\begin{array}{c}1.6 \times 5 \\ 5.5 \times 1\end{array}}$

단, 시방서 등에 전선의 굵기 및 전선 수가 명백한 경우는 기입하지 않아도 좋다.

⑤ 케이블의 굵기 및 선심 수(또는 쌍의 수)는 다음과 같이 기입하고 필요에 따라 전압을 기입한다. 단, 시방서 등에 케이블의 굵기 및 선심 수가 명백한 경우는 기입하지 않아도 좋다.

예 1.6 mm 3심인 경우 : $\overline{1.6\sim3\text{C}}$

0.5 mm 100쌍인 경우 : $\overline{0.5\sim100\text{P}}$

⑥ 전선은 접속점은 다음에 따른다.

명 칭	기 호	설 명

		⑦ 배관은 다음과 같이 표시한다.
		
		• 강제 전선관인 경우 : $\dfrac{/\!\!/}{1.6(19)}$
		
		• 경질 비닐 전선관인 경우 : $\dfrac{/\!\!/}{1.6(VE16)}$
		
		• 2종 금속제 가요전선관인 경우 : $\dfrac{/\!\!/}{1.6(F_2 17)}$
		
		• 합성수지제 가요관인 경우 : $\dfrac{/\!\!/}{1.6(PF16)}$
		
		• 전선이 들어 있지 않은 경우 : $\dfrac{\text{◯}}{(19)}$
		
		단, 시방서 등에 명백한 경우는 기입하지 않아도 좋다.
		
		⑧ 플로어 덕트의 표시는 다음과 같다.
		
		예 $\overline{(F7)}$ $\overline{(FC6)}$
		
		⑨ 정크션 박스를 표시하는 경우는 다음과 같다.
		
		– –◎– –
		
		⑩ 금속 덕트를 표시하는 경우는 다음과 같다.
		
		MD
		
		⑪ 금속선 홈통의 표시는 다음과 같다.
		
		1종 $\overline{}_{MM_1}$ – – – – – 2종 $\overline{}_{MM_2}$ – – – – –
		
		⑫ 라이팅 덕트의 표시는 다음과 같다.
		
		□– – –
		  LD – –□– –
		       LD
		
		□는 피드인 박스를 표시하며, 필요에 따라 전압, 극수, 용량을 기입한다.
		
		예 □– – – – – –
		  LD 125V 2P 15A
		
		⑬ 접지선의 표시는 다음과 같다.
		
		예 $\overline{}_{E2.0}$
		
		⑭ 접지선과 배선을 동일 관 내에 넣는 경우는 다음과 같다.
		
		예 $\dfrac{/\!\!/\!\!/\qquad\quad/}{2.0(25)\quad E2.0}$
		
		단, 접지선의 표기 E가 명백한 경우는 기입하지 않아도 좋다.
		
		⑮ 케이블의 방화구획 관통부는 다음과 같이 표시한다.
		
		—（H）—
		
		⑯ 정원등 등에 사용하는 지중 매설 배선은 다음과 같다.
		
		—— – – – –

부록

명 칭	기 호	설 명
		⑰ 옥외 배선은 옥내 배선의 기호를 따른다. ⑱ 구별을 필요로 하지 않는 경우는 실선만으로 표시하여도 좋다. ⑲ 건축도의 선과 명확히 구분한다.
상승 인하 소통		① 동일 층의 상승, 인하는 특별히 표시하지 않는다. ② 관, 선 등의 굵기를 기입한다. 단, 명백한 경우는 기입하지 않아도 좋다. ③ 필요에 따라 공사 종별을 표기한다. ④ 케이블의 방화구획 관통부는 다음과 같이 표시한다. 　상승 　인하 　소통
풀박스 및 접속상자		① 재료의 종류, 치수를 표시한다. ② 박스의 대소 및 모양에 따라 표시한다.
VVF용 조인트 박스		단자붙이임을 표시하는 경우는 t를 표기한다.
접지단자		의료용은 H를 표기한다.
접지센터	EC	
접지극		① 접지 종별은 다음과 같이 표기한다. 　제1종 E_1, 제2종 E_2, 제3종 E_3, 특별 제3종 E_{S3} ② 필요에 따라 재료의 종류, 크기, 필요한 접지 저항값 등을 표기한다.
수전점		인입구에 이것을 적용하여도 좋다.
점검구		

2 버스 덕트

명 칭	기 호	설 명
버스 덕트	▬	① 필요에 따라 다음 사항을 표시한다. 　• 피드 버스 덕트 : FBD 　　플러그인 버스 덕트 : PBD 　　트롤리 버스 덕트 : TBD 　• 방수형인 경우 : WP 　• 전기방식, 정격전압, 정격전류 　**예** ▬　FBD 3∅ 3W 300V 600A ② 익스팬션을 표시하는 경우는 다음과 같다. ▬/\/\▬ ③ 오프셋을 표시하는 경우는 오른쪽과 같다. ▬ ④ 탭붙이를 표시하는 경우는 오른쪽과 같다. ▬▼ ⑤ 상승, 인하를 표시하는 경우는 다음과 같다. 　상승 ▬▭↗　　　인하 ▬▭↘ ⑥ 필요에 따라 정격전류에 의해 너비를 바꾸어 표시해도 좋다.
합성수지선 홈통	▬	① 필요에 따라 전선의 종류, 굵기, 가닥 수, 선 홈통의 크기 등을 기입한다. 　**예** ▬　IV1.6×4(PR35×18) 　▬⌒　전선이 들어있지 않은 경우 　(PR35×18) ② 회선 수를 다음과 같이 표시하여도 좋다. 　▬ 2　2회선인 경우 ③ 기호 ▬ 는 ‾ ‾ ‾ PR ‾ 로 표시해도 좋다. ④ 조인트 박스를 표시하는 경우는 다음과 같다. 　▬ J ▬ ⑤ 콘센트를 표시하는 경우는 다음과 같다. 　▬□▬ ⑥ 점멸기를 표시하는 경우는 다음과 같다. 　▬ • ▬ ⑦ 걸림 로제트를 표시하는 경우는 다음과 같다. 　▬ ( ) ▬

부록

3 증설 및 철거

① 동일 도면에서 증설, 기설을 표시하는 경우 증설은 굵은 선, 기설은 가는 선 또는 점선으로 한다. 또한 증설은 적색, 기설은 흑색 또는 청색으로 해도 좋다.

② 철거인 경우 ×를 붙인다. **예** ✕✕✕⊗✕✕✕

2 기기 심벌

명 칭	기 호	설 명
전동기	Ⓜ	필요에 따라 전기방식, 전압, 용량을 표기한다. **예** Ⓜ $3\phi\,200V$ $3.7kW$
콘덴서	⊟	전동기의 경우를 따른다.
전열기	Ⓗ	
환기팬 (선풍기 포함)	∞	필요에 따라 종류 및 크기를 표기한다.
룸 에어컨	RC	① 옥외 유닛에는 0, 옥내 유닛에는 1을 표기한다. $\boxed{RC}_0$ $\boxed{RC}_1$ ② 필요에 따라 전동기, 전열기의 전기방식, 전압, 용량 등을 표기한다.
소형 변압기	Ⓣ	① 필요에 따라 용량, 2차 전압을 표기한다. ② 필요에 따라 벨 변압기는 B, 리모컨 변압기는 R, 네온 변압기는 N, 형광등용 안정기는 F, HID등용 안정기는 H를 표기한다. $Ⓣ_B$ $Ⓣ_R$ $Ⓣ_N$ $Ⓣ_F$ $Ⓣ_H$ ③ 형광등용 안정기 및 HID등(고효율 방전등)용 안정기로서 기구에 넣는 것은 표기하지 않는다.
정류장치	▶▐	필요에 따라 종류, 용량, 전압 등을 표기한다.
축전기	⊣▐	
발전기	Ⓖ	전동기의 경우를 따른다.

3　전등기구 및 전력설비 심벌

1　조명기구

명 칭	기 호	설 명
일반용 조명 백열등, HID등	◯	① 벽붙이는 벽 옆을 칠한다. ◖ ② 기구 종류를 표시하는 경우는 ◯ 안이나 표기로 글자명, 숫자 등의 문자 기호를 기입하고 도면의 비고 등에 표시한다. 　예) 나◯나　1◯₁　A◯ᴀ 　단, 같은 방에 같은 기구를 여러 개 시설하는 경우는 통합하여 문자 기호와 기구 수를 기입해도 좋다. ③ ②를 따르기 어려운 경우는 다음 보기를 따른다. 　• 걸림 로제트만 ◯　　• 팬던트 ⊖ 　• 실링, 직접 부착 (CL)　• 샹들리에 (CH) 　• 매입기구 (DL) (◎로 해도 좋다.) ④ 용량을 표시하는 경우는 와트 수 [W]×램프 수로 표시한다. 　예) 100, 200×3 ⑤ 옥외등은 ⊗로 해도 좋다. ⑥ HID등의 종류를 표시하는 경우는 용량 앞에 다음 기호를 붙인다. 　• 수은등 : H　• 메탈할라이드등 : M　• 나트륨등 : N 　예) H400
형광등	▭◯▭	① 기호 ▭◯▭는 ▭◯▭로 표시해도 좋다. ② 벽붙이는 벽 옆을 칠한다. 　• 가로붙이 : ▭●▭　　• 세로붙이 : 🔦 ③ 기구 종류를 표시하는 경우는 ◯ 안이나 표기로 글자명, 숫자 등의 문자 기호를 기입하고 도면의 비고 등에 표시한다. 　예) 나◯나　1◯₁　A◯ᴀ 　같은 방에 같은 기구를 여러 개 시설하는 경우는 통합하여 문자 기호와 기구 수를 기입해도 좋다. 따르기 어려운 경우는 일반용 조명 백열등, HID등의 경우를 따른다.

부록

명 칭		기 호	설 명
형광등		⊏─○─⊐	④ 용량을 표시하는 경우는 램프의 크기(형)×램프 수로 표시하며 용량 앞에 F를 붙인다. 예 F40, F40×2 ⑤ 용량 외에 기구 수를 표시하는 경우는 램프의 크기(형)×램프 수−기구 수로 표시한다. 예 F40−2, F40×2−3 ⑥ 기구 내 배선의 연결 방법을 표시하는 경우는 다음과 같다. 예 ⊏─○─⊐ F40−2 ⊏──○──⊐ F40−3 ⑦ 기구의 대소 및 모양에 따라 표시해도 좋다. 예 ⊏─○─⊐ □○□
비상용 조명 (건축 기준법에 따르는 것)	백열등	●	① 일반용 조명 백열등의 경우를 따른다. 단, 기구의 종류를 표시하는 경우는 종류를 표기한다. ② 일반용 조명 형광등에 조립하는 경우는 다음과 같다. ⊏─○─●─⊐
	형광등	■─○─■	① 일반용 조명 백열등의 경우를 따른다. 단, 기구의 종류를 표시하는 경우는 종류를 표기한다. ② 계단에 설치하는 통로 유도등과 겸용인 것은 ■◉■ 로 한다.
유도등 (소방법에 따르는 것)	백열등	◉	① 일반용 조명 백열등의 경우를 따른다. 단, 기구의 종류를 표시하는 경우는 종류를 표기한다. ② 객석 유도등인 경우는 필요에 따라 S를 표기한다. ◉S
	형광등	⊏─◉─⊐	① 일반용 조명 백열등의 경우를 따른다. ② 기구의 종류를 표시하는 경우는 종류를 표기한다. 예 ⊏─◉─⊐ 중 ③ 통로 유도등인 경우는 필요에 따라 화살표를 기입한다. 예 ⊏─◉─⊐ ⊏─◉─⊐ ④ 계단에 설치하는 비상용 조명과 겸용인 것은 ■◉■ 로 한다.
불멸 또는 비상용등 (건축법, 소방법에 따르지 않는 것)	백열등	⊗	① 벽붙이는 벽 옆을 칠한다. ◉ ② 일반용 조명 백열등의 경우를 따른다. 단, 기구의 종류를 표시하는 경우는 종류를 표기한다.
	형광등	⊏─⊗─⊐	① 벽붙이는 벽 옆을 칠한다. ⊏─⊗─⊐ ② 일반용 조명 형광등의 경우를 따른다. 단, 기구의 종류를 표시하는 경우는 종류를 표기한다.

2 콘센트

명 칭	기 호	설 명
콘센트	![콘센트 기호]	① 기호는 벽붙이를 표시하고 벽 옆을 칠한다. ② 기호 ![기호]는 ![기호]로 표시해도 좋다. ③ 천장에 부착하는 경우는 오른쪽과 같다. ![기호] ④ 바닥에 부착하는 경우는 오른쪽과 같다. ![기호] ⑤ 용량의 표시 방법은 다음과 같다. 　㉮ 15A는 표기하지 않는다. 　㉯ 20A 이상은 암페어 수를 표기한다. 　예 ![기호]$_{20A}$ ⑥ 2극 이상인 것은 극 수를 표기한다. 　예 ![기호]$_2$ ⑦ 3극 이상인 것은 극 수를 표기한다. 　예 ![기호]$_{3P}$ ⑧ 종류를 표시하는 경우는 다음과 같다. 　• 빠짐방지형 : ![기호]$_{LK}$　　• 걸림형 : ![기호]$_T$ 　• 접지극붙이 : ![기호]$_E$　　• 접지단자붙이 : ![기호]$_{ET}$ 　• 누전차단기붙이 : ![기호]$_{EL}$ ⑨ 방수형은 WP를 표기한다. ![기호]$_{WP}$ ⑩ 방폭형은 EX를 표기한다. ![기호]$_{EX}$ ⑪ 타이머붙이, 덮개붙이 등 특수한 것은 표기한다. ⑫ 의료용은 H를 표기한다. ![기호]$_H$ ⑬ 전원 종별을 명확히 하고 싶은 경우는 그 뜻을 표기한다.
비상 콘센트 (소방법에 따르는 것)	![비상콘센트 기호]	–
점멸기	●	① 용량의 표시 방법은 다음과 같다. 　㉮ 10A는 표기하지 않는다. 　㉯ 15A 이상은 전류값을 표기한다. ●$_{15A}$

명 칭	기 호	설 명
점멸기	●	② 극 수의 표시 방법은 다음과 같다. ㈎ 단극은 표기하지 않는다. ㈏ 2극 또는 3로, 4로는 각각 2P 또는 3, 4의 숫자를 표기한다. 　예 ●2P ●3 ●4 ③ 플라스틱은 P를 표기한다. ●P ④ 파일럿 램프를 내장하는 것은 L을 표기한다. ●L ⑤ 따로 놓여진 파일럿 램프는 ○로 표시한다. ○● ⑥ 방수형 ●WP ⑦ 방폭형 ●EX ⑧ 타이머붙이 ●T ⑨ 자동형, 덮개붙이 등 특수한 것은 표기한다. ⑩ 옥외등 등에 사용하는 자동점멸기는 A 및 용량을 표기한다. ●A(3A)
조광기	●	용량을 표시하는 경우는 용량을 표기한다. 　예 ●15A
리모컨 스위치	●R	① 파일럿 램프붙이는 ○를 표기한다. 　예 ○●R ② 리모컨 스위치임이 명백한 경우는 R을 생략해도 좋다.
실렉터 스위치	⊗	① 점멸 회로 수를 표기한다. 　예 ⊗9 ② 파일럿 램프붙이는 L을 표기한다. 　예 ⊗9L
리모컨 릴레이	▲	리모컨 릴레이를 접합하여 부착하는 경우는 ▲▲▲를 사용하고, 릴레이 수를 표기한다. 예 ▲▲▲10
개폐기	S	① 상자들이인 경우는 상자의 재질 등을 표기한다. ② 극 수, 정격전류, 퓨즈 정격전류 등을 표기한다. 　예 S 2P 30A 　　　f15A

명 칭	기 호	설 명
개폐기	S	③ 전류계붙이는 ⑤를 사용하고 전류계의 정격전류를 표기한다. 예 ⑤ 2P 30A f15A A5
배선용 차단기	B	① 상자들이인 경우는 상자의 재질 등을 표기한다. ② 극 수, 정격전류, 퓨즈 정격전류 등을 표기한다. 예 B 3P 225AF 150A ③ 모터브레이커를 표시하는 경우는 $\underline{B}$를 사용한다. ④ B 를 S $_{MCB}$로 표시해도 좋다.
누전차단기	E	① 상자들이인 경우는 상자의 재질 등을 표기한다. ② 과전류 소자붙이는 극 수, 프레임의 크기, 정격전류, 정격감도전류 등을, 과전류 소자 없음은 극 수, 정격전류, 정격감도전류 등을 표기한다. • 과전류 소자붙이 : E 2P 30AF 15A 30mA • 과전류 소자 없음 : E 2P 15A 30mA ③ 과전류 소자붙이는 BE를 사용해도 좋다. ④ E 를 S $_{ELB}$로 표시해도 좋다.
전자 개폐기용 누름 버튼	●$_B$	① 텀블러형 등인 경우도 이것을 사용한다. ② 파일럿램프붙이인 경우는 L을 표기한다.
압력 스위치	●$_P$	–
플로트 스위치	●$_F$	–
플로트리스 스위치 전극	●$_{LF3}$	전극 수를 표기한다. 예 ●$_{LF3}$
타임 스위치	TS	–

명 칭	기 호	설 명
전력량계	(Wh)	① 필요에 따라 전기방식, 전압, 전류 등을 표기한다. ② 기호 (Wh)는 (WH)로 표시하여도 좋다.
전력량계 (상자들이 또는 후드붙이)	[Wh]	① 전력량계의 경우를 따른다. ② 집합 계기상자에 넣는 경우는 전력량계의 수를 표기한다. 예 [Wh]₁₂
변류기 (상자들이)	[CT]	필요에 따라 전류를 표기한다.
전류 제한기	(L)	① 필요에 따라 전류를 표기한다. ② 상자들이인 경우는 그 뜻을 표기한다.
누전 경보기	⊘G	필요에 따라 종류를 표기한다.
누전 화재 경보기 (소방법에 따른것)	⊘F	필요에 따라 급별을 표기한다.
지진 감지기	(EQ)	필요에 따라 작동 특성을 표기한다. 예 (EQ)$_{100\ 170cm/s^2}$ (EQ)$_{100-170Gal}$

3 배전반, 분전반, 제어반

명 칭	기 호	설 명
배전반, 분전반 및 제어반	▭	① 종류를 구별하는 경우는 다음과 같다. 　• 배전반 : ⊠ 　• 분전반 : ◣ 　• 제어반 : ⧓ ② 직류용은 그 뜻을 표기한다. ③ 재해방지 전원 회로용 배전반 등인 경우는 2중 틀로 하고, 필요에 따라 종별을 표기한다. 예 ⊠₁종　◣₂종

4   통신 및 신호 심벌

1 전화

명 칭	기 호	설 명
내선 전화기	Ⓣ	버튼 전화기를 구별하는 경우는 BT를 표기한다. Ⓣ$_{BT}$
가입 전화기	ⓣ	–
공중전화기	(PT)	–
팩시밀리	MF	–
전환기	기호	양쪽을 끊는 전환기인 경우는 다음과 같다.
보안기	기호	집합 보안기의 경우는 다음과 같이 표시하고 개수(실장/용량)를 표기한다. 예 $\frac{3}{5}$
단자반	▭	① 대수(실장/용량)를 표기한다. 예 $\frac{30P}{40P}$ ② 전화 이외의 단자반에도 이것을 적용한다. ③ 중간 단자반, 주단자반, 국선용 단자반을 구별하는 경우는 다음과 같다. • 중간단자반 : • 주단자반 : • 국선용 단자반 :
본배선반	MDF	–
교환기	⊠	–
버튼전화 주장치	▭	형식을 기입한다. 예 206
전화용 아우트렛	●	① 벽붙이는 벽 옆을 칠한다. ◖ ② 바닥에 설치하는 경우는 오른쪽을 따라도 좋다.

부록

2 경보 · 호출 · 표시장치

명 칭	기 호	설 명
누름버튼 스위치	▣	① 벽붙이는 벽 옆을 칠한다. ② 2개 이상인 경우는 버튼 수를 표기한다. 예 ③ 간호부 호출용은 ▣$_N$ 또는 $\boxed{N}$ 으로 한다. ④ 복귀용은 오른쪽을 따른다. ●
손잡이 누름버튼	●	간호부 호출용은 ●$_N$ 또는 Ⓝ으로 한다.
벨	⏛	· 경보용 : $\boxed{A}$ · 시보용 : $\boxed{T}$
버저	◿	· 경보용 : $\boxed{A}$ · 시보용 : $\boxed{T}$
차임	♪	−
경보 수신반	▰	−
간호부 호출용 수신반	NC	창 수를 표기한다. 예 NC$_{10}$
표시기(반)	‖‖	창 수를 표기한다. 예 ‖‖$_{10}$
표시 스위치 (발신기)	▣	표시 스위치 반은 다음에 따라 표시하고 스위치 수를 표기한다. 예 ●●●$_{10}$
표시등	◎	벽붙이는 벽 옆을 칠한다.

3 전기시계 설비

명 칭	기 호	설 명
자시계	◷	① 모양, 종류 등을 표시하는 경우는 그 뜻을 표기한다. ② 아우트렛만인 경우는 ◖로 한다. ③ 스피커붙이 자시계는 와 같이 표시한다.

명 칭	기 호	설 명
시보 자시계		자시계의 경우를 따른다.
부시계		시계 감시반에 부시계를 조립한 경우는 로 한다.

4 확성장치 및 인터폰

명 칭	기 호	설 명
스피커		① 벽붙이는 벽 옆을 칠한다. ② 모양, 종류를 표시하는 경우는 그 뜻을 표기한다. ③ 소방용 설비 등에 사용하는 것은 필요에 따라 F를 표기한다. ④ 아우트렛만인 경우는 오른쪽과 같다. ⑤ 방향을 표시하는 경우는 오른쪽과 같다. ⑥ 폰형 스피커를 구별하는 경우는 오른쪽과 같다.
잭	J	종별을 표시할 때는 종별을 표기한다. • 마이크로폰용 잭 : J_M • 스피커용 잭 : J_S
감쇠기		–
라디오 안테나	T_R	–
전화기용 인터폰(부)	t	–
전화기용 인터폰(자)	t	–
스피커형 인터폰(부)		–
스피커형 인터폰(자)		간호부 호출용으로 사용하는 경우는 N을 표기한다.
증폭기	AMP	소방용 설비 등에 사용하는 것은 필요에 따라 F를 표기한다.
원격 조작기	RM	소방용 설비 등에 사용하는 것은 필요에 따라 F를 표기한다.

부록

5 텔레비전

명 칭	기 호	설 명
텔레비전 안테나	T	필요에 따라 VHF, UHF, 소자 수 등을 표기한다.
혼합, 분파기	⊽	−
증폭기	▷	−
4분기기	⊕	2분기기 ─⊕─
4분배기	⊕	2분배기 ─⊖
직렬 유닛 1단자형 (75 Ω)	⊙	① 분기 단자 300 Ω형인 경우는 ─⊖로 한다. ② 종단 저항붙이인 경우는 R을 표기한다. ⊙$_R$
직렬 유닛 2단자형 (75 Ω, 300 Ω)	⊝	① 분기 단자 75 Ω 2단자인 경우는 ⊗로 한다. ② 종단 저항붙이인 경우는 R을 표기한다. ⊝$_R$
벽면 단자	─○	−
기기 수용 단자	▭	−

5 방화 설비 심벌

1 자동 화재검지 설비

명 칭	기 호	설 명
차동식 스폿형 감지기	⌓	필요에 따라 종별을 표기한다.
보상식 스폿형 감지기	⌓	필요에 따라 종별을 표기한다.
정온식 스폿형 감지기	⌣	① 필요에 따라 종별을 표기한다. ② 방수인 것은 ⌓로 한다. ③ 내산인 것은 ⌓로 한다. ④ 내알칼리인 것은 ⌓로 한다. ⑤ 방폭인 것은 EX를 표기한다.

명 칭	기 호	설 명
연기 감지기	S	① 필요에 따라 종별을 표기한다. ② 점검 박스붙이인 경우는 S 로 한다. ③ 매입인 것은 S 로 한다.
감지선	─●─	① 필요에 따라 종별을 표기한다. ② 감지선과 전선의 접속점은 ─●─ 로 한다. ③ 가건물 및 천장 안에 시설할 경우는 ─ ─●─ ─로 한다. ④ 관통 위치는 ─○─○─ 로 한다.
공기관	───	① 배선용 기호보다 굵게 한다. ② 가건물 및 천장 안에 시설할 경우는 ─ ─ ─ 로 한다. ③ 관통 위치는 ─○─○─ 로 한다.
열전대	─■─	가건물 및 천장 안에 시설할 경우는 ─▭─ 로 한다.
열반도체	(○○)	–
차동식 분포형 감지기의 검출부	⋈	필요에 따라 종별을 표기한다.
P형 발신기	(P)	① 옥외용인 것은 (P) 로 한다. ② 방폭인 것은 EX를 표기한다.
회로 시험기	◉	–
경보벨	(B)	① 방수용인 것은 (B) 로 한다. ② 방폭인 것은 EX를 표기한다.
수신기	⧆	다른 설비의 기능을 갖는 경우는 필요에 따라 해당 기호를 표기한다. 예 가스누설 경보 설비와 일체인 것 ◩ 가스누설 경보 설비 및 방배연 연동과 일체인 것 : ⧄
부수신기(표시기)	⊟	–
중계기	⊟	–

명 칭	기 호	설 명
표시등	◐	-
표지판	◺	-
보조 전원	TR	-
이보기 (이동 경보기)	R	필요에 따라 해당 설비의 기호를 표기한다. • 경비회사 등 기기 : G • 비상 방송 : E • 소화장치 : X • 소화전 : H • 방화문, 배연 : D • 기타 : F
차동스폿 시험기	T	필요에 따라 개수를 표기한다.
종단 저항기	Ω	⊔Ω Ⓛ Ω ⋈Ω
기기수용 상자	▭	-
경계구역 경계선	— — —	배선의 기호보다 굵게 한다.
경계구역 번호	◯	① ◯ 안에 경계구역 번호를 넣는다. ② 필요에 따라 ⊖로 하고 상부에 필요사항, 하부에 경계 구역 번호를 넣는다. 예 (계단) (샤프트)

2 비상경보 설비

명 칭	기 호	설 명
기동장치	Ⓕ	① 방수용인 것은 ⌒Ⓕ로 한다. ② 방폭인 것은 EX를 표기한다.
비상 전화기	ⒺⒻ	필요에 따라 번호를 표기한다.

명 칭	기 호	설 명
경보벨	(B)	–
경보 사이렌	◁	–
경보구역 경계선	——-—-——	자동 화재경보 설비의 경계구역 경계선의 경우를 따른다.
경보구역 번호	△	△ 안에 경보구역 번호를 넣는다.

3 소화 설비

명 칭	기 호	설 명
기동 버튼	(E)	가스계 소화 설비는 G, 수계 소화 설비는 W를 표기한다.
경보벨	(B)	자동 화재 경보설비의 경보벨의 경우를 따른다.
경보 버저	(EF)	
사이렌	◁	
제어반	▨	–
표시반	▱	필요에 따라 창 수를 표기한다. 예 ▱₃
표시등	◑	시동 표시등과 겸용인 것은 ◖ 로 한다.

4 방화 댐퍼, 방화문 등의 제어기기

명 칭	기 호	설 명
연기 감지기 (전용인 것)	(S)	① 필요에 따라 종별로 표기한다. ② 매입인 것은 (S) 로 한다.
열 감지기 (전용인 것)	⊖	필요에 따라 종류, 종별을 표기한다.

명 칭	기 호	설 명
자동 폐쇄 장치	(ER)	용도를 표시하는 경우는 다음 기호를 표기한다. • 방화문용 : D • 방화셔터용 : S • 연기방지 수직벽용 : W • 방화댐퍼용 : SD
연동 제어기	▱	조작부를 가진 것은 ▱로 한다.
동작 구역번호	◇	◇ 안에 동작 구역번호를 넣는다.

5 가스누설 경보관계 설비

명 칭	기 호	설 명
검지기	G	① 벽걸이형인 것에서는 G로 한다. ② 분리형의 검지부는 G로 한다. ③ 버저, 램프를 내장하고 있는 것은 필요에 따라 그 뜻을 표기한다. 예 G_L $G_{L,B}$
검지구역 경보장치	(BZ)	자동 화재 경보 설비의 경보벨의 경우를 따른다.
음성 경보장치	◁	확성장치 및 인터폰에서 스피커의 경우를 따른다.
수신기	◿	–
중계기	⊟	① 복수 개로 일체인 것은 개수를 표기한다. 예 ⊟×3 ② 가스누설 표시등의 중계기에서는 L로 한다.
표시등	◐	–
경계구역 경계선	—·—·—	–
경계구역 번호	△	△ 안에 경계구역 번호를 넣는다.

3 무선통신 보조 설비

명 칭	기 호	설 명
누설 동축 케이블	——	① 일반 배선용 기호보다 굵게 한다. ② 천장에 은폐하는 경우는 ▬ ▬ ▬ 을 사용하여도 좋다. ③ 필요에 따라 종별, 형식, 사용길이 등을 기입한다. $\overline{\text{LC}\times500\ 100\text{m}}$ ④ 내열형인 것은 필요에 따라 H를 표기한다. $\overline{\text{H}-\text{LC}\times200\ 50\text{m}}$
안테나	△	① 필요에 따라 종별, 형식 등을 기입한다. ② 내열형인 것은 필요에 따라 H를 표기한다.
혼합기	▽	주파수가 다른 경우은 다음과 같다. U/V U/U V/V
분배기	⊣□	① 분배 수에 따른 기호로 한다. 예 4분기기 : ⊣□ ② 필요에 따라 종별 등을 표기한다.
분기기	⊞	필요에 따라 분기 수에 따른 기호로 한다. 예 2분기기 : ⊞
종단 저항기	—⋀⋀—	–
무선기 접속단자	◎	필요에 따라 소방용 F, 경찰용 P, 자위용 G를 표기한다. 예 ◎$_{\text{F}}$
커넥터	—▭	필요에 따라 생략할 수 있다.
분파기 (필터 포함)	⊞$_{\text{F}}$	–

6 피뢰설비 심벌

명 칭	기 호	설 명
돌침부	⊙	평면도용
	▮	입면도용
피뢰도선 및 지붕 위 도체	——	① 필요에 따라 재료의 종류, 크기 등을 표기한다. ② 접속점은 다음과 같다. ●—— —┬—
접지저항 측정용 단자	⊗	접지용 단자 상자에 넣는 경우는 다음과 같다. ⊠

140 접지시스템

141 접지시스템의 구분 및 종류

1. 접지시스템은 계통접지, 보호접지, 피뢰시스템접지 등으로 구분한다.
2. 접지시스템의 시설 종류에는 단독접지, 공통접지, 통합접지가 있다.

142 접지시스템의 시설

142.1 접지시스템의 구성요소 및 요구사항

142.1.1 접지시스템 구성요소

1. 접지시스템은 접지극, 접지도체, 보호도체 및 기타 설비로 구성하고, 140에 의하는 것 이외에는 KS C IEC 60364-5-54(저압전기설비-제5-54부 : 전기기기의 선정 및 설치-접지설비 및 보호도체)에 의한다.
2. 접지극은 접지도체를 사용하여 주접지단자에 연결하여야 한다.

142.1.2 접지시스템 요구사항

1. 접지시스템은 다음에 적합하여야 한다.
   가. 전기설비의 보호 요구사항을 충족하여야 한다.
   나. 지락전류와 보호도체 전류를 대지에 전달할 것. 다만, 열적, 열·기계적, 전기·기계적 응력 및 이러한 전류로 인한 감전 위험이 없어야 한다.
   다. 전기설비의 기능적 요구사항을 충족하여야 한다.
2. 접지저항값은 다음에 의한다.
   가. 부식, 건조 및 동결 등 대지환경 변화에 충족하여야 한다.
   나. 인체감전보호를 위한 값과 전기설비의 기계적 요구에 의한 값을 만족하여야 한다.

142.2 접지극의 시설 및 접지저항

1. 접지극은 다음에 따라 시설하여야 한다.
   가. 토양 또는 콘크리트에 매입되는 접지극의 재료 및 최소 굵기 등은 KS C IEC 60364-5-54(저압전기설비-제5-54부 : 전기기기의 선정 및 설치-접지설비 및 보호도체)의 표

54.1(토양 또는 콘크리트에 매설되는 접지극으로 부식방지 및 기계적 강도를 대비하여 일반적으로 사용되는 재질의 최소 굵기)"에 따라야 한다.

나. 피뢰시스템의 접지는 152.1.3을 우선 적용하여야 한다.

2. 접지극은 다음의 방법 중 하나 또는 복합하여 시설하여야 한다.

가. 콘크리트에 매입된 기초 접지극

나. 토양에 매설된 기초 접지극

다. 토양에 수직 또는 수평으로 직접 매설된 금속전극(봉, 전선, 테이프, 배관, 판 등)

라. 케이블의 금속외장 및 그 밖에 금속피복

마. 지중 금속구조물(배관 등)

바. 대지에 매설된 철근콘크리트의 용접된 금속 보강재. 다만, 강화콘크리트는 제외한다.

3. 접지극의 매설은 다음에 의한다.

가. 접지극은 매설하는 토양을 오염시키지 않아야 하며, 가능한 다습한 부분에 설치한다.

나. 접지극은 동결 깊이를 감안하여 시설하되 고압 이상의 전기설비와 142.5에 의하여 시설하는 접지극의 매설깊이는 지표면으로부터 지하 0.75 m 이상으로 한다. 다만, 발전소·변전소·개폐소 또는 이에 준하는 곳에 접지극을 322.5의 1의 "가"에 준하여 시설하는 경우에는 그러하지 아니하다.

다. 접지도체를 철주 기타의 금속체를 따라 시설하는 경우 접지극을 철주의 밑면으로부터 0.3 m 이상의 깊이에 매설하는 경우 이외에는 접지극을 지중에서 그 금속체로부터 1 m 이상 떼어 매설하여야 한다.

4. 접지시스템 부식에 대한 고려는 다음에 의한다.

가. 접지극에 부식을 일으킬 수 있는 폐기물 집하장 및 번화한 장소에 접지극 설치는 피해야 한다.

나. 서로 다른 재질의 접지극을 연결할 경우 전식을 고려하여야 한다.

다. 콘크리트 기초 접지극에 접속하는 접지도체가 용융아연도금강제인 경우 접속부를 토양에 직접 매설해서는 안 된다.

5. 접지극을 접속하는 경우에는 발열성 용접, 압착접속, 클램프 또는 그 밖의 적절한 기계적 접속장치로 접속하여야 한다.

6. 가연성 액체나 가스를 운반하는 금속제 배관은 접지설비의 접지극으로 사용할 수 없다. 다만, 보호등전위본딩은 예외로 한다.

7. 수도관 등을 접지극으로 사용하는 경우는 다음에 의한다.

가. 지중에 매설되어 있고 대지와의 전기저항값이 3 Ω 이하의 값을 유지하고 있는 금속제 수도관로가 다음에 따르는 경우 접지극으로 사용이 가능하다.

① 접지도체와 금속제 수도관로의 접속은 안지름 75 mm 이상인 부분 또는 여기에서 분기한 안지름 75 mm 미만인 분기점으로부터 5 m 이내의 부분에서 하여야 한다. 다만,

금속제 수도관로와 대지 사이의 전기저항값이 2 Ω 이하인 경우에는 분기점으로부터의 거리는 5 m를 넘을 수 있다.

② 접지도체와 금속제 수도관로의 접속부를 수도계량기로부터 수도 수용가 측에 설치하는 경우에는 수도계량기를 사이에 두고 양측 수도관로를 등전위본딩하여야 한다.

③ 접지도체와 금속제 수도관로의 접속부를 사람이 접촉할 우려가 있는 곳에 설치하는 경우에는 손상을 방지하도록 방호장치를 설치하여야 한다.

④ 접지도체와 금속제 수도관로의 접속에 사용하는 금속제는 접속부에 전기적 부식이 생기지 않아야 한다.

나. 건축물·구조물의 철골 기타의 금속제는 이를 비접지식 고압전로에 시설하는 기계기구의 철대 또는 금속제 외함의 접지공사 또는 비접지식 고압전로와 저압전로를 결합하는 변압기의 저압전로 접지공사의 접지극으로 사용할 수 있다. 다만, 대지와의 사이에 전기저항값이 2 Ω 이하인 값을 유지하는 경우에 한한다.

142.3　접지도체·보호도체

142.3.1　접지도체

1. 접지도체의 선정

    가. 접지도체의 단면적은 142.3.2의 1에 의하며 큰 고장전류가 접지도체를 통하여 흐르지 않을 경우 접지도체의 최소 단면적은 다음과 같다.

    ① 구리는 6 mm² 이상

    ② 철제는 50 mm² 이상

    나. 접지도체에 피뢰시스템이 접속되는 경우, 접지도체의 단면적은 구리 16 mm² 또는 철 50 mm² 이상으로 하여야 한다.

2. 접지도체와 접지극의 접속은 다음에 의한다.

    가. 접속은 견고하고 전기적인 연속성이 보장되도록 접속부는 발열성 용접, 압착접속, 클램프 또는 그 밖에 적절한 기계적 접속장치에 의해야 한다. 다만, 기계적인 접속장치는 제작자의 지침에 따라 설치하여야 한다.

    나. 클램프를 사용하는 경우, 접지극 또는 접지도체를 손상시키지 않아야 한다. 납땜에만 의존하는 접속은 사용해서는 안 된다.

3. 접지도체를 접지극이나 접지의 다른 수단과 연결하는 것은 견고하게 접속하고 전기적, 기계적으로 적합하여야 하며, 부식에 대해 적절하게 보호되어야 한다. 또한, 다음과 같이 매입되는 지점에는 "안전 전기 연결" 라벨이 영구적으로 고정되도록 시설하여야 한다.

    가. 접지극의 모든 접지도체 연결지점

    나. 외부 도전성 부분의 모든 본딩도체 연결지점

    다. 주 개폐기에서 분리된 주접지단자

4. 접지도체는 지하 0.75 m부터 지표상 2 m까지의 부분은 합성수지관(두께 2 mm 미만의 합성수지제 전선관 및 가연성 콤바인덕트관은 제외한다) 또는 이와 동등 이상의 절연효과와 강도를 가지는 몰드로 덮어야 한다.

5. 특고압·고압 전기설비 및 변압기 중성점 접지시스템의 경우 접지도체가 사람이 접촉할 우려가 있는 곳에 시설되는 고정설비인 경우에는 다음에 따라야 한다. 다만, 발전소·변전소·개폐소 또는 이에 준하는 곳에서는 개별 요구사항에 의한다.

가. 접지도체는 절연전선(옥외용 비닐절연전선은 제외) 또는 케이블(통신용 케이블은 제외)을 사용하여야 한다. 다만, 접지도체를 철주 기타의 금속체를 따라 시설하는 경우 이외의 경우에는 접지도체의 지표상 0.6 m를 초과하는 부분에 대하여는 절연전선을 사용하지 않을 수 있다.

나. 접지극 매설은 142.2의 3에 따른다.

6. 접지도체의 굵기는 제1의 "가"에서 정한 것 이외에 고장 시 흐르는 전류를 안전하게 통할 수 있는 것으로서 다음에 의한다.

가. 특고압·고압 전기설비용 접지도체는 단면적 6 mm² 이상의 연동선 또는 동등 이상의 단면적 및 강도를 가져야 한다.

나. 중성점 접지용 접지도체는 공칭단면적 16 mm² 이상의 연동선 또는 동등 이상의 단면적 및 세기를 가져야 한다. 다만, 다음의 경우에는 공칭단면적 6 mm² 이상의 연동선 또는 동등 이상의 단면적 및 강도를 가져야 한다.

① 7 kV 이하의 전로

② 사용전압이 25 kV 이하인 특고압 가공전선로. 다만, 중성선 다중접지 방식의 것으로서 전로에 지락이 생겼을 때 2초 이내에 자동적으로 이를 전로로부터 차단하는 장치가 되어 있는 것

다. 이동하여 사용하는 전기기계기구의 금속제 외함 등의 접지시스템의 경우는 다음의 것을 사용하여야 한다.

① 특고압·고압 전기설비용 접지도체 및 중성점 접지용 접지도체는 클로로프렌 캡타이어케이블(3종 및 4종) 또는 클로로설포네이트 폴리에틸렌 캡타이어케이블(3종 및 4종)의 1개 도체 또는 다심 캡타이어케이블의 차폐 또는 기타의 금속체로 단면적이 10 mm² 이상인 것을 사용한다.

② 저압 전기설비용 접지도체는 다심 코드 또는 다심 캡타이어케이블의 1개 도체의 단면적이 0.75 mm² 이상인 것을 사용한다. 다만, 기타 유연성이 있는 연동연선은 1개 도체의 단면적이 1.5 mm² 이상인 것을 사용한다.

142.3.2 보호도체

1. 보호도체의 최소 단면적은 다음에 의한다.

가. 보호도체의 최소 단면적은 "나"에 따라 계산하거나 표 142.3-1에 따라 선정할 수 있다. 다만, "다"의 요건을 고려하여 선정한다.

표 142.3-1 보호도체의 최소 단면적

선도체의 단면적 S (mm², 구리)	보호도체의 최소 단면적 (mm², 구리)	
	보호도체의 재질	
	선도체와 같은 경우	선도체와 다른 경우
$S \leq 16$	S	$(k_1/k_2) \times S$
$16 < S \leq 35$	16^a	$(k_1/k_2) \times 16$
$S > 35$	$S^a/2$	$(k_1/k_2) \times (S/2)$

여기서,

k_1 : 도체 및 절연의 재질에 따라 KS C IEC 60364-5-54(저압전기설비-제5-54부 : 전기기기의 선정 및 설치- 접지설비 및 보호도체)의 "표 A.54.1(여러 가지 재료의 변숫값)" 또는 KS C IEC 60364-4-43(저압전기설비- 제4-43부 : 안전을 위한 보호-과전류에 대한 보호)의 "표 43A(도체에 대한 k값)"에서 선정된 선도체에 대한 k값

k_2 : KS C IEC 60364-5-54(저압전기설비-제5-54부 : 전기기기의 선정 및 설치-접지설비 및 보호도체)의 "표 A.54.2(케이블에 병합되지 않고 다른 케이블과 묶여 있지 않은 절연 보호도체의 k값)~표 A.54.6(제시된 온도 에서 모든 인접 물질에 손상 위험성이 없는 경우 나도체의 k값)"에서 선정된 보호도체에 대한 k값

a : PEN 도체의 최소 단면적은 중성선과 동일하게 적용한다[KS C IEC 60364-5-52(저압전기설비-제5-52부 : 전기기기의 선정 및 설치-배선설비) 참조].

나. 차단시간이 5초 이하인 경우에만 다음 계산식을 적용한다.

$$S = \frac{\sqrt{I^2 t}}{k}$$

여기서,

S : 단면적(mm²)

I : 보호장치를 통해 흐를 수 있는 예상 고장전류 실횻값(A)

t : 자동차단을 위한 보호장치의 동작시간(s)

k : 보호도체, 절연, 기타 부위의 재질 및 초기온도와 최종온도에 따라 정해지는 계수로 KS C IEC 60364-5-54(저압전기설비-제5-54부 : 전기기기의 선정 및 설치-접지 설비 및 보호도체)의 "부속서 A(기본보호에 관한 규정)"에 의한다.

다. 보호도체가 케이블의 일부가 아니거나 선도체와 동일 외함에 설치되지 않으면 단면적은 다음의 굵기 이상으로 하여야 한다.

① 기계적 손상에 대해 보호가 되는 경우는 구리 2.5 mm², 알루미늄 16 mm² 이상

② 기계적 손상에 대해 보호가 되지 않는 경우는 구리 4 mm², 알루미늄 16 mm² 이상

③ 케이블의 일부가 아니라도 전선관 및 트렁킹 내부에 설치되거나, 이와 유사한 방법으 로 보호되는 경우 기계적으로 보호되는 것으로 간주한다.

부록

라. 보호도체가 두 개 이상의 회로에 공통으로 사용되면 단면적은 다음과 같이 선정하여야 한다.

① 회로 중 가장 부담이 큰 것으로 예상되는 고장전류 및 동작시간을 고려하여 "가" 또는 "나"에 따라 선정한다.

② 회로 중 가장 큰 선도체의 단면적을 기준으로 "가"에 따라 선정한다.

2. 보호도체의 종류는 다음에 의한다.

가. 보호도체는 다음 중 하나 또는 복수로 구성하여야 한다.

① 다심케이블의 도체

② 충전도체와 같은 트렁킹에 수납된 절연도체 또는 나도체

③ 고정된 절연도체 또는 나도체

④ "나" ①, ② 조건을 만족하는 금속케이블 외장, 케이블 차폐, 케이블 외장, 전선묶음(편조전선), 동심도체, 금속관

나. 전기설비에 저압개폐기, 제어반 또는 버스덕트와 같은 금속제 외함을 가진 기기가 포함된 경우, 금속함이나 프레임이 다음과 같은 조건을 모두 충족하면 보호도체로 사용이 가능하다.

① 구조·접속이 기계적, 화학적 또는 전기화학적 열화에 대해 보호할 수 있으며 전기적 연속성을 유지하는 경우

② 도전성이 제1의 "가" 또는 "나"의 조건을 충족하는 경우

③ 연결하고자 하는 모든 분기 접속점에서 다른 보호도체의 연결을 허용하는 경우

다. 다음과 같은 금속 부분은 보호도체 또는 보호본딩도체로 사용해서는 안 된다.

① 금속 수도관

② 가스·액체·분말과 같은 잠재적인 인화성 물질을 포함하는 금속관

③ 상시 기계적 응력을 받는 지지 구조물 일부

④ 가요성 금속배관. 다만, 보호도체의 목적으로 설계된 경우는 예외로 한다.

⑤ 가요성 금속전선관

⑥ 지지선, 케이블트레이 및 이와 비슷한 것

3. 보호도체의 전기적 연속성은 다음에 의한다.

가. 보호도체의 보호는 다음에 의한다.

① 기계적인 손상, 화학적·전기화학적 열화, 전기역학적·열역학적 힘에 대해 보호되어야 한다.

② 나사접속·클램프접속 등 보호도체 사이 또는 보호도체와 타 기기 사이의 접속은 전기적 연속성 보장 및 충분한 기계적 강도와 보호를 구비하여야 한다.

③ 보호도체를 접속하는 나사는 다른 목적으로 겸용해서는 안 된다.

④ 접속부는 납땜(soldering)으로 접속해서는 안 된다.

나. 보호도체의 접속부는 검사와 시험이 가능하여야 한다. 다만 다음의 경우는 예외로 한다.

① 화합물로 충전된 접속부

　② 캡슐로 보호되는 접속부

　③ 금속관, 덕트 및 버스덕트에서의 접속부

　④ 기기의 한 부분으로서 규정에 부합하는 접속부

　⑤ 용접(welding)이나 경납땜(brazing)에 의한 접속부

　⑥ 압착 공구에 의한 접속부

4. 보호도체에는 어떠한 개폐장치를 연결해서는 안 된다. 다만, 시험목적으로 공구를 이용하여 보호도체를 분리할 수 있는 접속점을 만들 수 있다.

5. 접지에 대한 전기적 감시를 위한 전용장치(동작센서, 코일, 변류기 등)를 설치하는 경우, 보호도체 경로에 직렬로 접속하면 안 된다.

6. 기기ㆍ장비의 노출도전부는 다른 기기를 위한 보호도체의 부분을 구성하는 데 사용할 수 없다. 다만, 제2의 "나"에서 허용하는 것은 제외한다.

142.3.3 보호도체의 단면적 보강

1. 보호도체는 정상 운전상태에서 전류의 전도성 경로(전기자기간섭 보호용 필터의 접속 등으로 인한)로 사용되지 않아야 한다.

2. 전기설비의 정상 운전상태에서 보호도체에 10 mA를 초과하는 전류가 흐르는 경우, 다음에 의해 보호도체를 증강하여 사용하여야 한다.

　가. 보호도체가 하나인 경우 보호도체의 단면적은 전 구간에 구리 10 mm² 이상 또는 알루미늄 16 mm² 이상으로 하여야 한다.

　나. 추가로 보호도체를 위한 별도의 단자가 구비된 경우, 최소한 고장보호에 요구되는 보호도체의 단면적은 구리 10 mm², 알루미늄 16 mm² 이상으로 한다.

142.3.4 보호도체와 계통도체 겸용

1. 보호도체와 계통도체를 겸용하는 겸용도체(중성선과 겸용, 선도체와 겸용, 중간도체와 겸용 등)는 해당하는 계통의 기능에 대한 조건을 만족하여야 한다.

2. 겸용도체는 고정된 전기설비에서만 사용할 수 있으며 다음에 의한다.

　가. 단면적은 구리 10 mm² 또는 알루미늄 16 mm² 이상이어야 한다.

　나. 중성선과 보호도체의 겸용도체는 전기설비의 부하 측으로 시설하여서는 안 된다.

　다. 폭발성 분위기 장소는 보호도체를 전용으로 하여야 한다.

3. 겸용도체의 성능은 다음에 의한다.

　가. 공칭전압과 같거나 높은 절연성능을 가져야 한다.

　나. 배선설비의 금속 외함은 겸용도체로 사용해서는 안 된다. 다만, KS C IEC 60439-2(저전압 개폐장치 및 제어장치 부속품-제2부 : 버스바 트렁킹 시스템의 개별 요구사항)에 의한 것 또는 KS C IEC 61534-1(전원 트랙-제1부 : 일반 요구사항)에 의한 것은 제외한다.

부록

4. 겸용도체는 다음 사항을 준수하여야 한다.

　가. 전기설비의 일부에서 중성선·중간도체·선도체 및 보호도체가 별도로 배선되는 경우, 중성선·중간도체·선도체를 전기설비의 다른 접지된 부분에 접속해서는 안 된다. 다만, 겸용도체에서 각각의 중성선·중간도체·선도체와 보호도체를 구성하는 것은 허용한다.

　나. 겸용도체는 보호도체용 단자 또는 바에 접속되어야 한다.

　다. 계통외도전부는 겸용도체로 사용해서는 안 된다.

142.3.5 보호접지 및 기능접지의 겸용도체

1. 보호접지와 기능접지도체를 겸용하여 사용할 경우 142.3.2에 대한 조건과 143 및 153.2(피뢰시스템 등전위본딩)의 조건에도 적합하여야 한다.

2. 전자통신기기에 전원공급을 위한 직류 귀환도체는 겸용도체(PEL 또는 PEM)로 사용 가능하고, 기능접지도체와 보호도체를 겸용할 수 있다.

142.3.6 감전보호에 따른 보호도체

과전류보호장치를 감전에 대한 보호용으로 사용하는 경우, 보호도체는 충전도체와 같은 배선설비에 병합시키거나 근접한 경로로 설치하여야 한다.

142.3.7 주접지단자

1. 접지시스템은 주접지단자를 설치하고 다음의 도체들을 접속하여야 한다.

　가. 등전위본딩도체

　나. 접지도체

　다. 보호도체

　라. 관련이 있는 경우 기능성 접지도체

2. 여러 개의 접지단자가 있는 장소는 접지단자를 상호 접속하여야 한다.

3. 주접지단자에 접속하는 각 접지도체는 개별적으로 분리할 수 있어야 하며, 접지저항을 편리하게 측정할 수 있어야 한다. 다만, 접속은 견고해야 하며 공구에 의해서만 분리되는 방법으로 하여야 한다.

142.4 전기수용가 접지

142.4.1 저압수용가 인입구 접지

1. 수용장소 인입구 부근에서 다음의 것을 접지극으로 사용하여 변압기 중성점 접지를 한 저압 전선로의 중성선 또는 접지측 전선에 추가로 접지공사를 할 수 있다.

　가. 지중에 매설되어 있고 대지와의 전기저항값이 3 Ω 이하의 값을 유지하고 있는 금속제 수도관로

　나. 대지 사이의 전기저항값이 3 Ω 이하인 값을 유지하는 건물의 철골

2. 제1에 따른 접지도체는 공칭단면적 6 mm² 이상의 연동선 또는 이와 동등 이상의 세기 및

굵기의 쉽게 부식하지 않는 금속선으로서 고장 시 흐르는 전류를 안전하게 통할 수 있는 것이어야 한다. 다만, 접지도체를 사람이 접촉할 우려가 있는 곳에 시설할 때에는 접지도체는 142.3.1의 6에 따른다.

142.4.2 주택 등 저압수용장소 접지

1. 저압수용장소에서 계통접지가 TN–C–S 방식인 경우에 보호도체는 다음에 따라 시설하여야 한다.

    가. 보호도체의 최소 단면적은 142.3.2의 1에 의한 값 이상으로 한다.

    나. 중성선 겸용 보호도체(PEN)는 고정 전기설비에만 사용할 수 있고, 그 도체의 단면적이 구리는 10 mm² 이상, 알루미늄은 16 mm² 이상이어야 하며, 그 계통의 최고전압에 대하여 절연되어야 한다.

2. 제1에 따른 접지의 경우에는 감전보호용 등전위본딩을 하여야 한다. 다만, 이 조건을 충족시키지 못하는 경우에 중성선 겸용 보호도체를 수용장소의 인입구 부근에 추가로 접지하여야 하며, 그 접지저항값은 접촉전압을 허용 접촉전압 범위 내로 제한하는 값 이하로 하여야 한다.

142.5 변압기 중성점 접지

1. 변압기의 중성점 접지저항값은 다음에 의한다.

    가. 일반적으로 변압기의 고압·특고압 측 전로 1선 지락전류로 150을 나눈 값과 같은 저항값 이하

    나. 변압기의 고압·특고압측 전로 또는 사용전압이 35 kV 이하의 특고압 전로가 저압 측 전로와 혼촉하고 저압 전로의 대지전압이 150 V를 초과하는 경우 저항값은 다음에 의한다.

    ① 1초 초과 2초 이내에 고압·특고압 전로를 자동으로 차단하는 장치를 설치할 때는 300을 나눈 값 이하

    ② 1초 이내에 고압·특고압 전로를 자동으로 차단하는 장치를 설치할 때는 600을 나눈 값 이하

2. 전로의 1선 지락전류는 실측값에 의한다. 다만, 실측이 곤란한 경우에는 선로정수 등으로 계산한 값에 의한다.

142.6 공통접지 및 통합접지

1. 고압 및 특고압과 저압 전기설비의 접지극이 서로 근접하여 시설되어 있는 변전소 또는 이와 유사한 곳에서는 다음과 같이 공통접지시스템으로 할 수 있다.

    가. 저압 전기설비의 접지극이 고압 및 특고압 접지극의 접지저항 형성영역에 완전히 포함되어 있다면 위험전압이 발생하지 않도록 이들 접지극을 상호접속하여야 한다.

    나. 접지시스템에서 고압 및 특고압 계통의 지락사고 시 저압계통에 가해지는 상용주파 과전압은 표 142.6-1에서 정한 값을 초과해서는 안 된다.

부록

표 142.6-1 저압설비 허용 상용주파 과전압

고압계통에서 지락고장시간 (초)	저압설비 허용 상용주파 과전압 (V)	비 고
> 5	$U_0 + 250$	중성선 도체가 없는 계통에서 U_0는 선
≤ 5	$U_0 + 1,200$	간전압을 말한다.

1. 순시 상용주파 과전압에 대한 저압기기의 절연 설계기준과 관련된다.
2. 중성선이 변전소 변압기의 접지계통에 접속된 계통에서 건축물 외부에 설치한 외함이 접지되지 않은 기기의 절연에는 일시적 상용주파 과전압이 나타날 수 있다.

　　　다. 고압 및 특고압을 수전받는 수용가의 접지계통을 수전 전원의 다중접지된 중성선과 접속하면 "나"의 요건은 충족하는 것으로 간주할 수 있다.

　　　라. 기타 공통접지와 관련한 사항은 KS C IEC 61936-1(교류 1 kV 초과 전력설비-제1부 : 공통규정)의 "10. 접지시스템"에 의한다.

　2. 전기설비의 접지설비, 건축물의 피뢰설비·전자통신설비 등의 접지극을 공용하는 통합접지시스템으로 하는 경우 다음과 같이 하여야 한다.

　　　가. 통합접지시스템은 제1에 의한다.

　　　나. 낙뢰에 의한 과전압 등으로부터 전기전자기기 등을 보호하기 위해 153.1의 규정에 따라 서지보호장치를 설치하여야 한다.

142.7 기계기구의 철대 및 외함의 접지

1. 전로에 시설하는 기계기구의 철대 및 금속제 외함(외함이 없는 변압기 또는 계기용변성기는 철심)에는 140에 의한 접지공사를 하여야 한다.

2. 다음의 어느 하나에 해당하는 경우에는 제1의 규정에 따르지 않을 수 있다.

　　　가. 사용전압이 직류 300 V 또는 교류 대지전압이 150 V 이하인 기계기구를 건조한 곳에 시설하는 경우

　　　나. 저압용의 기계기구를 건조한 목재의 마루, 기타 이와 유사한 절연성 물건 위에서 취급하도록 시설하는 경우

　　　다. 저압용이나 고압용의 기계기구, 341.2에서 규정하는 특고압 전선로에 접속하는 배전용 변압기나 이에 접속하는 전선에 시설하는 기계기구 또는 333.32의 1과 4에서 규정하는 특고압 가공전선로의 전로에 시설하는 기계기구를 사람이 쉽게 접촉할 우려가 없도록 목주 기타 이와 유사한 것의 위에 시설하는 경우

　　　라. 철대 또는 외함의 주위에 적당한 절연대를 설치하는 경우

　　　마. 외함이 없는 계기용 변성기가 고무·합성수지 기타의 절연물로 피복한 것일 경우

　　　바. 「전기용품 및 생활용품 안전관리법」의 적용을 받는 이중 절연구조로 되어 있는 기계기구를 시설하는 경우

사. 저압용 기계기구에 전기를 공급하는 전로의 전원 측에 절연변압기(2차 전압이 300 V 이하이며, 정격용량이 3 kVA 이하인 것에 한한다)를 시설하고 또한 그 절연변압기의 부하 측 전로를 접지하지 않은 경우

아. 물기 있는 장소 이외의 장소에 시설하는 저압용의 개별 기계기구에 전기를 공급하는 전로에 「전기용품 및 생활용품 안전관리법」의 적용을 받는 인체감전보호용 누전차단기(정격감도전류가 30 mA 이하, 동작시간이 0.03초 이하의 전류동작형에 한한다)를 시설하는 경우

자. 외함을 충전하여 사용하는 기계기구에 사람이 접촉할 우려가 없도록 시설하거나 절연대를 시설하는 경우

143 감전보호용 등전위본딩

143.1 등전위본딩의 적용

1. 건축물·구조물에서 접지도체, 주접지단자와 다음의 도전성 부분은 등전위본딩 하여야 한다. 다만, 이들 부분이 다른 보호도체로 주접지단자에 연결된 경우는 그러하지 아니하다.

　가. 수도관·가스관 등 외부에서 내부로 인입되는 금속배관

　나. 건축물·구조물의 철근, 철골 등 금속보강재

　다. 일상생활에서 접촉이 가능한 금속제 난방배관 및 공조설비 등 계통외도전부

2. 주접지단자에 보호등전위본딩 도체, 접지도체, 보호도체, 기능성 접지도체를 접속하여야 한다.

143.2 등전위본딩 시설

143.2.1 보호등전위본딩

1. 건축물·구조물의 외부에서 내부로 들어오는 각종 금속제 배관은 다음과 같이 하여야 한다.

　가. 1개소에 집중하여 인입하고, 인입구 부근에서 서로 접속하여 등전위본딩 바에 접속하여야 한다.

　나. 대형 건축물 등으로 1개소에 집중하여 인입하기 어려운 경우에는 본딩도체를 1개의 본딩 바에 연결한다.

2. 수도관·가스관의 경우 내부로 인입된 최초의 밸브 후단에서 등전위본딩 하여야 한다.

3. 건축물·구조물의 철근, 철골 등 금속보강재는 등전위본딩 하여야 한다.

143.2.2 보조 보호등전위본딩

1. 보조 보호등전위본딩의 대상은 전원 자동차단에 의한 감전보호방식에서 고장 시 자동차단시간이 211.2.3의 3에서 요구하는 계통별 최대 차단시간을 초과하는 경우이다.

2. 제1의 차단시간을 초과하고 2.5 m 이내에 설치된 고정기기의 노출도전부와 계통외도전부는 보조 보호등전위본딩을 하여야 한다. 다만, 보조 보호등전위본딩의 유효성에 관해 의문이 생

부록

길 경우 동시에 접근 가능한 노출도전부와 계통외도전부 사이의 저항값(R)이 다음의 조건을 충족하는지 확인하여야 한다.

$$\text{교류 계통} : R \leq \frac{50\,V}{I_a}\,(\Omega) \qquad \text{직류 계통} : R \leq \frac{120\,V}{I_a}\,(\Omega)$$

I_a : 보호장치의 동작전류(A)

(누전차단기의 경우 $I\Delta n$(정격감도전류), 과전류 보호장치의 경우 5초 이내 동작전류)

143.2.3 비접지 국부등전위본딩

1. 절연성 바닥으로 된 비접지 장소에서 다음의 경우 국부등전위본딩을 하여야 한다.

    가. 전기설비 상호 간이 2.5 m 이내인 경우

    나. 전기설비와 이를 지지하는 금속체 사이

2. 전기설비 또는 계통외도전부를 통해 대지에 접촉하지 않아야 한다.

143.3 등전위본딩 도체

143.3.1 보호등전위본딩 도체

1. 주접지단자에 접속하기 위한 등전위본딩 도체는 설비 내에 있는 가장 큰 보호접지도체 단면적의 1/2 이상의 단면적을 가져야 하고, 다음의 단면적 이상이어야 한다.

    가. 구리 도체 6 mm²

    나. 알루미늄 도체 16 mm²

    다. 강철 도체 50 mm²

2. 주접지단자에 접속하기 위한 보호본딩도체의 단면적은 구리 도체 25 mm² 또는 다른 재질의 동등한 단면적을 초과할 필요는 없다.

3. 등전위본딩 도체의 상호접속은 153.2.1의 2를 따른다.

143.3.2 보조 보호등전위본딩 도체

1. 두 개의 노출도전부를 접속하는 경우 도전성은 노출도전부에 접속된 더 작은 보호도체의 도전성보다 커야 한다.

2. 노출도전부를 계통외도전부에 접속하는 경우 도전성은 같은 단면적을 갖는 보호도체의 1/2 이상이어야 한다.

3. 케이블의 일부가 아닌 경우 또는 선로도체와 함께 수납되지 않은 본딩 도체는 다음 값 이상이어야 한다.

    가. 기계적 보호가 된 것은 구리 도체 2.5 mm², 알루미늄 도체 16 mm²

    나. 기계적 보호가 없는 것은 구리 도체 4 mm², 알루미늄 도체 16 mm²

150 피뢰시스템

151 피뢰시스템의 적용범위 및 구성

151.1 적용범위

다음에 시설되는 피뢰시스템에 적용한다.

1. 전기전자설비가 설치된 건축물·구조물로서 낙뢰로부터 보호가 필요한 것 또는 지상으로부터 높이가 20 m 이상인 것
2. 전기설비 및 전자설비 중 낙뢰로부터 보호가 필요한 설비

151.2 피뢰시스템의 구성

1. 직격뢰로부터 대상물을 보호하기 위한 외부 피뢰시스템
2. 간접뢰 및 유도뢰로부터 대상물을 보호하기 위한 내부 피뢰시스템

151.3 피뢰시스템 등급 선정

피뢰시스템 등급은 대상물의 특성에 따라 KS C IEC 62305-1(피뢰시스템-제1부 : 일반원칙)의 "8.2 피뢰레벨", KS C IEC 62305-2(피뢰시스템-제2부 : 리스크관리), KS C IEC 62305-3(피뢰시스템-제3부 : 구조물의 물리적손상 및 인명 위험)의 "4.1 피뢰시스템의 등급"에 의한 피뢰레벨에 따라 선정한다. 다만, 위험물의 제조소 등에 설치하는 피뢰시스템은 II 등급 이상으로 하여야 한다.

152 외부 피뢰시스템

152.1 수뢰부시스템

1. 수뢰부시스템의 선정은 다음에 의한다.
   가. 돌침, 수평도체, 메시도체의 요소 중에 한 가지 또는 이를 조합한 형식으로 시설하여야 한다.
   나. 수뢰부시스템 재료는 KS C IEC 62305-3(피뢰시스템-제3부 : 구조물의 물리적 손상 및 인명 위험)의 "표 6(수뢰도체, 피뢰침, 대지 인입봉과 인하도선의 재료, 형상과 최소 단면적)"에 따른다.
   다. 자연적 구성부재가 KS C IEC 62305-3(피뢰시스템-제3부 : 구조물의 물리적 손상 및 인명 위험)의 "5.2.5 자연적 구성부재"에 적합하면 수뢰부시스템으로 사용할 수 있다.
2. 수뢰부시스템의 배치는 다음에 의한다.
   가. 보호각법, 회전구체법, 메시법 중 하나 또는 조합된 방법으로 배치하여야 한다. 다만, 피뢰시스템의 보호각, 회전구체 반경, 메시 크기의 최댓값은 KS C IEC 62305-3(피뢰시스템-제3부 : 구조물의 물리적 손상 및 인명 위험)의 "표 2(피뢰시스템의 등급별 회전구체 반지

름, 메시 치수와 보호각의 최댓값)" 및 "그림 1(피뢰시스템의 등급별 보호각)"에 따른다.

나. 건축물·구조물의 뾰족한 부분, 모서리 등에 우선하여 배치한다.

3. 지상으로부터 높이 60 m를 초과하는 건축물·구조물에 측뢰 보호가 필요한 경우에는 수뢰부시스템을 시설하여야 하며, 다음에 따른다.

가. 전체 높이 60 m를 초과하는 건축물·구조물의 최상부로부터 20 % 부분에 한하며, 피뢰시스템 등급 IV의 요구사항에 따른다.

나. 자연적 구성부재가 제1의 "다"에 적합하면 측뢰 보호용 수뢰부로 사용할 수 있다.

4. 건축물·구조물과 분리되지 않은 수뢰부시스템의 시설은 다음에 따른다.

가. 지붕 마감재가 불연성 재료로 된 경우 지붕 표면에 시설할 수 있다.

나. 지붕 마감재가 높은 가연성 재료로 된 경우 지붕 재료와 다음과 같이 이격하여 시설한다.

① 초가지붕 또는 이와 유사한 경우 0.15 m 이상

② 다른 재료의 가연성 재료인 경우 0.1 m 이상

5. 건축물·구조물을 구성하는 금속판 또는 금속배관 등 자연적 구성부재를 수뢰부로 사용하는 경우 제1의 "다" 조건에 충족하여야 한다.

152.2 인하도선시스템

1. 수뢰부시스템과 접지시스템을 전기적으로 연결하는 것으로 다음에 의한다.

가. 복수의 인하도선을 병렬로 구성해야 한다. 다만, 건축물·구조물과 분리된 피뢰시스템인 경우 예외로 할 수 있다.

나. 도선경로의 길이가 최소가 되도록 한다.

다. 인하도선시스템 재료는 KS C IEC 62305-3(피뢰시스템-제3부 : 구조물의 물리적 손상 및 인명 위험)의 "표 6(수뢰도체, 피뢰침, 대지 인입봉과 인하도선의 재료, 형상과 최소단면적)"에 따른다.

2. 배치 방법은 다음에 의한다.

가. 건축물·구조물과 분리된 피뢰시스템인 경우

① 뇌전류의 경로가 보호대상물에 접촉하지 않도록 하여야 한다.

② 별개의 지주에 설치되어 있는 경우 각 지주마다 1가닥 이상의 인하도선을 시설한다.

③ 수평도체 또는 메시도체인 경우 지지 구조물마다 1가닥 이상의 인하도선을 시설한다.

나. 건축물·구조물과 분리되지 않은 피뢰시스템인 경우

① 벽이 불연성 재료로 된 경우에는 벽의 표면 또는 내부에 시설할 수 있다. 다만, 벽이 가연성 재료인 경우에는 0.1 m 이상 이격하고, 이격이 불가능한 경우에는 도체의 단면적을 100 mm² 이상으로 한다.

② 인하도선의 수는 2가닥 이상으로 한다.

③ 보호대상 건축물·구조물의 투영에 따른 둘레에 가능한 한 균등한 간격으로 배치한

다. 다만, 노출된 모서리 부분에 우선하여 설치한다.

④ 병렬 인하도선의 최대 간격은 피뢰시스템 등급에 따라 Ⅰ·Ⅱ 등급은 10 m, Ⅲ 등급은 15 m, Ⅳ 등급은 20 m로 한다.

3. 수뢰부시스템과 접지극시스템 사이에 전기적 연속성이 형성되도록 다음에 따라 시설하여야 한다.

가. 경로는 가능한 한 루프 형성이 되지 않도록 하고, 최단거리로 곧게 수직으로 시설하여야 하며, 처마 또는 수직으로 설치된 홈통 내부에 시설하지 않아야 한다.

나. 철근콘크리트 구조물의 철근을 자연적 구성부재의 인하도선으로 사용하기 위해서는 해당 철근 전체 길이의 전기저항값은 0.2 Ω 이하가 되어야 하며, 전기적 연속성은 KS C IEC 62305-3(피뢰시스템-제3부 : 구조물의 물리적 손상 및 인명 위험)의 "4.3 철근콘크리트 구조물에서 강제 철골조의 전기적 연속성"에 따라야 한다.

다. 시험용 접속점을 접지극시스템과 가까운 인하도선과 접지극시스템의 연결 부분에 시설하고, 이 접속점은 항상 폐로 되어야 하며 측정 시에 공구 등으로만 개방할 수 있어야 한다. 다만, 자연적 구성부재를 이용하거나, 자연적 구성부재 등과 본딩을 하는 경우에는 예외로 한다.

4. 인하도선으로 사용하는 자연적 구성부재는 KS C IEC 62305-3(피뢰시스템-제3부 : 구조물의 물리적 손상 및 인명 위험)의 "4.3 철근콘크리트 구조물에서 강제 철골조의 전기적 연속성"과 "5.3.5 자연적 구성 부재"의 조건에 적합해야 하며 다음에 따른다.

가. 각 부분의 전기적 연속성과 내구성이 확실하고, 제1의 "다"에서 인하도선으로 규정된 값 이상인 것

나. 전기적 연속성이 있는 구조물 등의 금속제 구조체(철골, 철근 등)

다. 구조물 등의 상호 접속된 강제 구조체

라. 건축물 외벽 등을 구성하는 금속 구조재의 크기가 인하도선에 대한 요구사항에 부합하고 또한 두께가 0.5 mm 이상인 금속판 또는 금속관

마. 인하도선을 구조물 등의 상호 접속된 철근·철골 등과 본딩하거나, 철근·철골 등을 인하도선으로 사용하는 경우 수평 환상도체는 설치하지 않아도 된다.

바. 인하도선의 접속은 152.4에 따른다.

152.3　접지극시스템

1. 뇌전류를 대지로 방류시키기 위한 접지극시스템은 다음에 의한다.

가. A형 접지극(수평 또는 수직접지극) 또는 B형 접지극(환상도체 또는 기초접지극) 중 하나 또는 조합하여 시설할 수 있다.

나. 접지극시스템의 재료는 KS C IEC 62305-3(피뢰시스템-제3부 : 구조물의 물리적 손상 및 인명 위험)의 "표 7(접지극의 재료, 형상과 최소 치수)"에 따른다.

부록

2. 접지극시스템 배치는 다음에 의한다.

　가. A형 접지극은 최소 2개 이상을 균등한 간격으로 배치해야 하고, KS C IEC 62305-3(피뢰시스템-제3부 : 구조물의 물리적 손상 및 인명 위험)의 "5.4.2.1 A형 접지극 배열"에 의한 피뢰시스템 등급별 대지저항률에 따른 최소 길이 이상으로 한다.

　나. B형 접지극은 접지극 면적을 환산한 평균 반지름이 KS C IEC 62305-3(피뢰시스템-제3부 : 구조물의 물리적 손상 및 인명 위험)의 "그림 3(LPS 등급별 각 접지극의 최소길이)"에 의한 최소 길이 이상으로 하여야 하며, 평균 반지름이 최소 길이 미만인 경우에는 해당하는 길이의 수평 또는 수직매설 접지극을 추가로 시설하여야 한다. 다만, 추가하는 수평 또는 수직매설 접지극의 수는 최소 2개 이상으로 한다.

　다. 접지극시스템의 접지저항이 10 Ω 이하인 경우 제2의 "가"와 "나"에도 불구하고 최소 길이 이하로 할 수 있다.

3. 접지극은 다음에 따라 시설한다.

　가. 지표면에서 0.75 m 이상 깊이로 매설하여야 한다. 다만, 필요시는 해당 지역의 동결심도를 고려한 깊이로 할 수 있다.

　나. 대지가 암반지역으로 대지저항이 높거나 건축물·구조물이 전자통신시스템을 많이 사용하는 시설의 경우에는 환상도체접지극 또는 기초접지극으로 한다.

　다. 접지극 재료는 대지에 환경오염 및 부식의 문제가 없어야 한다.

　라. 철근콘크리트 기초 내부의 상호 접속된 철근 또는 금속제 지하구조물 등 자연적 구성부재는 접지극으로 사용할 수 있다.

152.4 부품 및 접속

1. 재료의 형상에 따른 최소 단면적은 KS C IEC 62305-3(피뢰시스템-제3부 : 구조물의 물리적 손상 및 인명 위험)의 "표 6(수뢰도체, 피뢰침, 대지 인입 붕괴 인하도선의 재료, 형상과 최소 단면적)"에 따른다.

2. 피뢰시스템용의 부품은 KS C IEC 62305-3(구조물의 물리적 손상 및 인명 위험) 표 5(피뢰시스템의 재료와 사용조건)에 의한 재료를 사용하여야 한다. 다만, 기계적, 전기적, 화학적 특성이 동등 이상인 경우 다른 재료를 사용할 수 있다.

3. 도체의 접속부 수는 최소한으로 하여야 하며 접속은 용접, 압착, 봉합, 나사 조임, 볼트 조임 등의 방법으로 확실하게 하여야 한다. 다만, 철근콘크리트 구조물 내부의 철골조의 접속은 152.2의 3의 "나"에 따른다.

152.5 옥외에 시설된 전기설비의 피뢰시스템

1. 고압 및 특고압 전기설비에 대한 피뢰시스템은 152.1 내지 152.4에 따른다.

2. 외부에 낙뢰차폐선이 있는 경우 이것을 접지하여야 한다.

3. 자연적 구성부재 조건에 적합한 강철제 구조체 등을 자연적 구성부재 인하도선으로 쓸 수 있다.

153 내부 피뢰시스템

153.1 전기전자설비 보호

153.1.1 일반사항

1. 전기전자설비의 뇌서지에 대한 보호는 다음에 따른다.

　가. 피뢰구역의 구분은 KS C IEC 62305-4(피뢰시스템-제4부 : 구조물 내부의 전기전자시스템)의 "4.3 피뢰구역(LPZ)"에 의한다.

　나. 피뢰구역 경계부분에서는 접지 또는 본딩을 하여야 한다. 다만, 직접 본딩이 불가능한 경우에는 서지보호장치를 설치한다.

　다. 서로 분리된 구조물 사이가 전력선 또는 신호선으로 연결된 경우 각각의 피뢰구역은 153.1.3의 2의 "다"에 의한 방법으로 서로 접속한다.

2. 전기전자기기의 선정 시 정격 임펄스 내 전압은 KS C IEC 60364-4-44(저압설비 제4-44부 : 안전을 위한 보호-전압 및 전기자기 방행에 대한 보호)의 표 44.B(기기에 요구되는 정격 임펄스 내전압)에서 제시한 값 이상이어야 한다.

153.1.2 전기적 절연

1. 수뢰부 또는 인하도선과 건축물·구조물의 금속 부분, 내부 시스템 사이의 전기적인 절연은 KS C IEC 62305-3(피뢰시스템-제3부 : 구조물의 물리적 손상 및 인명 위험)의 "6.3 외부 피뢰시스템의 전기적 절연"에 의한 이격거리로 한다.

2. 제1에도 불구하고 건축물·구조물이 금속제 또는 전기적 연속성을 가진 철근콘크리트 구조물 등의 경우에는 전기적 절연을 고려하지 않아도 된다.

153.1.3 접지와 본딩

1. 전기전자설비를 보호하기 위한 접지와 피뢰등전위본딩은 다음에 따른다.

　가. 뇌서지 전류를 대지로 방류시키기 위한 접지를 시설하여야 한다.

　나. 전위차를 해소하고 자계를 감소시키기 위한 본딩을 구성하여야 한다.

2. 접지극은 152.3에 의하는 것 이외에는 다음에 적합하여야 한다.

　가. 전자·통신설비(또는 이와 유사한 것)의 접지는 환상도체접지극 또는 기초접지극으로 한다.

　나. 개별 접지시스템으로 된 복수의 건축물·구조물 등을 연결하는 콘크리트덕트·금속제 배관의 내부에 케이블(또는 같은 경로로 배치된 복수의 케이블)이 있는 경우 각각의 접지 상호 간은 병행 설치된 도체로 연결하여야 한다. 다만, 차폐케이블인 경우는 차폐선을 양끝에서 각각의 접지시스템에 등전위본딩 하는 것으로 한다.

3. 전자·통신설비(또는 이와 유사한 것)에서 위험한 전위차를 해소하고 자계를 감소시킬 필요가 있는 경우 다음에 의한 등전위본딩망을 시설하여야 한다.

가. 등전위본딩망은 건축물·구조물의 도전성 부분 또는 내부 설비의 일부분을 통합하여 시설한다.

나. 등전위본딩망은 메시 폭이 5 m 이내가 되도록 하여 시설하고 구조물과 구조물 내부의 금속 부분은 다중으로 접속한다. 다만, 금속 부분이나 도전성 설비가 피뢰구역의 경계를 지나가는 경우에는 직접 또는 서지보호장치를 통하여 본딩 한다.

다. 도전성 부분의 등전위본딩은 방사형, 메시형 또는 이들의 조합형으로 한다.

153.1.4 서지보호장치 시설

1. 전기전자설비 등에 연결된 전선로를 통하여 서지가 유입되는 경우, 해당 선로에는 서지보호장치를 설치하여야 한다.

2. 서지보호장치의 선정은 다음에 의한다.

가. 전기설비의 보호는 KS C IEC 61643-12(저전압 서지 보호 장치-제12부 : 저전압 배전계통에 접속한 서지보호 장치-선정 및 적용 지침)와 KS C IEC 60364-5-53(건축 전기설비-제5-53부 : 전기 기기의 선정 및 시공-절연, 개폐 및 제어)에 따르며, KS C IEC 61643-11(저압 서지보호장치-제11부 : 저압전력 계통의 저압 서지보호장치-요구사항 및 시험방법)에 의한 제품을 사용하여야 한다.

나. 전자·통신설비(또는 이와 유사한 것)의 보호는 KS C IEC 61643-22(저전압 서지보호장치-제22부 : 통신망과 신호망 접속용 서지보호장치-선정 및 적용지침)에 따른다.

3. 지중 저압수전의 경우, 내부에 설치하는 전기전자기기의 과전압 범주별 임펄스 내 전압이 규정값에 충족하는 경우는 서지보호장치를 생략할 수 있다.

153.2 피뢰등전위본딩

153.2.1 일반사항

1. 피뢰시스템의 등전위화는 다음과 같은 설비들을 서로 접속함으로써 이루어진다.

가. 금속제 설비

나. 구조물에 접속된 외부 도전성 부분

다. 내부 시스템

2. 등전위본딩의 상호 접속은 다음에 의한다.

가. 자연적 구성부재로 인한 본딩으로 전기적 연속성을 확보할 수 없는 장소는 본딩도체로 연결한다.

나. 본딩도체로 직접 접속할 수 없는 장소의 경우에는 서지보호장치를 이용한다.

다. 본딩도체로 직접 접속이 허용되지 않는 장소의 경우에는 절연방전갭(ISG)을 이용한다.

3. 등전위본딩 부품의 재료 및 최소 단면적은 KS C IEC 62305-3(피뢰시스템-제3부 : 구조물의 물리적 손상 및 인명 위험)의 "5.6 재료 및 치수"에 따른다.

4. 기타 등전위본딩에 대하여는 KS C IEC 62305-3(피뢰시스템-제3부 : 구조물의 물리적 손

상 및 인명 위험)의 "6.2 피뢰등전위본딩"에 의한다.

153.2.2 금속제 설비의 등전위본딩

1. 건축물·구조물과 분리된 외부 피뢰시스템의 경우, 등전위본딩은 지표면 부근에서 시행하여야 한다.

2. 건축물·구조물과 접속된 외부 피뢰시스템의 경우, 피뢰등전위본딩은 다음에 따른다.

   가. 기초 부분 또는 지표면 부근 위치에서 하여야 하며, 등전위본딩도체는 등전위본딩 바에 접속하고, 등전위본딩 바는 접지시스템에 접속하여야 한다. 또한 쉽게 점검할 수 있도록 하여야 한다.

   나. 153.1.2의 전기적 절연 요구조건에 따른 안전 이격거리를 확보할 수 없는 경우에는 피뢰시스템과 건축물·구조물 또는 내부설비의 도전성 부분은 등전위본딩하여야 하며, 직접 접속하거나 충전부인 경우는 서지보호장치를 경유하여 접속하여야 한다. 다만, 서지보호장치를 사용하는 경우 보호레벨은 보호구간 기기의 임펄스 내 전압보다 작아야 한다.

3. 건축물·구조물에는 지하 0.5 m와 높이 20 m마다 환상도체를 설치한다. 다만 철근콘크리트, 철골구조물의 구조체에 인하도선을 등전위본딩하는 경우 환상도체는 설치하지 않아도 된다.

153.2.3 인입설비의 등전위본딩

1. 건축물·구조물의 외부에서 내부로 인입되는 설비의 도전부에 대한 등전위본딩은 다음에 의한다.

   가. 인입구 부근에서 143.1에 따라 등전위본딩 한다.

   나. 전원선은 서지보호장치를 사용하여 등전위본딩 한다.

   다. 통신 및 제어선은 내부와의 위험한 전위차 발생을 방지하기 위해 직접 또는 서지보호장치를 통해 등전위본딩 한다.

2. 가스관 또는 수도관의 연결부가 절연체인 경우, 해당 설비 공급사업자의 동의를 받아 적절한 공법(절연방전갭 등 사용)으로 등전위본딩 하여야 한다.

153.2.4 등전위본딩 바

1. 설치위치는 짧은 도전성 경로로 접지시스템에 접속할 수 있는 위치이어야 한다.

2. 접지시스템(환상접지전극, 기초접지전극, 구조물의 접지보강재 등)에 짧은 경로로 접속하여야 한다.

3. 외부 도전성 부분, 전원선과 통신선의 인입점이 다른 경우 여러 개의 등전위본딩 바를 설치할 수 있다.

전기기능장 실기

2022년 1월 10일 인쇄
2022년 1월 15일 발행

저자 : 유영규
펴낸이 : 이정일

펴낸곳 : 도서출판 **일진사**
www.iljinsa.com
04317 서울시 용산구 효창원로 64길 6
대표전화 : 704-1616, 팩스 : 715-3536
등록번호 : 제1979-000009호(1979.4.2)

값 34,000원
ISBN : 978-89-429-1673-3